U0301798

国家职业技能鉴定培训教程

# 焊工（基础知识）

主　编　彭　博
副主编　尹子文
参　编　朱　献　王　波　刘海兰
　　　　左伟玲　罗　斌　罗胜耀
审　稿　周培植　欧阳黎健

机械工业出版社

本书是根据最新《国家职业技能标准　焊工》（2009年修订）中基础知识规定的知识要求编写的。本书主要内容包括：焊工职业道德、制图基础知识、化学基本知识、常用金属材料与金属热处理知识、焊接基础知识、焊接材料知识、电工基本知识、焊机基本知识、冷加工基础知识、安全卫生和环境保护知识、质量管理知识、相关法律法规知识等。每章章首有理论知识要求，章末有考核重点解析及复习思考题，便于企业培训和读者自查自测。

本书既可作为各级职业技能鉴定培训机构、企业培训部门的培训教材，又可作为职业技术院校和技工院校的专业课教材，还可作为读者考前复习用书。

**图书在版编目（CIP）数据**

焊工：基础知识/彭博主编. —北京：机械工业出版社，2016.2
国家职业技能鉴定培训教程
ISBN 978-7-111-53128-9

Ⅰ.①焊…　Ⅱ.①彭…　Ⅲ.①焊接-职业技能-鉴定-教材　Ⅳ.①TG4

中国版本图书馆CIP数据核字（2016）第039888号

机械工业出版社（北京市百万庄大街22号　邮政编码100037）
策划编辑：侯宪国　责任编辑：侯宪国　版式设计：霍永明
责任校对：张　薇　封面设计：张　静　责任印制：乔　宇
北京玥实印刷有限公司印刷
2016年5月第1版第1次印刷
169mm×239mm · 15印张 · 305千字
0001－3000册
标准书号：ISBN 978-7-111-53128-9
定价：34.90元

凡购本书，如有缺页、倒页、脱页，由本社发行部调换

| 电话服务 | 网络服务 |
|---|---|
| 服务咨询热线：010-88361066 | 机 工 官 网：www.cmpbook.com |
| 读者购书热线：010-68326294 | 机 工 官 博：weibo.com/cmp1952 |
| 010-88379203 | 金 书 网：www.golden-book.com |
| 封面无防伪标均为盗版 | 教育服务网：www.cmpedu.com |

# 前　言

“十三五”是我国由制造大国向制造强国迈进的关键时期，要加快制造业的发展，当务之急是培养一支高素质的技能型人才队伍。职业技能培训是按照一定目标提高职素质、促进企业发展的重要手段，对全国提高技能型人才队伍的创新能力具有重要的作用，更是当前我国经济社会发展，特点是就业、再就业工作的迫切要求。

随着新技术的不断涌现，新的国家职业技能标准和行业技术标准相继颁布实施，培训和技能鉴定的要求也在不断变化。为了满足广大焊工学习和职业技能鉴定的需要，我们特组织了长期从事职业技能鉴定工作的专家编写了这套“国家职业技能鉴定培训教程”，以帮助培训人员提高相关理论知识水平和技能操作水平。

本套焊工培训教程是根据《国家职业技能标准　焊工》（2009 年修订）中的知识要求和技能要求，按照“以职业标准为依据，以企业需求为导向，以职业能力为核心”的原则来编写的。本书主要内容包括：焊工职业道德、制图基本知识、化学基本知识、常用金属材料与金属热处理知识、焊接基础知识、焊接材料知识、电工基本知识、焊机基本知识、冷加工基础知识、安全卫生和环境保护知识、质量管理知识、相关法律法规知识等。本书贯彻了“围绕考点，服务鉴定”的原则，图文并茂，知识讲解深入浅出，便于培训和鉴定指导。本书既可作为各级职业技能鉴定培训机构、企业培训部门培训教材，又可作为职业技术院校和技工院校的专业课教材，还可作为读者考前复习用书。

本书由彭博任主编，尹子文任副主编，朱献、王波、刘海兰、左伟玲、罗斌、罗胜耀参与编写，全书由周培植、欧阳黎健审稿。本书在编写过程中参考了部分著作，在此向相关作者表示最诚挚的感谢。本书的编写还得到了中车株洲电力机车有限公司工会技师协会的大力支持和帮助，在此表示衷心的感谢。

由于时间仓促，编者水平有限，书中不足之处在所难免，恳请广大读者批评指正。

**编　者**

目

录

# 第1章　焊工职业道德

☺理论知识要求

1. 掌握职业道德基本知识。
2. 掌握职业守则基本知识。

## 1.1　焊工职业道德基本知识

### 1.1.1　职业道德概述

**1. 职业**

职业是社会分工的产物，并随着社会分工的不断演变而得到不断的丰富和发展。

职业具有三个方面的含义：

1）职业是人们谋生的手段和方式。

2）通过职业劳动使自己的体力、智力和技能水平不断得到发展和完善。

3）通过自己的职业劳动，履行对社会和他人的责任，承担特定社会责任是职业的本质。

**2. 职业道德**

职业道德是社会道德在职业行为和职业关系中的具体表现，是整个社会道德生活的重要组成部分。职业道德是从事一定职业的人们在职业活动中应该遵循的，依靠社会舆论、传统习惯和内心信念来维持的行为规范的总和（普遍性与特殊性的统一）。职业道德的内容很丰富，它包括职业道德意识、职业道德守则、职业道德行为规范、职业道德培养以及职业道德品质等。

职业道德反映着某种职业的特殊要求，它是人们履行本职工作时，从思想到行动应该遵守的准则，同时也是各个行业在道德方面对社会应尽的责任和义务。焊工职业道德是指从事焊工职业的人员在完成焊接及有关的各项劳动过程中，从思想到工作行为所必须遵守的焊接劳动的道德规范和行为准则。

**3. 职业道德的意义**

1）有利于推动社会主义物质文明和精神文明建设。从事职业活动的人们自觉遵守职业道德，将规范人们的职业活动和行为，可以极大程度地推动整个社会的物质创造活动。同时，良好的职业道德创造良好的社会秩序，提高人们的思想境界，为树立社会良好的道德风尚奠定了坚实基础，促进了社会主义精神文明建设。

2）有利于行业、企业的建设和发展。行业的从业人员遵守职业道德，对行业的发展影响巨大。不断提高行业的道德标准，将是行业自身建设和发展的客观要求。促进企业经营管理、提高经济效益需要充分发挥企业中每个职工的劳动积极性、能动性。这要求广大职工自觉遵守职业道德，全身心投入工作当中，产生对企业的凝聚力和推动力。职业道德可以保障企业的发展按照正常的轨道前进，使企业获得良好的经济效益和社会效益。

3）有利于个人的提高和发展。职业人员应该树立良好的职业道德，遵守职业守则，安心本职工作，勤奋钻研本职业务，才能提高自身的职业能力和素质。在市场经济条件下，高素质的劳动者向高效益的企业流动，是社会发展的必然趋势。只有树立良好的职业道德，不断提高职业技能，劳动者才能够在劳动市场优胜劣汰的竞争中立于不败之地。

**4. 职业道德的基本要素**

对从业人员来说，最基本的职业道德要素包括职业理想、职业态度、职业义务、职业纪律、职业良心、职业荣誉和职业作风。

**5. 职业道德的特点**

1）职业道德是社会主义道德体系的重要组成部分。由于每个人的职业与人民、国家、社会主义的利益密切相关；每个工作岗位，每一次职业行为，都包含着如何处理个人与国家、个人与集体关系的问题。因此，职业道德是社会主义道德体系的重要组成部分。

2）职业道德的重要内容是树立全新的社会主义劳动态度。职业道德的本质就是在社会主义市场经济条件下，鼓励每个劳动者通过诚实的劳动，在改善自己生活的同时，为增进社会共同利益而劳动，为建设国家而劳动。劳动既是为个人谋生，也是为社会服务。劳动的双重含义产生了全新的劳动态度，具有崇高的职业道德价值。

**6. 职业道德的特征**

1）鲜明的行业性。

2）适用范围上的有限性。

3）表现形式的多样性。

4）一定的强制性。

5）相对的稳定性。

6）利益相关性。

## 1.1.2 职业道德的具体功能

（1）导向功能

1）树立正确的职业理想，使企业和从业人员提高社会责任感，坚持社会文明前进的方向。

2）根据企业的发展战略和经营理念，引导企业和从业人员集中指挥和力量，促进企业健康发展，推动从业人员取得事业成功。

3）通过职业道德基本要求，引导从业人员的职业行为符合企业发展的具体要求，确保从业人员岗位活动不出偏差。

（2）规范功能

1）通过岗位责任的总体规定，使从业人员明白职业活动的基本要求。

2）通过具体的操作规程和违规处罚规则，让从业人员了解职业行为底线，避免受处罚。

（3）整合功能

1）通过企业目标吸引员工的注意力、促进组织凝聚力。

2）通过企业价值理念调整内部利益关系，高扬精神的力量，最大限度地消除分歧，化解内部矛盾。

3）通过硬性要求，增强威慑力，抑制投机、“越轨”心理，以有效消除偏离正常轨道的思想和行为。

（4）激励功能　激励的功能可以通过以下途径实现：

1）通过教育引导，帮助从业人员树立崇高的职业理想。

2）通过榜样、典型的示范，提供鲜活、明确、具有感召力的行为参照系。

3）通过考评奖惩机制，促进从业人员产生强大的精神动力。

### 1.1.3　职业道德的社会作用

1）有利于调整职业利益关系，维护社会生产和生活秩序，包括行业与社会的关系、企业内部从业人员之间的关系、职业与顾客之间的关系。

2）有助于提高人们的社会道德水平，促进良好社会风尚的形成。

3）有利于完善人格，促进人的全面发展。

### 1.1.4　我国传统职业道德的精华

1）公忠为国的社会责任感。

2）恪尽职守的敬业精神。

3）自强不息、勇于革新的拼搏精神。

4）以礼待人的和谐精神。

5）诚实守信的基本要求。

6）见利思义、以义取利的价值取向。

### 1.1.5　社会主义职业道德的基本要求及其特点

（1）社会主义职业道德性质和基本要求　社会主义职业道德确立以为人民服

务为核心，以集体主义为原则，以爱祖国、爱人民、爱劳动、爱科学、爱社会主义为基本要求，以爱岗敬业、诚实守信、办事公道、服务群众、奉献社会为主要规范和主要内容，以社会主义荣辱观为基本行为准则。

（2）社会主义职业道德的特征　社会主义职业道德是继承性与创造性的统一、阶级性和人民性的统一、先进性和广泛性的统一。

## 1.2　职业道德的基本规范

**1. 爱岗敬业、忠于职守**

任何一种道德都是从一定的社会责任出发，在个人履行对社会责任的过程中，培养相应的社会责任感，从长期的良好行为规范中建立起个人的道德。因此，职业道德首先要从爱岗敬业、忠于职守的职业行为规范开始。爱岗敬业就是提倡“干一行，爱一行”的精神。忠于职守就是要求把自己职业范围内的工作做好，合乎质量标准和规范要求，能够完成应承担的任务。

**2. 诚实守信、办事公道**

信誉是企业在市场经济中赖以生存的重要依据，而良好的产品质量和服务是企业信誉的基础。企业的员工必须在职业活动中以诚实守信的职业态度，为企业、社会创造优质的产品，提供优质的服务。办事公道是指在利益关系中正确地处理好国家、企业、职工个人、他人（消费者）之间的利益关系。要始终以国家、人民的利益为最高原则，以社会主义事业的利益为最高原则，不徇私情，不谋私利，维护国家、人民的利益。在工作中，要处理好企业和个人之间的利益关系，做到个人服从集体，保证个人利益和集体利益相统一。

**3. 服务群众、奉献社会**

在社会主义社会，每个人都有权力享受他人的职业服务，同时每个人也都承担为他人提供职业服务、为社会做贡献的义务。企业就是在为社会、为大众努力创造丰富的物质环境，提供优质的产品和服务，而企业中的每个职工也是为这个目标而努力的。

**4. 遵纪守法、廉洁奉公**

法律法规、政策和各种规章制度，都是按照事物发展规律制定出来的约束人的行为规范。从事职业活动的人，既要遵守国家的法律法规和政策，又要自觉遵守和职业活动、行为有关的制度和纪律，如劳动纪律、安全操作规程，才能很好地履行岗位职责，完成企业分派的任务。对每个职工来说，要做到遵纪守法，必须做到努力学法、知法守法、用法。廉洁奉公强调的是要求从业人员公私分明，不损害国家和集体的利益，不在自己的工作岗位上谋取私利，这是每个人应具备的基本道德品质。

# 1.3　焊工职业守则

**1. 遵守法律、法规和有关规定**

所谓遵纪守法是指每个从业人员都要遵守法律、法规和有关规定，尤其要遵守职业纪律和与职业活动有关的法律法规。遵纪守法是从业人员的必要保证。

1）社会分工越来越广，行业与行业之间的联系更加密切。

2）当代新的科学和技术可以给社会带来好处也可以带来祸害，这是由主体控制的，必须合理地制定有关的规章制度、职业法规。

3）社会主义市场经济条件下，要进行正常的经济生活，就必须建立一定秩序和规则，否则社会就会处于混乱状况。

**2. 爱岗敬业，忠于职守，认真自觉地履行各项职责**

爱岗敬业，忠于职守，认真自觉地履行各项职责作为最基本的职业道德规范，是对人们工作态度的一种普遍要求。爱岗就是热爱自己的工作岗位，热爱本职工作，敬业就是要用一种恭敬严肃的态度对待自己的工作。敬业可以分为两个层次：功利的层次和道德的层次。

爱岗敬业的最高要求：投身于社会主义事业，将有限的生命投入到无限的为人民服务中去。爱岗敬业的具体要求主要是：树立职业理想、强化职业责任、提高职业技能。

**3. 工作认真负责，严于律己，吃苦耐劳**

认真负责、严于律己、吃苦耐劳的工作态度，在很大程度来说，是综合素质的外在表现。如果一个人没有良好、正确的工作态度，那么他即使才高八斗、学富五车也只能“怀才不遇”。真正完成好一件事，落实好一项工作，不论大小，都要付出最大的努力，才能取得成功。有句名言道：“成功只垂青有准备之人”。也就是说，成功是为勤奋、努力的人准备的，这一类人，必然具有对人生、对工作认真负责的态度，即使面对再小的事，再简单的工作，也必将全力以赴。但倘若是懒惰之人，以玩世不恭的姿态对待自己的工作和职责，即使天赋再高，也很难有大的修为和成果。因为困难就不做，或是不认真负责地去做，势必无法取得好的效果，这也就是为什么有时完全合理、可行的政策执行起来却达不到预期的目标，或是与预期的目标有偏差的原因所在。

**4. 刻苦学习，钻研业务，努力提高思想素质和科学文化素质**

专业技能素质是从业的基本功，是职业素质的核心内容。职业素养中的专业素质是指岗位适应能力和专业技能状况。从业人员必须自觉地、持之以恒地学习，钻研业务并积累经验，积极参加各种培训和岗位技能训练，以提高自身的专业理论知识和操作技能水平。

**5. 谦虚谨慎，团结协作，主协配合**

（1）谦虚谨慎　要谦虚谨慎，以礼待人，尊重他人　在一切工作中，不管彼此之间的社会地位、生活条件、工作性质有多大差别，都应一视同仁，互相尊重，互相信任。其中，平等尊重、相互信任是团结互助的基本和出发点。

要做到上下级之间平等尊重，同事之间相互尊重，师徒之间相互尊重，尊重服务对象。

（2）要顾全大局　在处理个人和集体利益的关系时，要树立全局观念，不计较个人利益，自觉服从整体利益的需要。

（3）互相学习　互相学习是团结互助道德规范的中心一环。

（4）加强协作　在职业活动中，为了协作从业人员之间，包括工序之间、工种之间、岗位之间、部门之间的关系，完成职业工作任务，彼此之间应互相帮助、互相支持、密切配合，搞好协作。

要做到加强协作，注意处理以下两个问题：

1）正确处理好主角与配角的关系。

2）正确看待合作与竞争。竞争的基本原则既是竞争又协作。

**6. 严格执行工艺文件，保证质量**

从业人员要在本职工作中兢兢业业，精工细作，认真负责地做好每一项工作，一丝不苟地履行焊接工艺文件，才能确保每一项产品的质量。

**7. 重视安全、环保、坚持文明生产**

重视安全生产是保证焊接生产安全有效进行的必要条件。在工厂的安全生产事故中，因为一个小小的违章操作，就可能引发一连串的安全事故。遵守安全生产操作规程的重要性，由此可见一斑。我们一定要从安全事故中吸取教训，“前事不忘，后事之师”，只有警钟常鸣，才能有效防止事故的发生。“安全第一，预防为主”，要在加强安全生产管理，完善各类安全规章制度的同时，必须切实加强广大职工的安全教育，培养安全意识，牢记安全生产操作规程，杜绝违规操作。

文明生产是指工业生产中高度发展的一种生产方式，文明生产是相对于野蛮而言。文明包括物质文明和精神文明。文明生产水平标志着工厂生产的管理水平。文明生产主要表现在四个方面：整齐优美的工作环境、保养良好的生产设备、符合案例的生产习惯和有条不紊的生产秩序。前两者体现工厂的物质文明的水平，后两者反映工厂的管理水平与工人素质，属于精神文明水平。

优美的作业环境包括美化环境、创造优美的厂容厂貌和整齐清洁的工作场所。优美的环境会给人以精神舒畅的感觉，脏乱的环境会给人以厌烦的感觉。此外，在工厂内车间周围的绿化美化工作不仅使劳动者得到美的享受，调剂精神，而且绿化工作对安全工作也有直接影响，绿化工作对防止火灾、噪声的传播有很大的作用、某些树木甚至还吸收有害气体的作用，绿化工作还起到调节气候、预防风沙、防止太阳直射等作用。要爱护环境，为美化环境添砖加瓦，创造一个清洁、文明、适宜的工作环境。

☆考核重点解析

焊工职业道德是社会道德要求在职业行为和职业关系中的具体表现，是整个社会道德生活的重要组成部分。职业道德是从事一定职业的人们在职业活动中应该遵循的，依靠社会舆论、传统习惯和内心信念来维持的行为规范的总和（普遍性与特殊性的统一）。

## 复习思考题

1. 什么是职业道德？什么是焊工职业道德？
2. 道德的意义是什么？
3. 道德的守则是什么？
4. 职业守则有哪些？

# 第 2 章　制图基础知识

☺理论知识要求

1. 掌握制图常识。
2. 掌握投影的基本原理。
3. 掌握常用零部件的画法及代号标注。
4. 掌握简单装配图的识读知识。
5. 掌握焊接装配图的识读知识。
6. 掌握焊缝符号和焊接方法代号的表示方法。

## 2.1　图样的基本知识

### 2.1.1　图样的基本知识

在现代的机械制造业中都离不开机械图样。机械图样是能够准确表达机械的结构形状、尺寸大小、工作原理和技术要求的图样。图样由图形、符号、文字和数字等组成，是机械设计、制造、装配过程中的重要依据，是表达设计意图和制造要求以及交流经验的技术文件，常被称为工程界的语言。作为机械工人，如果看不懂机械图样，就等于技术上的文盲，也就无法解决生产中的技术难题。所以机械工人必须具备准确、快速识图能力，才能更好地在生产中发挥更大的作用。

**1. 图线的种类和应用**

机械制图国家标准规定绘制图样时，可采用 9 种基本线型和各种基本线型组合及图线组合。表 2-1 列出了常用的 9 种线型的名称、形式及主要用途。

表 2-1　图线的种类及主要用途

| 图线名称 | 图线形式 | 图线宽度 | 主要用途 |
|---|---|---|---|
| 细实线 | ———————— | 约 $b/3$ | 尺寸线、尺寸界线、剖面线、重合剖面的轮廓线、引出线、辅助线、可见过渡线、螺纹牙底线及齿轮的齿根线 |
| 粗实线 | ━━━━━━━━ | $b$ | 可见轮廓线、移出断面轮廓线 |
| 细波浪线 | 〜〜〜〜 | 约 $b/3$ | 断裂处的边界线、视图和剖视图的分界线 |

（续）

| 图线名称 | 图线形式 | 图线宽度 | 主要用途 |
|---|---|---|---|
| 细双折线 | | 约 $b/3$ | 断裂处的边界线 |
| 细虚线 | | 约 $b/3$ | 不可见轮廓线、不可见棱边线 |
| 粗虚线 | | $b$ | 允许表面处理的表示线 |
| 细点画线 | | 约 $b/3$ | 轴线、对称中心线、节圆及节线、分度圆线 |
| 粗点画线 | | $b$ | 有特殊要求的线、表面的表示线 |
| 细双点画线 | | 约 $b/3$ | 相邻辅助零件的轮廓线、轨迹线、中段线、可动件极限位置的轮廓线 |

$b$ 系列：0.13 0.18 0.25 0.3 0.5 0.7 1 1.4 2 （一般采用 0.3 mm）

**2. 图线的画法**

1）同一图样中，同类图线的宽度应一致；虚线、点画线及双点画线的线段长度和间隔应大致相等。

2）两条平行线之间的距离应不小于粗实线的两倍，最小间距不小于 0.7mm。

3）绘制圆的对称中心线时，点画线两端应超出圆的轮廓线 2 ~ 5 mm；首末两端应是线段而不是短画；圆心应是线段的交点。在较小的图形上绘制点画线有困难时可用细实线代替。

4）两条线相交应以线相交，而不应相交在点或间隔处。

5）直虚线在实线的延长线上相接时，虚线应留出间隔。

6）虚线圆弧与实线相切时，虚线圆弧应留出间隔。

7）点画线、双点画线的首末两端应是线，而不应是点。

8）当有两种或更多的图线重合时，通常按图线所表达对象的重要程度优先选择绘制顺序：可见轮廓线→不可见轮廓线→尺寸线→各种用途的细实线→轴线和对称中心线→假想线。

**3. 图线的应用示例**（见图 2-1）

## 2.1.2 三视图的投影规律

**1. 投影法**

投影法就是投射线通过物体，向选定的面投射，并在该面上得到图形的方法。一组相互平行的投影线与投影面垂直的投影称为正投影。当物体上的平面图形（或棱线）与投影面平行时，其正投影反映实形（或实长）的真实性，如图 2-2 所示。

**2. 三视图**

将物体放在三个互相垂直的投影面中，使物体上的主要平面平行于投影面，然后分别向三个投影面作正投影，得到的三个图形称为三视图，见表 2-2 三视图的名称。

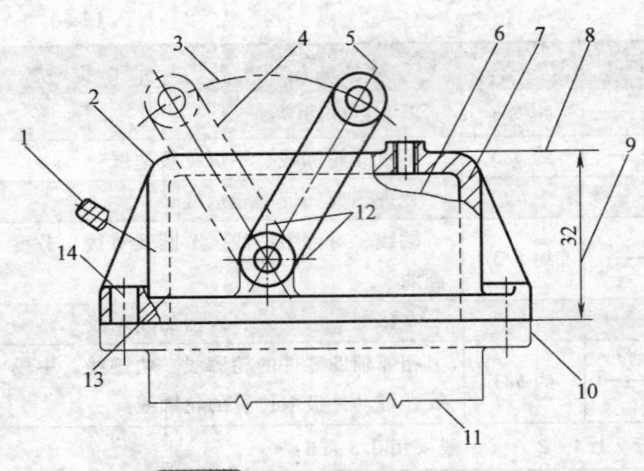


图 2-1　图样的形式及其应用

1—移出断面轮廓线（粗实线）　2—可见轮廓线（粗实线）　3—轨迹线（细双点画线）　4—可动零件极限位置的轮廓线（细双点画线）　5—对称中心线（细点画线）　6—视图和局部视图的分界线（细波浪线）　7—剖面线（细实线）　8—尺寸界线（细实线）　9—尺寸线（细实线）　10—相邻辅助零件的轮廓线（细双点画线）　11—断裂处的边界线（细波浪线）　12—圆的中心线（细点画线）　13—不可见轮廓线（细虚线）　14—轴线（细点画线）

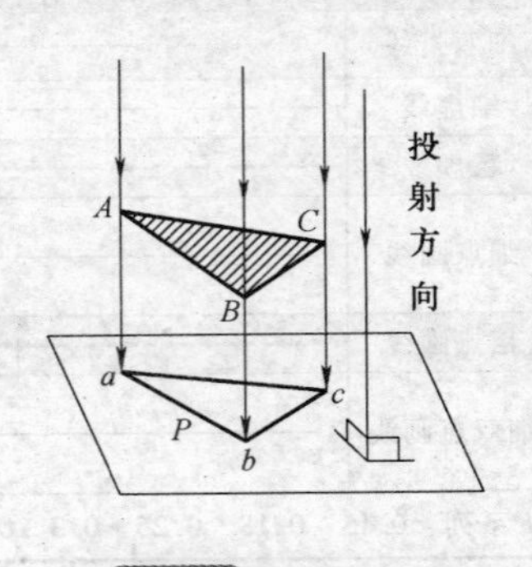


图 2-2　正投影法

表 2-2　三视图的名称

| 图　示 | 说　明 |
| --- | --- |
| 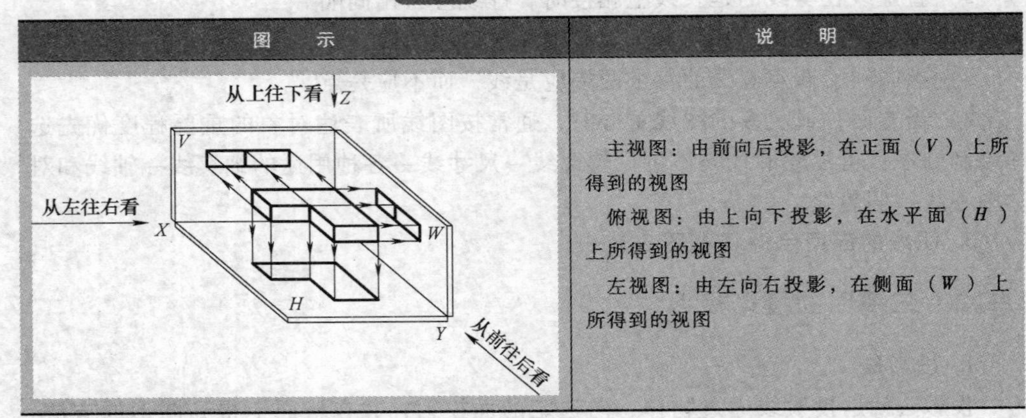  | 主视图：由前向后投影，在正面（V）上所得到的视图<br>俯视图：由上向下投影，在水平面（H）上所得到的视图<br>左视图：由左向右投影，在侧面（W）上所得到的视图 |

提示：

（1）应使形体的多数表面（主要表面）平行或垂直于投影面（即形体正放）。

（2）形体在三投影面体系中的位置一经选定，在投影过程中是不能移动或变更，直到所有投影都进行完毕。

**3. 三视图的形成**（见表 2-3）

由于物体的一个视图只能反映物体一个方向的形状，不能完整地表达物体，故为了作图和表示的方便，将空间互相垂直三个投影面展开摊平在一个平面上。其规定展开方法，见表 2-3 三视图的形成。

表 2-3　三视图的形成

| | | |
|---|---|---|
| 同一平面的三视图 | | 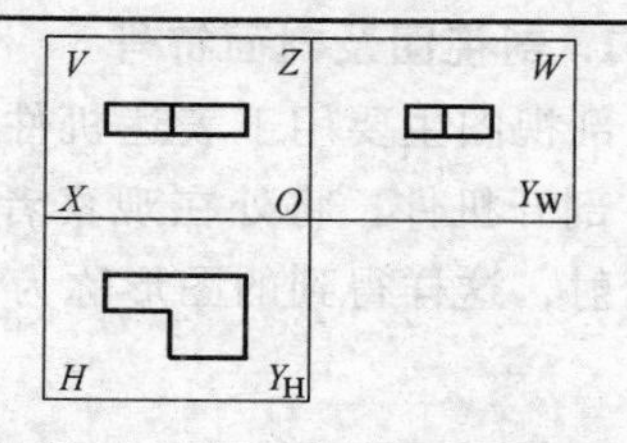 |
| | 为了把三视图画在同一平面上，国家标准规定：$V$ 面不动，将 $H$ 面按箭头方向，绕 $OX$ 轴向下旋转 90°；将 $W$ 面绕 $OZ$ 轴向右旋转 90°，使它们都与 $V$ 面重合，这样的主视图、俯视图、左视图即可画在同一个平面上 | |

**4. 三视图的对应关系**（见表 2-4）

表 2-4　三视图的对应关系

| | | |
|---|---|---|
| 三视图的位置关系 | | 从投影图的展开，可以看出：<br>俯视图在主视图的正下方<br>左视图在主视图的正右方 |
| 三视图的对应关系 | 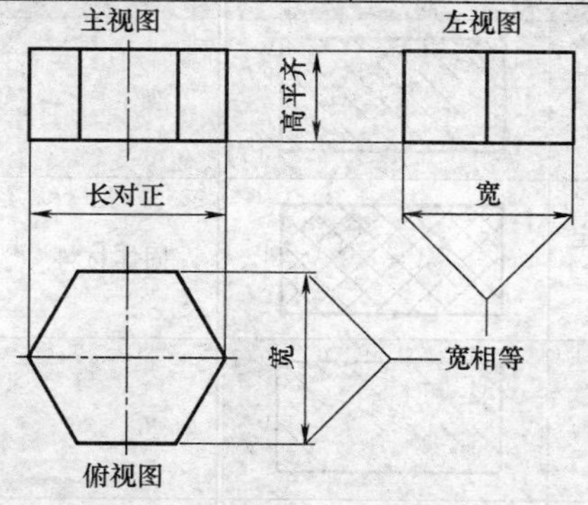<br>主视图——反映了形体上下方向的高度尺寸和左右方向的长度尺寸<br>俯视图——反映了形体左右方向的长度尺寸和前后方向的宽度尺寸<br>左视图——反映了形体上下方向的高度尺寸和前后方向的宽度尺寸 | |

提示：在绘图或看图中要时刻遵循的“长对正，高平齐，宽相等”规律，需要牢固掌握。

## 2.1.3 简单零件剖视、剖面的表达方式

### 1. 剖视图及剖面符号

剖视图主要用于表达机件内部的结构形状，它是假想用一剖切面（平面或曲面）剖开机件，将处在观察者和剖切面之间的部分移去，而将其余部分向投影面上投射，这样得到的图形称为剖视图，如图 2-3 所示。

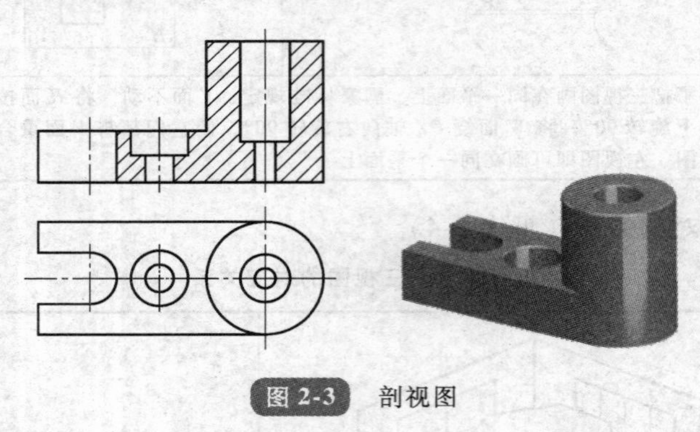

图 2-3 剖视图

### 2. 剖面符号画法

剖面区域在剖视图中，剖切面与机件接触的部分称为剖面区域。国家标准规定，剖面区域内要画上剖面符号。不同的材料采用不同的剖面符号，见表 2-5 剖面符号。

表 2-5 部分材料的剖面符号

| 材料名称 | 剖面符号 | 材料名称 | 剖面符号 |
|---|---|---|---|
| 金属材料（已有规定剖面符号者除外） | | 液体 | |
| 非金属材料（已有规定剖面符号者除外） | | 固体材料 | |
| 玻璃及供观察者用的其他透明材料 | | 砖 | |
| 线圈绕组元件 | | 型砂、砂轮、硬质合金刀片、粉末冶金 | |

### 3. 剖面图种类

机件的形状结构是多种多样的，因此作剖视图时，应当根据机件的内部形状和

特点，按剖视图上被剖切的范围划分，剖视图可分为全剖视图、半剖视图和局部剖视图三种。各视图画法见表 2-6。

**表 2-6　各剖视图画法**

| 全剖视图 | |
|---|---|
| 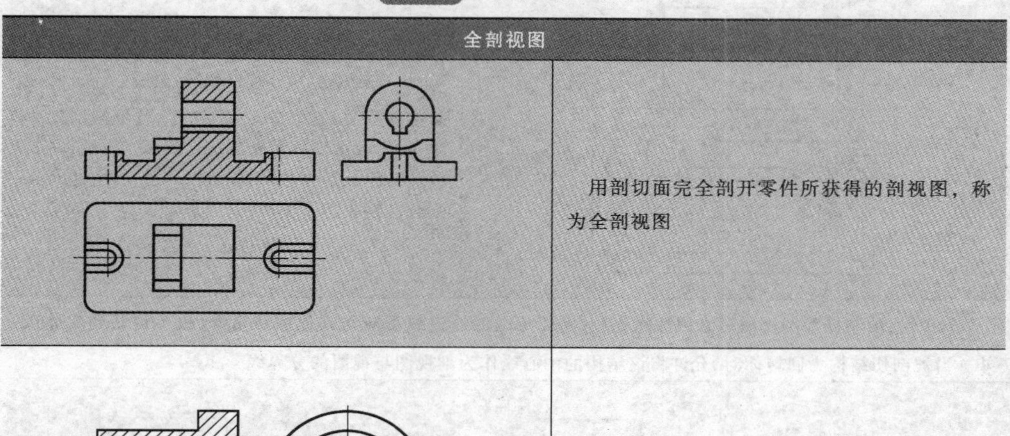 | 用剖切面完全剖开零件所获得的剖视图，称为全剖视图 |
| 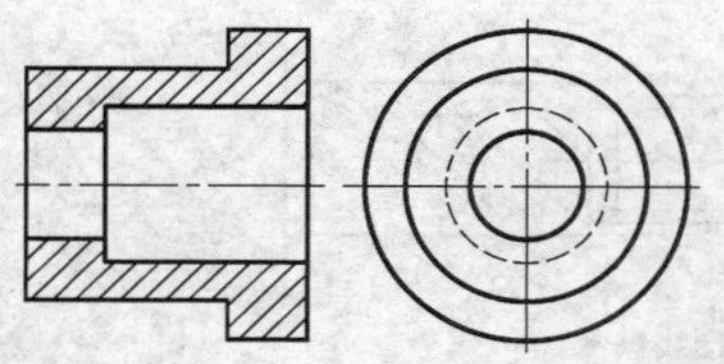 | 对于一些具有空心回转体的机件，即使结构对称，但由于外形简单，也采用全剖视图 |
| 半剖视图 | |
| 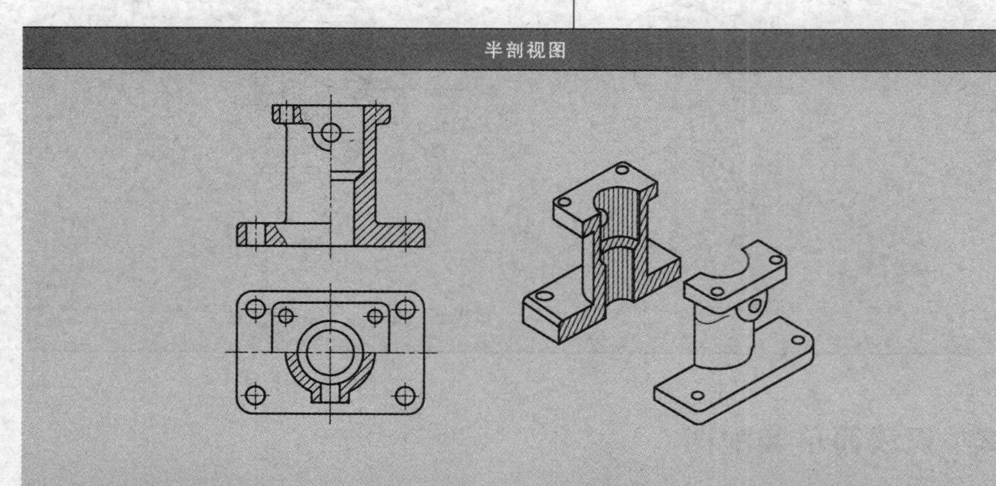 | |
| 当机件具有对称平面时，在垂直于对称平面的投影面上投影所得的图形，可以对称中心线为界，一半画成视图，另一半画成剖视图，这种剖视图称为半剖视图 | |

提示：

1. 半个视图与半剖视图应以对称中心线为界。
2. 机件的内部结构在半剖视图中已表达清楚时，在半个视图中不必画出虚线。

（续）

| 局部剖视图 | |
| --- | --- |
| 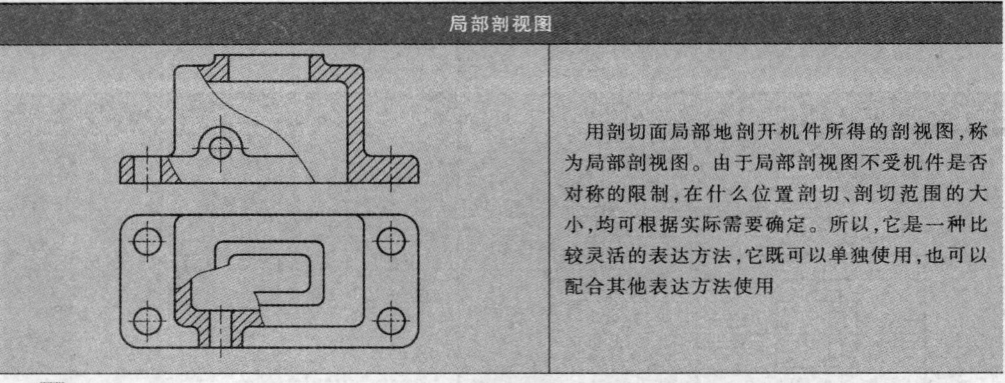 | 用剖切面局部地剖开机件所得的剖视图，称为局部剖视图。由于局部剖视图不受机件是否对称的限制，在什么位置剖切、剖切范围的大小，均可根据实际需要确定。所以，它是一种比较灵活的表达方法，它既可以单独使用，也可以配合其他表达方法使用 |

提示：绘制局部剖视图时必须注意，表示剖切范围的波浪线不应与其他图线重合，也不可画到实体以外。当被剖切结构为回转体时，允许将该结构的中心线作为剖视图与视图的分界线

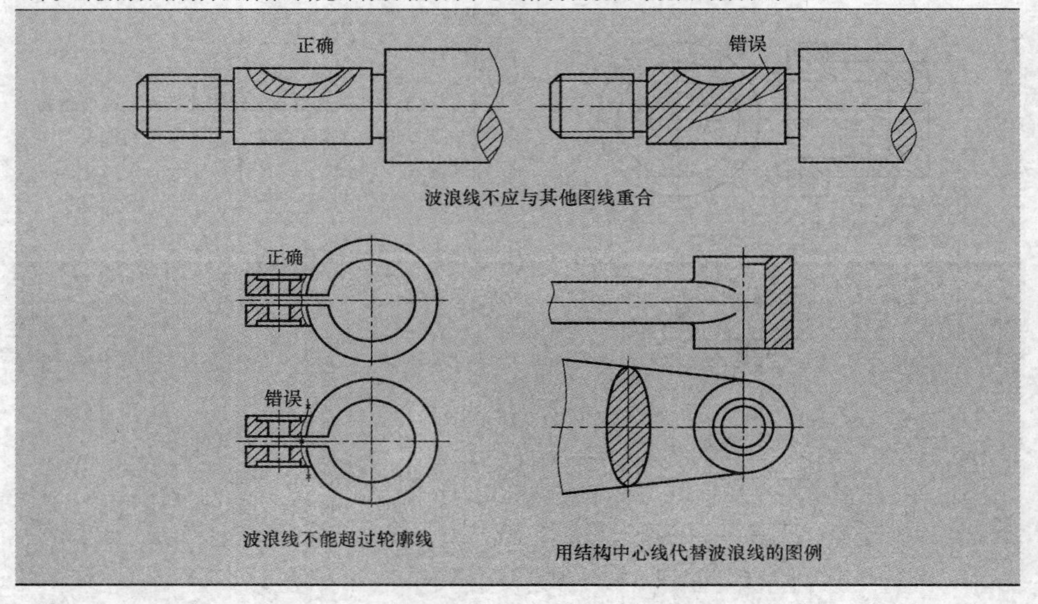


波浪线不应与其他图线重合

波浪线不能超过轮廓线　　用结构中心线代替波浪线的图例

## 2.2　识读简单装配图

### 2.2.1　装配图的概念

**1. 装配图的作用**

装配图是表达机器或零部件的工作原理、结构形状和装配关系的图样。

在设计新产品或更新、改造旧设备时，一般都是先画出机器或部件的装配图，然后再根据装配图画出零件图。在产品制造中，装配图是制造装配工艺规程，进行

装配和零部件检验的技术依据；在使用或维修机器时，需要通过装配图了解机器的构造；进行技术交流、引进先进设备时，装配图更是必不可少的技术资料。

**2. 完整装配图包含的内容**

一张完整的装配图应包含以下几方面的内容：

（1）一组视图　用以说明机器或部件的工作原理、结构特点、零件之间的相对位置、装配连接关系等。

（2）必要的尺寸　表示机器或部件规格以及装配、检验、运输安装时所必需的一些尺寸。

（3）技术要求　说明机器或部件的性能，是装配、调整和使用时必须满足的技术条件，一般用文字或符号注写在图中适当位置。

（4）标题栏、明细栏和零件序号　说明机器或部件所包含的零件名称、零部件序号、数量和材料以及厂名等。

### 2.2.2　装配图的规定画法及其尺寸标注

零件图中视图的各种表达方法都适用于装配图，但装配图还有其规定画法和特殊表达方法。

**1. 规定画法**

（1）剖视图中实心件和连接件的表达　对于连接杆（螺钉、螺栓、螺母、垫圈、键销等）和实心件（轴、手柄、连杆等），当剖切面通过基本轴线或对称面时，这些零件均按不剖处理。当需要表达零件局部结构时，可采用局部视图。

（2）接触表面和非接触表面的区分　凡是有配合要求的两零件的接触表面，在接触处只画一条线来表示。非配合要求的两零件接触面，即使间隙很小，也必须画两条线。

（3）剖面线方向和间隔　用剖面线倾斜方向相反或一致、间隔不等来区分表达相邻的两个零件。剖面厚度在 2mm 以下的图形，允许用涂黑来代替剖面符号。

**2. 特殊画法**

（1）假想画法　在装配图上，当需要表示某些零件的运动范围和极限位置时，可用双点画线画出该零件在极限位置的外形图。当需要表达本部件与相邻部件的装配关系时，可用双点画线画出相邻部分的轮廓线。

（2）零件的单独表示法　在装配图中，可用视图、剖视图或剖面单独表达某个零件的结构形状，但必须在视图上方标注对应的说明。

（3）拆卸画法　在装配图中，可假想沿某些零件结合面选取剖切平面或假想把某些零件拆卸后绘制表达，需要说明时加注“拆去××等”。

（4）简化画法　对于装配图中螺栓联接件零件组，允许只画一处以标明序号，其余的以点画线表示中心位置即可。装配图中的标准件，如滚动轴承的一边应用规定表示法，而另一边允许用交叉细实线表达；螺母上的曲线允许用直线替代简化；

零件的圆角、倒角、退刀槽不再装配图中表示。

### 2.2.3 识读装配图的方法和步骤

识读焊接装配图的目的主要是了解机器或部件的名称、作用、工作原理、零件之间的装配关系，各零件的作用、结构特点、传动路线、装拆顺序和技术要求等。

（1）看标题栏和明细栏，做概括了解　了解装配体的名称、性能、功用和零件的种类名称、材料、数量及其在装配图上的大致位置。

（2）分析视图　分析整个装配图上有哪些视图，采用什么剖切方法，表达的重点是什么，反映了哪些装配关系，零件之间的连接方式如何，视图间的投影关系等。

（3）分析零件　主要是了解零件的主要作用和基本形状，以便弄清装配体的工作原理和运动情况（是移动还是转动）。

（4）分析配合关系　根据装配图上标注的尺寸，区别哪些零件有配合要求，属于何种基准制，何种配合类别及配合精度等。

（5）定位与调整　分析零件之间的面，哪些是彼此接触的，是怎样定位的，有没有间隙需要调整，怎样调整等。

（6）连接与固定　分析零件之间是用什么方式连接固定的，是可拆的还是不可拆的。

（7）密封与润滑　要弄清运动件的润滑及其储油装置、进出油孔和输油油路，采用什么方式密封。

（8）装拆顺序　应了解装拆顺序，以验证设计意图及结构是否合理。

（9）了解技术要求　包括组装后的检测技术指标、使用时对工作条件的要求等。

### 2.2.4 焊接结构图的识读方法

通常所指的焊接装配图就是指实际生产中的产品零部件或组件的工作图。它与一般装配图的不同在于图中必须清楚表示出与焊接有关的问题，如坡口与接头形式、焊接方法、焊接材料型号和焊接及验收技术要求等。

**1. 焊接结构图的特点**

图样是工程的语言，读懂和理解图样是进行施工的必要条件。焊接结构是以钢板和各种型钢为主体组成的，因此表达焊接结构的图样就有其特点，掌握了这些特点就容易读懂焊接结构的施工图，从而正确地进行结构件的加工。

1）一般钢板与钢结构的总体尺寸相差悬殊，按正常的比例关系是表达不出来的，但往往需要通过板厚来表达板材的相互位置关系或焊缝结构，因此在绘制板厚、型钢断面等小尺寸图样时，是按不同的比例夸大画出来的。

2）为了表达焊缝位置和焊接结构，大量采用了局部剖视图和局部放大视图，要注意剖视图和放大视图的位置和剖视的方向。

3）为了表达板与板之间的相互关系，除采用剖视图外，还大量采用虚线的表达方式，因此，图面纵横交错的线条非常多。

4）连接板与板之间的焊缝一般不用画出，只标注焊缝符号。但特殊的接头形式和焊缝尺寸应用局部放大视图来表达清楚，焊缝的断面要涂黑，以区别焊缝和母材。

5）为了便于读图，同一零件的序号可以同时标注在不同的视图上。

**2. 焊接结构图的识读方法**

焊接结构施工图的识读一般按以下顺序进行：

1）阅读标题栏和明细栏。了解产品名称、材料、重量和设计单位等，核对一下各个零部件的图号、名称、数量及材料等，确定哪些是外购件（或库领件），哪些为锻件、铸件或机加工件。

2）阅读技术要求和工艺文件。正式识图时，要先看总图，后看部件图，最后再看零件图。有剖视图的要结合剖视图弄清大致结构，然后按投影规律逐个零件阅读，先看零件明细栏，确定是钢板还是型钢；然后再看图，弄清每个零件的材料、尺寸及形状，还要看清各零件之间的连接方法、焊缝尺寸和坡口形状，是否有焊后加工的孔洞、平面等。

3）识读焊接结构图时，必须熟悉焊接工艺文件。焊接工艺文件主要有：有关该焊接结构的制造工艺流程、装配焊接指导书、焊接工艺守则、焊接工艺评定报告以及焊接质量要求、焊接质量检验方法及标准等。

焊接装配图是供焊工施工使用的图样。在图中除了完整的结构投影图、剖视图和断面图外，还要有焊接结构的主要尺寸、标题栏、技术条件及焊缝符号标注等。

识读容器的焊接装配图如图 2-4 所示。

识读图 2-5 所示容器焊接装配图，可以得知：

1）容器的直径为 2000mm，长度为 4200mm，在距封头与筒节焊缝 1800mm 处焊一个人孔，人孔直径为 400mm，人孔法兰盘与筒节圆心相距 1300mm。

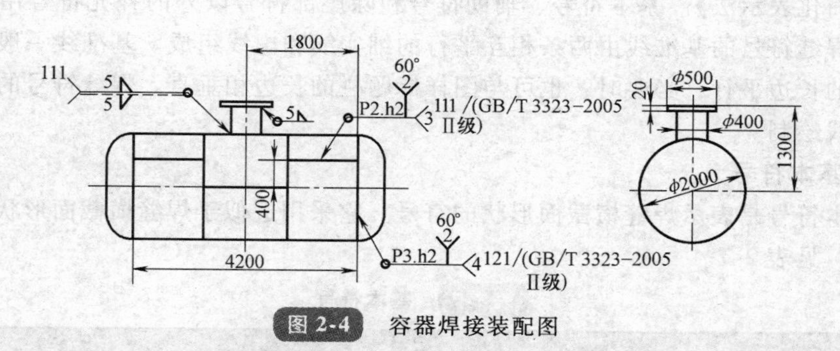


图 2-4　容器焊接装配图

2）封头与筒节焊缝，筒节与筒节焊缝用丝极埋弧焊焊接，V 形坡口，坡口根部间隙为 2mm，坡口角度为 60°，钝边为 3mm，余高为 2mm，共 4 条焊缝，焊缝经射线检测，达到 GB/T 3323—2005《金属熔化焊焊接接头射线照相》标准Ⅱ级为合格。

3）筒节纵焊缝，用焊条电弧焊焊接。焊缝开 60°坡口，坡口根部间隙为 2mm，钝边为2mm，余高为2mm，共3条纵缝，射线检查达到GB/T 3323—2005《金属熔化焊焊接接头射线照相》标准Ⅱ级为合格。

4）人孔与筒节焊缝，插入式正面、反面用焊条电弧焊焊接，角焊缝焊脚为5mm。

5）埋弧焊用H08A焊丝，焊丝直径为3mm，焊剂牌号为HJ431。焊条电弧焊用焊条型号E4303，焊条直径$\phi3.2$mm。

6）焊后水压试验0.1MPa，保持压力10min。

## 2.3 焊缝符号及焊接方法代号的表示方法

焊缝符号和焊接方法代号是供焊接结构图样上使用的统一符号和代号，也是一种工程语言。焊缝符号的国家标准为GB 324—2008《焊缝符号表示法》规定；焊接方法代号的国家标准为GB/T 5185—2005《焊接及相关工艺方法代号》规定。通过焊缝符号与焊接方法代号配套使用就简单明了地在图样上表示焊缝的焊接方法、焊缝形式、焊缝尺寸、焊缝表面状态及焊缝位置等内容。

### 2.3.1 焊缝符号在图样上的表示方法

焊缝符号是在图样上标注焊接方法、焊缝形式和焊缝尺寸的符号。通过焊缝符号，可以简化焊接结构的产品图样。熟悉焊缝符号，可以根据图样要求制造出符合质量标准的产品。

在技术图样中，一般按GB/T 324—2008《焊缝符号表示方法》规定的焊缝符号表示焊缝。焊缝符号一般由基本符号、辅助符号、补充符号、焊缝尺寸符号和指引线组成。

焊缝符号标注的国家标准为GB/T 12212—2012《技术制图 焊缝符号的尺寸、比例及简化表示法》。基本符号、辅助符号和除尾部符号以外的补充符号用粗实线绘制，焊缝符号的基准线由两条相互平行的细实线和虚线组成。基准线一般与图样标题栏的长边平行；必要时，也可与图样标题栏的长边相垂直。焊缝符号的箭头线用细实线绘制。

**1. 基本符号**

基本符号是表示焊缝横截面形状的符号。它采用近似于焊缝横截面形状的符号来表示，见表2-7。

**表2-7 基本符号**

| 序号 | 名称 | 示意图 | 符号 |
|---|---|---|---|
| 1 | 卷边焊缝<br>（卷边完全熔化） | | ⼋ |
| 2 | I形焊缝 | | ‖ |

（续）

| 序号 | 名称 | 示意图 | 符号 |
|---|---|---|---|
| 3 | V 形焊缝 |  | |
| 4 | 单边 V 形焊缝 |  | |
| 5 | 带钝边 V 形焊缝 |  |  |
| 6 | 带钝边单边 V 形焊缝 |  | |
| 7 | 带钝边 U 形焊缝 |  |  |
| 8 | 带钝边 J 形焊缝 |  | 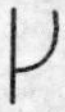 |
| 9 | 封底焊缝 |  | |
| 10 | 角焊缝 | 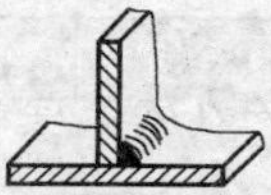 | |
| 11 | 槽焊缝或塞焊缝 | 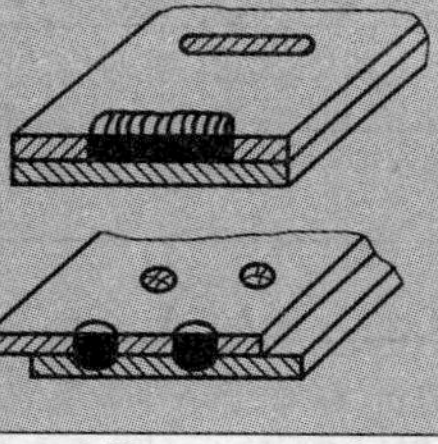 | |
| 12 | 点焊缝 | 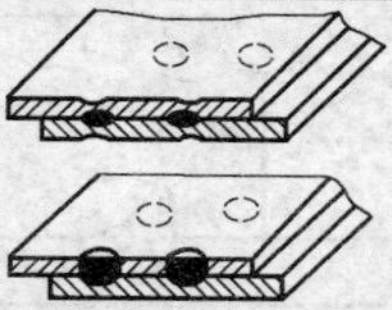 | |
| 13 | 缝焊缝 | 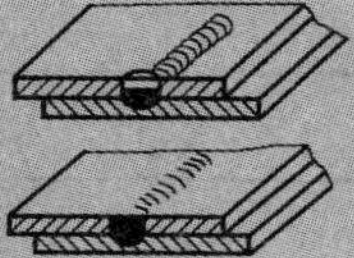 |  |

**2. 辅助符号**

辅助符号是表示焊缝表面形状特征的符号。若不需要确切说明焊缝的表面形状时，可以不标辅助符号，见表 2-8。辅助符号的应用示例见表 2-9。

表 2-8　辅助符号

| 序号 | 名称 | 示意图 | 符号 | 说明 |
| --- | --- | --- | --- | --- |
| 1 | 平面符号 |  | — | 焊缝表面齐平（一般通过加工） |
| 2 | 凹面符号 | 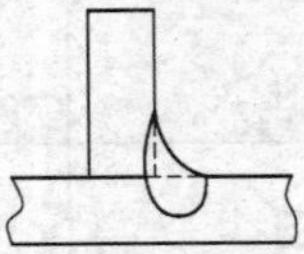 | ◡ | 焊缝表面凹陷 |
| 3 | 凸面符号 |  | ◠ | 焊缝表面凸起 |

表 2-9　辅助符号的应用示例

| 名称 | 示意图 | 符号 |
| --- | --- | --- |
| 平面 V 形对接焊缝 |  |  |
| 凸面 X 形对接焊缝 |  |  |
| 凹面角焊缝 | 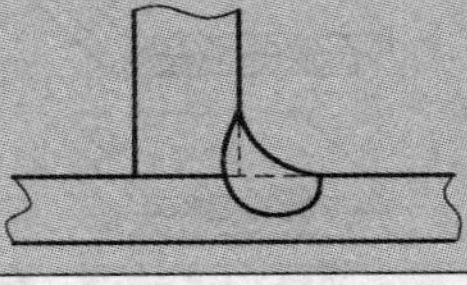 |  |
| 平面封底 V 形焊缝 |  |  |

**3. 补充符号**

补充符号是为了补充说明焊缝的某些特征而采用的符号，见表 2-10。补充符号的应用示例见表 2-11。

表 2-10　补充符号

| 序号 | 名称 | 示意图 | 符号 | 说明 |
|---|---|---|---|---|
| 1 | 带垫板符号 |  |  | 表示焊缝底部有垫板 |
| 2 | 三面焊缝符号 |  |  | 表示三面带有焊缝 |
| 3 | 周围焊缝符号 |  |  | 表示环绕工件周围焊缝 |
| 4 | 现场符号 |  |  | 表示在现场或工地上进行焊接 |
| 5 | 尾部符号 |  |  | 可以参照 GB/T 5185—2005《焊接及相关工艺方法代号》标注焊接工艺方法等内容 |

表 2-11　补充符号的应用示例

| 示意图 | 标注示例 | 说明 |
|---|---|---|
|  |  | 表示 V 形焊缝的背面底部有垫板 |
|  | 111 | 工件三面带有焊缝，焊接方法为焊条电弧焊的角焊缝 |
|  |  | 表示在现场沿工件周围施焊的角焊缝 |

**4. 焊缝尺寸符号**

焊缝尺寸符号是表示焊接坡口和焊缝尺寸的符号，见表 2-12。

表 2-12 焊缝尺寸符号

| 符号 | 名称 | 示意图 | 符号 | 名称 | 示意图 |
|---|---|---|---|---|---|
| $\delta$ | 工件厚度 | | $e$ | 焊缝间距 | |
| $\alpha$ | 坡口角度 | | $K$ | 焊脚 | |
| $b$ | 根部间隙 | | $d$ | 熔核直径 | |
| $p$ | 钝边 | | $S$ | 焊缝厚度 | |
| $c$ | 焊缝宽度 | | $N$ | 相同焊缝数量符号 | N=3 |
| $R$ | 根部半径 | | $H$ | 坡口深度 | |
| $l$ | 焊缝长度 | | $h$ | 余高 | |
| $n$ | 焊缝段数 | n=2 | $\beta$ | 破口面角度 | |

**5. 指引线**

指引线一般由带有箭头的指引线（简称箭头线）和两条基准线（一条为实线，一条为虚线）两部分组成，如图 2-5 所示。有时在基准线实线末端加一尾部符号，作其他说明（如焊接方法等）。基准线的虚线可以画在基准线的实线下侧或上侧。基准线一般应与图样的底边相平行，但在特殊情况下也可以与底边相垂直。

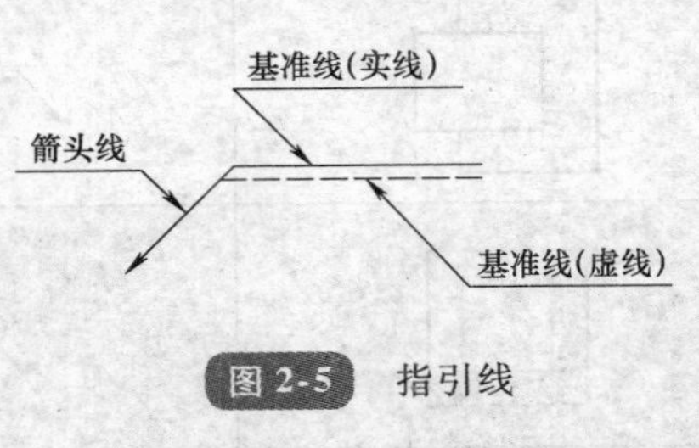


图 2-5 指引线

## 2.3.2　常用焊接方法代号的表示方法

在焊接结构图上，为简化焊接方法的标注和说明，国家标准 GB/T 5185—2005 规定了用阿拉伯数字表示金属焊接及钎焊等各种方法的代号，共 6 大类、99 种焊接方法代号。

常用焊接方法代号见表 2-13。

焊接方法代号的标注方法是将焊缝代号标注在尾部符号中。

**表 2-13　常用焊接方法代号**

| 焊接方法 | 焊接方法代号 | 焊接方法 | 焊接方法代号 |
| --- | --- | --- | --- |
| 电弧焊 | 1 | 气焊 | 3 |
| 焊条电弧焊 | 111 | 氧乙炔焊 | 311 |
| 埋弧焊 | 12 | 氧丙烷焊 | 312 |
| 熔化极惰性气体保护焊（MIG） | 131 | 压焊 | 4 |
| | | 摩擦焊 | 42 |
| 熔化极非惰性气体保护焊（MAG、$CO_2$） | 135 | 扩散焊 | 45 |
| | | 其他焊接方法 | 7 |
| 钨极惰性气体保护焊（TIG） | 141 | 电渣焊 | 72 |
| | | 气电立焊 | 73 |
| 等离子弧焊 | 15 | 激光焊 | 751 |
| 电阻焊 | 2 | 电子束焊 | 76 |
| 点焊 | 21 | 螺柱焊 | 78 |
| 缝焊 | 22 | 钎焊 | 9 |
| 凸焊 | 23 | 硬钎焊 | 91 |
| 闪光焊 | 24 | 火焰硬钎焊 | 912 |
| 电阻对焊 | 25 | 软钎焊 | 94 |

## 2.3.3　焊缝符号和焊接方法代号在图样上的标注位置

完整的焊缝表示方法除了上述基本符号、辅助符号和补充符号以外，还包括指引线、一些尺寸符号及数据。

（1）指引线的标注位置　带箭头的指引线相对焊缝的位置一般没有特殊要求，如图 2-6a、图 2-6b 所示。但是在标注单边 V 形、单边 Y 形、J 形焊缝时，箭头线应指向带有坡口一侧的工件，如图 2-6c、图 2-6d 所示。必要时，允许箭头线弯折一次，如图 2-7 所示。

（2）基本符号的标注位置

1）如果焊缝在箭头线所指的一侧（接头的箭头侧）时，则将基本符号标在基

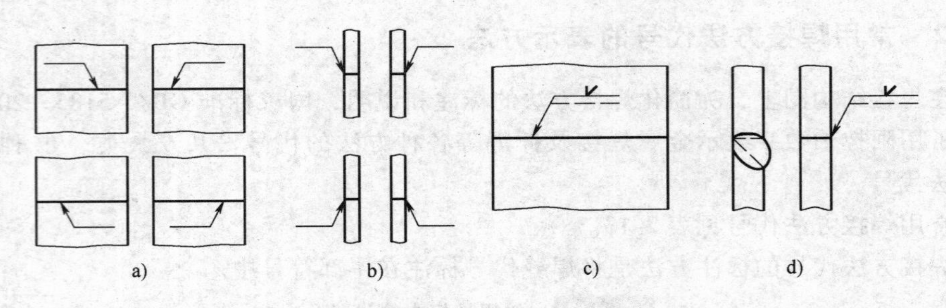


图 2-6 箭头线的位置

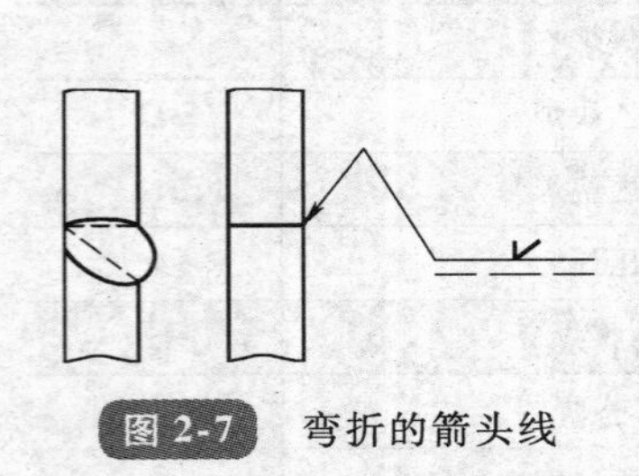

图 2-7 弯折的箭头线

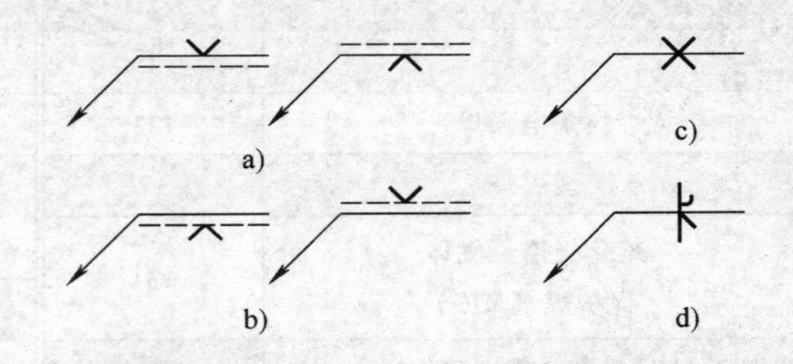


图 2-8 基本符号相对基准线的位置

a）焊缝在接头的箭头侧 b）焊缝在接头的非箭头侧 c）对称焊缝 d）双面焊缝

准线的实线侧，如图 2-8a 所示。

2）如果焊缝在箭头线所指的一侧的背面（接头的非箭头侧）时，则将基本符号标在基准线的虚线侧，如图 2-8b 所示。

3）标注对称焊缝及双面焊缝时，可不加虚线，如图 2-8c、图 2-8d 所示。

（3）辅助符号、补充符号的标注位置（表 2-9、表 2-11） 辅助符号的标注：平面、凹面和凸面符号标注在基本符号的上侧或下侧；补充符号的标注：垫板符号标注在基准线的下侧；三面焊缝符号标注在基本符号的左侧；周围焊缝符号、现场符号标注在指引线与基准线的交点处；尾部符号标注在基准线实线的末端。

（4）焊缝尺寸符号的标注位置（图 2-9） 焊缝尺寸符号及数据的标注原则如下：

1）焊缝横截面上的尺寸标在基本符号的左侧。

2）焊缝长度方向的尺寸标在基本符号的右侧。

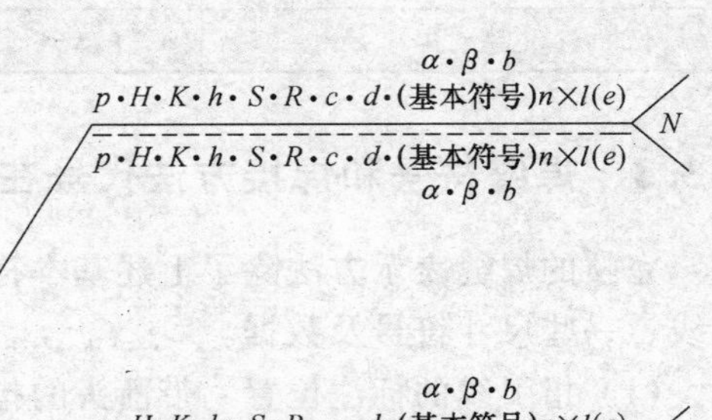


图 2-9 焊缝尺寸符号的标注位置

3）坡口角度、坡口面角度、根部间隙等尺寸，标在基本符号的上侧或下侧。

4）相同焊缝数量符号标在尾部。

5）当需要标注的尺寸数据较多又不易分辨时，可在数据前面增加相应的尺寸符号。当箭头线方向变化时，上述原则不变。

（5）焊接方法代号的标注位置　焊接方法代号标注在基准线实线末端的尾部符号中。

## 2.3.4 焊缝标注典型示例

焊缝标注典型示例见表 2-14 所示。

表 2-14　焊缝的标注示例

| 焊缝形式 | 焊缝示意图 | 标注方法 | 焊缝符号意义 |
|---|---|---|---|
| 对接焊缝 | 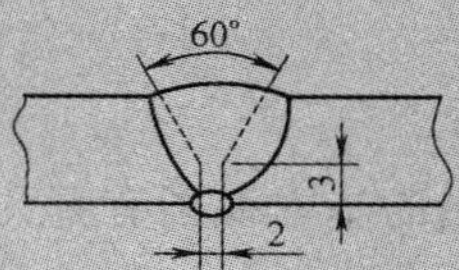 60° 3 2 | 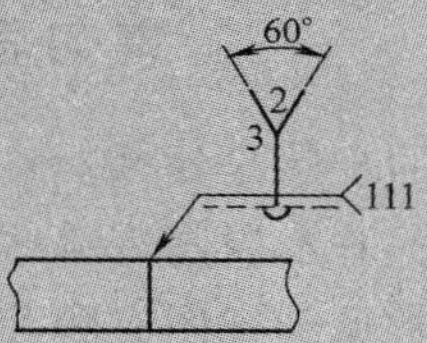 60° 2 3 111 | 坡口角度为 60°、根部间隙为 2mm、钝边为 3mm 且封底的 V 形焊缝，焊接方法为焊条电弧焊 |
| 角焊缝 | 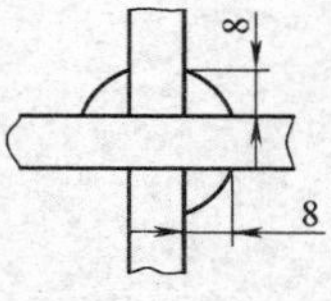 8 8 | 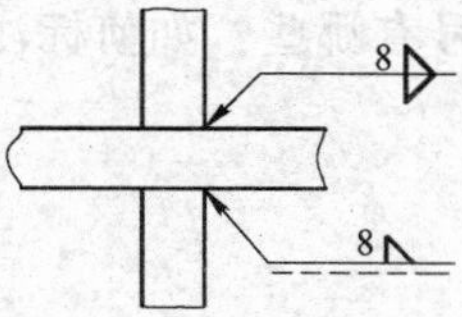 8 8 | 上面为焊脚为 8mm 的双面角焊缝，下面为焊脚为 8mm 的单面角焊缝 |
| 对接焊缝与角焊缝的组合焊缝 | 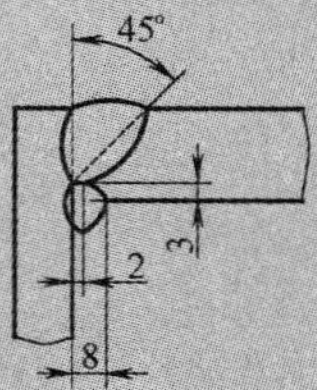 45° 3 2 8 | 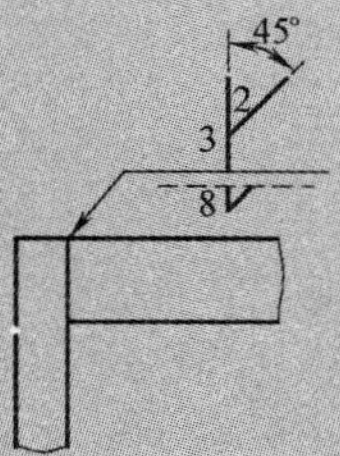 45° 2 3 8 | 表示双面焊缝，上面为坡口角度为 45°、钝边为 3mm、根部间隙为 2mm 的单边 V 形对接焊缝，下面是焊脚为 8mm 的角焊缝 |
| 角焊缝 | 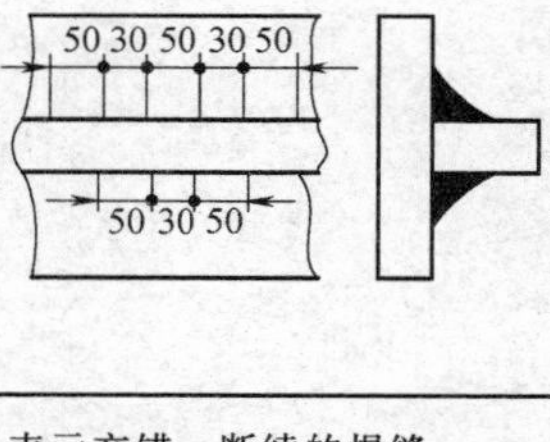 50 30 50 30 50 50 30 50 | 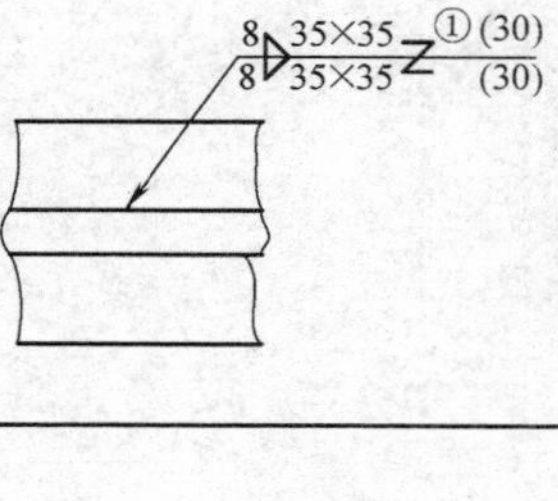 8 35×35 Z ① (30) 8 35×35 (30) | 表示 35 段、焊脚为 8mm、间距为 30mm、每段长为 50mm 的交错断续角焊缝 |

注：符号“Z”表示交错、断续的焊缝。

产品图样中有许多接头，每个接头的形式也不尽相同，因此，必须在熟悉各种焊缝符号和示例的基础上，首先对图样中的接头加以区分，再对每一个接头的焊缝形式、焊缝符号的标注方法进行确定，这样才能读懂焊件图样。

**☆考核重点解析**

机械图样是能够准确表达机械的结构形状、尺寸大小、工作原理和技术要求的图样。图样由图形、符号、文字和数字等组成，是机械设计、制造、装配过程中的重要依据；是表达设计意图和制造要求以及交流经验的技术文件，常被称为工程界的语言。焊工应了解三视图的投影规律、投影的基本原理、常用零部件的画法及代号标注、简单装配图的识读知识，掌握焊接装配图的识读知识、常用焊缝符号和焊接方法代号的表示方法。

## 复习思考题

1. 识读焊接装配图的步骤是什么？
2. 什么是基本视图？基本视图有哪些？常用的基本视图有哪几个？
3. 什么是剖视图？常见剖视图有哪几种？
4. 焊缝标注符号有哪些？
5. 常用焊接方法代号有哪些？如何标注？

# 第3章 化学基本知识

☺理论知识要求

1. 掌握元素和元素符号的对应关系。
2. 掌握原子结构特征。
3. 掌握元素周期表的基本知识。
4. 掌握原子、离子和分子的特点。
5. 掌握化学反应的基本知识。

通过对化学知识的学习，掌握元素和元素符号的对应关系，以及原子结构、元素周期表和化学反应的基本概念，为以后焊接的学习打下基础。

## 3.1 化学元素符号

### 3.1.1 元素

自然界是由物质构成的，一切物质都在不停地运动着。所有物质又是由各种微粒构成的，构成物质的微粒有分子、原子和离子等。从宏观的角度看，物质又是由不同的元素组成的。元素是指具有相同核电荷数（即质子数）的一类原子的总称。

物质有的是由同种元素组成的，如铁是由铁元素组成的，氧气是由氧元素组成的。这种由一种元素单独组成的物质称为单质，以单质形态存在的元素称为元素的游离态。

有些物质的组成相对比较复杂，如氯化钠是由氯和钠两种不同的元素组成的，氢氧化钠是由氢、氧和钠三种不同的元素组成。这种由多种元素共同组成的物质称为化合物。以化合物形态存在的元素称为元素的化合态。

元素本身没有“三态”（气、液、固）之分，只有当元素组成具体的物质时，才有固态、液态和气态的区别。例如，氧元素以游离态存在时组成氧气，即为气态；氧元素以化合态存在时，可以和氢元素一起组成水即为液态；与钙元素组成氧化钙，即为固态。

物质的组成
- 构成物质的基本微粒（从微观角度）
  - 分子
  - 原子
  - 离子
- 组成物质是不同的元素（从宏观角度）
  - 游离态
  - 化合态

元素是一个宏观概念，原子则是一个微观概念。可以说水是是由氢元素和氧元素组成的，而不能说水是由两个氢元素和一个氧元素组成，只能说水分子由两个氢原子和一个氧原子组成。元素与原子的区别和联系见表 3-1。

表 3-1 元素和原子的区别和联系

| | 元素 | 原子 |
|---|---|---|
| 区别 | 物质是由元素组成的 | 原子是构成物质的一种微粒 |
| | 具有相同核电荷的一类原子的总称 | 是化学反应中的最小微粒 |
| | 是一种宏观的概念，只有种类之分，没有数量和大小之分 | 是一种微观的粒子，有种类之分，也有数量、大小，质量的含义 |
| 联系 | 具有相同核电荷数的一类原子总称为元素，原子是体现元素性质的最小微粒 | |

从元素和原子的比较中可知，水是一种宏观的物质，因此可以说水自然界的物质有上千万种，但目前只发现了 110 多种元素，包括十几种人造元素。地壳里分布最广的氧元素，占地壳重量的 48.6%；其次是硅，占 26.3%；以后的顺序是铅、铁、钙、钠、钾、镁、氢；其他元素总共只占 1.2%。

### 3.1.2 元素符号

为了方便起见，在化学上采用不同的符号表示各种元素。元素符号与分子式和化学方程式等一样，是用来表示物质的组成及变化的化学用语。

**1. 元素符号**

在国际上，各种元素都用不同的符号来表示，表示元素的化学符号称为元素符号。

元素符号通常用元素的拉丁文名称的第一个字母（大写）来表示，如用“C”表示碳元素。如果几种元素的拉丁文名称的第一个文字相同，就在第一个字母后面加上元素名称中另一个字母（小写）以示区别，例如用“Ca”表示钙元素等。因此元素符号有的是一个字母，有的是两个字母。书写时要注意，凡是一个字母的元素符号一定要大写，而双字母的元素符号，第一个字母一定要大写，第二个字母一定要小写。若误写有时会代表不同的含义，如 Co 是金属元素钴的符号，如果第二个字母“o”也大写，即写出 CO，它就不代表钴元素，而代表由碳元素和氧元素组成的化合物——一氧化碳。元素符号在国际上是通用的。

（1）元素符号的含义　元素符号的含义有两种，宏观上代表这种元素，微观上代表这种元素的一个原子。例如，Ca 表示钙元素或一个钙原子。

除此之外，大多数固态的单质也常用元素符号来表示。例如，C、Si、Ca、Fe 依次分别表示碳、硅、钙、铁的单质。

（2）元素符号旁附加数字或标记的意义　在元素符号旁附加上数字或标记时，可表示各种意义。现以氯的元素符号 Cl 为例说明：

1）Cl，表示氯元素或一个氯原子。

2）2Cl，表示两个氯原子。

3）$Cl_2$，氯气的分子式，氯气分子由两个氯原子构成。

4）$_{17}Cl$，氯原子的核电荷数是17。

5）$^{35}Cl$，氯原子的质量数为35。

6）$Cl^-$，氯离子带有一个单位负电荷。

**2. 原子序数**

为了方便，人们把所有元素按其核电荷数由小到大的顺序给元素编号，这种序号称为该元素的原子序数。

显然，原子序数在数值上与这种原子的核电荷数相等，也等于该原子的原子核内质子数和核外电子数。

常用元素和元素符号见表3-2。

**表3-2　常用元素和元素符号**

| 原子序数 | 元素名称 | 元素符号 | 原子序数 | 元素名称 | 元素符号 | 原子序数 | 元素名称 | 元素符号 |
|---|---|---|---|---|---|---|---|---|
| 1 | 氢 | H | 19 | 钾 | K | 40 | 锆 | Zr |
| 2 | 氦 | He | 20 | 钙 | Ca | 41 | 铌 | Nb |
| 3 | 锂 | Li | 21 | 钪 | Sc | 42 | 钼 | Mo |
| 4 | 铍 | Be | 22 | 钛 | Ti | 47 | 银 | Ag |
| 5 | 硼 | B | 23 | 钒 | V | 48 | 镉 | Cd |
| 6 | 碳 | C | 24 | 铬 | Cr | 50 | 锡 | Sn |
| 7 | 氮 | N | 25 | 锰 | Mn | 51 | 锑 | Sb |
| 8 | 氧 | O | 26 | 铁 | Fe | 53 | 碘 | I |
| 9 | 氟 | F | 27 | 钴 | Co | 58 | 铈 | Ce |
| 10 | 氖 | Ne | 28 | 镍 | Ni | 74 | 钨 | W |
| 11 | 钠 | Na | 29 | 铜 | Cu | 78 | 铂 | Pt |
| 12 | 镁 | Mg | 30 | 锌 | Zn | 79 | 金 | Au |
| 13 | 铝 | Al | 31 | 镓 | Ga | 80 | 汞 | Hg |
| 14 | 硅 | Si | 32 | 锗 | Ge | 82 | 铅 | Pb |
| 15 | 磷 | P | 33 | 砷 | As | 83 | 铋 | Bi |
| 16 | 硫 | S | 34 | 硒 | Se | 88 | 镭 | Ra |
| 17 | 氯 | Cl | 35 | 溴 | Br | 90 | 钍 | Th |
| 18 | 氩 | Ar | 36 | 氪 | Kr | 92 | 铀 | U |

## 3.2　原子结构

### 3.2.1　原子的概念

原子是化学变化中最小的微粒，在化学反应中分子可以分成原子，而原子不能再分，即在化学变化中不会产生新的原子。原子很小，一亿个原子排成行，长度也不过1～2cm。

### 3.2.2　原子的构成

原子是由居于中心的带正电的原子核和核外带负电的电子构成的。由于原子中，原子核所带的正电荷和核外电子所带的负电荷的数量相等，所以原子呈中性；一旦这两者的数量不等，原子就成为离子。

原子比分子更小，它也是在不停地运动着。今天，利用电子显微镜，人们能直接看到原子。

**1. 原子核**

原子很小，但原子核更小，它的半径只有原子半径的万分之一左右。因此，原子里有很大的空间，电子就在这个空间里做高速运动。

原子的质量主要集中在原子核上，原子核由质子和中子组成，原子核带正电荷，其核电荷数等于核内质子数。

（1）质子　质子是构成原子的一种基本微粒，和中子一起构成原子核。

质子带一个单位正电荷，电量为 $1.062 \times 10^{-19}$C，和电子所带的电量相等，但电性相反，质子的质量为 $1.672 \times 10^{-27}$kg。氢的原子核就是质子。

（2）中子　中子是构成原子的一种基本微粒，和质子一起构成原子核。

中子是不显电性的中性粒子，它的质量为 $1.674\,9 \times 10^{-27}$kg，与质子的质量相似，略大一些。因为电子的质量很小，约为质子质量的1/1840，所以原子的质量主要集中在原子核上。而且原子的相对原子质量约等于原子核内质子与中子数之和，例如，氧原子的原子核内有8个中子和8个质子，氧的相对原子质量为16。

将原子核内所有的质子和中子的相对质量取近似整数值加起来所得的数值叫做原子的质量数，用符号A表示，中子数用N表示，质子数用Z表示，则

$$质量数(A) = 质子数(Z) + 中子数(N)$$

质量数和核电荷数是表示原子核的两个基本量。通常表示原子核的方法是在元素符号的左上角标出它们的质量数，在左下角标出它们的核电荷数。如 ${}^{12}_{6}C$、${}^{1}_{1}H$。

（3）同位素　原子核里具有相同的质量数和不同的中子数的同种元素的原子互称为同位素。

具有相同核电荷数（即质子数）的同一类原子称为元素，也就是说，同种元素的原子的质子数是相同的。研究证明，同种元素的中子数不一定相同。例如，氢元素的原子都含有一个质子，但是有的氢原子不含中子，有的氢原子含有一个中子（称为重氢）还有的氢原子含有两个中子（称为超重氢），重氢和超重氢都是氢的同位素。重氢和超重氢是制造氢弹的材料。同一元素的各种同位素虽然质量数不同，但它们的化学性质几乎完全相同。另外，某些同位素的原子核可以衰变，这样的同位素称为放射性同位素。

在目前所知的元素中只有20种元素在自然界未发现有稳定的同位素，大多数元素在自然界是由各种同位素组成的。

**2. 电子**

电子是构成原子的一种基本微粒，和原子核一起构成原子。

电子带负电，它的电量是 $1.602 \times 10^{-19}$C，是电量的最小单位，1个单位的电荷称为电子电荷。电子的质量是 $9.110 \times 10^{-31}$kg，电子的定向运动就形成电流。电子绕原子核做高速运动（接近光速），其运动的规律与宏观物体的运动规律不同，

不能把电子在原子核外绕核运动看作是简单的机械运动。

原子（$_{Z}^{A}X$）
- 原子核
  - 质子 Z 个
  - 中子（A—Z）个
- 核外电子 Z 个

### 3.2.3　原子核外电子排布

电子是一种微观粒子，在原子这样小的空间（直径约 $10^{-10}$m）内做调整运动，电子运动没有确定的轨道，只有指出它在原子核外空间某处出现的机会多少。

在含有多个电子的原子里，电子的能量并不相同，能量低的通常在离核近的区域运动，能量高的通常在离核远的区域运动。为了便于说明问题，通常就用电子层表明运动着的电子离核远近的不同。所谓电子层就是指根据电子能量的差异和通常运动区域离原子核的远近不同，将核外电子分成不同的电子层。

电子可以分成能量相近的若干电子组，每个电子组就是一个电子层。依据能量的高低，把能量最低、离核最近的称作第一层（电子层的序数 $n=1$）；能量稍高、离核稍远的称作第二层（$n=2$）；依次类推，称作第三（$n=3$）、第四（$n=4$）、第五（$n=5$）、第六（$n=6$）、第七层（$n=7$），分别用符号 K、L、M、N、O、P、Q 等字母来表示，这样就可以看作电子是在能量不同的电子层上运动。核外电子的分层运动，又称为核外电子的分层排布。目前已知最复杂的原子，其电子层不超过七层。经科学研究证明的核电荷数 1 ~ 18 的元素和 6 个稀有气体元素的原子的电子层排布情况见表 3-3 和表 3-4。

**表 3-3　部分元素原子的电子层排布**

| 核电荷数 | 元素名称 | 元素符号 | 各电子层上的电子数 | | | |
|---|---|---|---|---|---|---|
| | | | K | L | M | N |
| 1 | 氢 | H | 1 | | | |
| 2 | 氦 | He | 2 | | | |
| 3 | 锂 | Li | 2 | 1 | | |
| 4 | 铍 | Be | 2 | 2 | | |
| 5 | 硼 | B | 2 | 3 | | |
| 6 | 碳 | C | 2 | 4 | | |
| 7 | 氮 | N | 2 | 5 | | |
| 8 | 氧 | O | 2 | 6 | | |
| 9 | 氟 | F | 2 | 7 | | |
| 10 | 氖 | Ne | 2 | 8 | | |
| 11 | 钠 | Na | 2 | 8 | 1 | |
| 12 | 镁 | Mg | 2 | 8 | 2 | |
| 13 | 铝 | Al | 2 | 8 | 3 | |
| 14 | 硅 | Si | 2 | 8 | 4 | |
| 15 | 磷 | P | 2 | 8 | 5 | |
| 16 | 硫 | S | 2 | 8 | 6 | |
| 17 | 氯 | Cl | 2 | 8 | 7 | |
| 18 | 氩 | Ar | 2 | 8 | 8 | |

表 3-4 稀有气体元素原子的电子层排布

| 核电荷数 | 元素名称 | 元素符号 | 各电子层上的电子数 | | | | | |
|---|---|---|---|---|---|---|---|---|
| | | | K | L | M | N | O | P |
| 2 | 氦 | He | 2 | | | | | |
| 10 | 氖 | Ne | 2 | 8 | | | | |
| 18 | 氩 | Ar | 2 | 8 | 8 | | | |
| 36 | 氪 | Kr | 2 | 8 | 18 | 8 | | |
| 54 | 氙 | Xe | 2 | 8 | 18 | 18 | 8 | |
| 86 | 氡 | Rn | 2 | 8 | 18 | 32 | 18 | 8 |

从表 3-3、表 3-4 中可以看出，核外电子的分层排布是有一定的规律的。

1）各种电子层最多容纳的电子数目为 $2n^2$。即 K 层（n=1）为 $2\times1^2=2$ 个；L 层（n=2）为 $2\times2^2=8$ 个；M 层（n=3）为 $2\times3^2=18$ 等。

2）最外层电子数目不超过 8 个，（K 层为最外层时不超过 2 个）。

3）次外层电子数目不超过 18 个，倒数第三层电子数目不超过 32 个。

4）核外电子总数是尽先排布在能量最低的电子层里，然后再由里往外，以此排布在能量逐步升高的电子层里，即排满 K 层才排 L 层，排满 L 层才排 M 层。

以上几点是互相联系的，不能孤立地理解。例如，当 M 层不是最外层时，最多可排布 18 个电子，而当它是最外层时，则最多可以排布 8 个电子；当 O 层为次外层时就不是最多排布 $2\times5^2=50$ 个电子，而是最多排布 18 个电子。

## 3.2.4 元素周期表基本知识

一切客观事物本来是互相联系的和具有内部规律的，以此各元素之间也应存在着相互联系和内部规律。

**1. 核外电子排布的周期性**

为了认识元素间的规律性，我们将核电荷数为 1~18 的元素拿来加以讨论。

从表 3-3 中可以看出，原子序数（核电荷数）从 1~2 的元素，即从氢到氦，有一个电子层，电子由 1 个增到 2 个，达到稳定结构。原子序数从 3~10 的元素，从锂到氖，有两个电子层，最外层电子由 1 个逐渐增到 8 个，达到稳定的结构，原子序数从11~18 的元素，即从钠到氩，有三个电子层，最外层也是从 1 个逐渐增到 8 个，达到稳定结构。如果对 18 号以后的元素继续研究下去，同样可以发现，每隔一定数目的元素会重复出现原子最外层电子数从 1 个到递增到 2 个的情况。也就是说，随着原子序数的递增，元素原子的最外层电子排布呈周期性的变化。

**2. 元素周期律**

除了核外电子排布呈周期性的变化，通过对原子半径、元素主要化合价（一种元素一定数目原子跟其他元素一定数目原子相化合的性质称为这种元素的化合价。得电子呈负价，失电子呈正价）、第一电离合电子亲和能（电子亲和能是电离能，是从不同角度反映元素原子得失电子的倾向和能力）、元素的电负性（元素原

子在分子中吸引电子的能力）等元素的重要性质的研究中，都发现有相似的周期性的变化。从而引出一个规律，就是元素的性质，随着元素原子序数的递增而呈周期性的变化，这个规律称为元素周期律。

**3. 元素周期表**

根据元素周期律，把现在已知的元素中电子层数目相同的各种元素，按原子序数递增的顺序从左到右排成横行，再把不同横行中最外电子层的电子数相同的元素按电子层数递增的顺序由上向下平排成纵行，这样得到一个表，称为元素周期表。

元素周期表是元素周期律的具体表现表现形式，它反映了元素之间相互联系的规律。

元素周期表中有7个横行也就是7个周期，周期的序数等于该周期元素原子的电子层数。第一周期有2个元素，第二、三周期各有8个元素，这前三个周期称作短周期，第四、五周期各有18个元素，第六周期有32个元素，这三个周期称作长周期。第七周期尚未填满，称作不完全周期。除第一周期外，同一个周期中从左到右各元素原子最外层的电子数，都是从1个逐步增加至8个。除第一周期的元素是从气态元素氢开始，而第七周期未填满外，每一周期的元素都是从活泼的金属元素——碱金属开始，逐渐过渡到活泼的非金属元素——卤素。也就是说，同周期从左到右，金属性逐渐减弱，非金属性逐渐增强，最后以稀有元素结尾。

周期表中有18个纵行，称为族。除8、9、10三个纵行合称为第Ⅷ族外，其余15个纵行，每一个纵行称为一族。族又分为主族和副族，由短周期元素和长周期元素共同构成的族称为主族，完全由长周期元素构成的族称为副族。除第Ⅷ族和零族（稀有元素组成的族）外，其余14个族有7个主族和7个副族。族序数通常用罗马数字表示。主族元素标A，分别为：ⅠA、ⅡA、ⅢA、ⅣA、ⅤA、ⅥA、ⅦA，依次称为碱金属族、碱土金属族、硼族、碳族、氮族、氧族和卤族。同一个主族元素原子的最外层上电子数相同，主族元素的族序数就是该族元素原子的最外层上电子数。由于原子最外层上电子数相同，因此具有相似的化学性质和化合价。同主族元素随着原子序数增加从上而下，原子半径逐渐增大，金属性逐渐增强，非金属性逐渐减弱。副族元素在族序数后面表B，分别为ⅠB、ⅡB、ⅢB、ⅣB、ⅤB、ⅥB、ⅦB，依次称为铜族、锌族、钪族、钛族、钒族、铬族、锰族。副族元素都是金属元素，具有可变化合价，跟同周期的主族元素的金属相比，一般原子半径较小，密度较大，熔点和沸点较高，硬度较大，延展性、导热性和耐腐蚀性都较好。副族元素在生产上有广泛的用途，因此分为主族与副族，是一种分类方法，不存在主要和次要的含义。

在元素周期表中，每种元素一般占一格。在每格中除了表示该元素的元素符号、元素名称和原子量外，还标出该元素原子的核电荷数（即原子序数）和原子核外电子排布。

## 3.3 离子

带有电荷的原子（或原子团）称为离子。

原子在外界条件作用下，可以失去或得到多余的电子，变成离子。离子有的带正电荷，有的带负电荷。带正电荷称为阳离子，如钠离子（$Na^+$）和铵根离子（$NH_4^+$）。带负电荷的离子称为阴离子，如氯离子（$Cl^-$）和硝酸根离子（$NO_3^-$）等。离子所带电荷数取决于原子失去或得到电子的数目。原子失去几个电子就带几个单位正电荷，得到几个电子就带几个单位负电荷。

离子与原子的区别在于：

1）离子是带电性的，而原子是中性的。

2）离子是核内质子数与核外电子数不相等的，而原子是相等的。

3）同一种元素的原子与离子的化学性质不同。例如，钠原子和钠离子，钠原子以金属钠为例，它是银白色的金属，化学性质很活泼，是强还原剂，而钠离子是无色的（在食盐中即有钠离子的存在），化学性质很稳定。

## 3.4 分子

### 3.4.1 分子的概念

和原子、离子一样，分子也是构成物质的一种微粒，也是保持物质化学性质的一种微粒。

同种物质的分子其化学性质相同，不同物质的分子其化学性质不同。由分子构成的物质发生物理变化时，物质的分子本身并没有发生变化。例如，水转变为水蒸气的时候，水分子本身没有变化，水的化学性质也没有变。由分子构成的物质在发生化学变化的时候，分子起了变化。例如在电解水的过程中，水分子被分解成了氢分子和氧分子，失去了水的化学性质。在化学反应中，分子发生了变化，原子没有发生变化。因此，原子是化学变化中最小的粒子。有机化合物一般都是由分子构成的，部分无机物也由分子构成。分子和原子的比较见表3-5。

表3-5 分子和原子的比较

| | | 分子 | 原子 |
|---|---|---|---|
| 不同点 | 在化学反应中的情况 | 在化学反应中可以分成原子 | 是化学反应中的最小微粒 |
| | 构成情况 | 由原子构成 | 由原子核和核外电子构成 |
| | 种类数 | 目前已知的有一千万种 | 目前已发现110多种元素的原子，多数元素有同位素 |
| 相同点 | | 都是构成物质的很小的微粒，不能直接用肉眼看到，都在不停地运动 | |

分子很小，但总是不停地运动着。分子间有一定的间隔，相同质量的同一物质在固态、液态和气态时所占的体积不同，就是因为它们分子之间的间隔不同的原因。物质的热胀冷缩，也是因为物质分子之间的间隔受热增大、遇冷缩小的原因。

### 3.4.2 分子式

元素符号可以表示元素，还可以表示元素组成的物质。分子式就是用元素符号来表示物质分子组成的式子。

一种分子只有一个分子式，分子有单质和化合物之分。

氢气、氧气、氯气等单质（由同种元素组成的物质）的1个分子里有2个原子，它们的分子式分别是 $H_2$、$O_2$、$Cl_2$，氦、氖、氩等稀有气体的分子式有单个原子组成的，因此它们的元素符号就是分子式，写成 He、Ne、Ar。许多固态单质由于组成较复杂，为了书写和记忆方便，通常也用元素符号表示其分子式，如硫、磷、碳、铁等，分子式可以写作 S、P、C、Fe。

化合物是由两种不同的元素组成的物质，因此书写化合物分子式时，先写出组成化合物的元素的符号，然后在各元素的右下角用数字标出分子中所含该元素的原子数，如水的分子式为 $H_2O$，二氧化碳的分子式是 $CO_2$，氧化铝的分子式是 $Al_2O_3$。

分子式的含义是：

1）表示一种物质。

2）表示该物质的一个分子。

3）表示组成该物质的各种元素。

4）表示该物质的一个分子中各种元素的原子个数。

5）表示该物质的相对分子质量。

## 3.5 化学反应

### 3.5.1 化学方程式

**1. 化学方程式的概念**

用分子式来表示化学反应的式子称为化学方程式。

每一个化学方程式都是根据实验结果得出的，它表示一个真实的化学反应。化学方程式表示什么物质参加反应，反应结果生成什么物质。化学方程式还可表示反应物和生成物各物质之间的质量比。

书写化学方程式时要注意两个原则：

1）必须以客观事物为依据，不能臆造事实上不存在的化学反应或不存在的物质。

2）必须遵循质量守恒定律，方程式等号两边各元素的原子数必须相等，即化学方程式必须配平。

除此之外，还必须把反应物的分子式写在左边，生成物的分子式写在右边，中间用“══”号相连，并在符号的上下注明必要的反应条件，如加热（用“△”表示）、催化剂、压力、光照等。各反应物之间或各生成物之间用“+”号相连。如果生成物里有气体产生，用“↑”号表示；生成物里有沉淀物产生，用“↓”号表示。

**2. 化学方程式的配平**

所谓化学方程式的配平，就是指在反应物和生成物的分子式前面配上适当的系数，使式子两边各元素的原子个数相等。常用的配平方法有：

1）观察法配平化学方程式，主要是对一些比较简单的化学方程式配平。例如用一氧化碳还原氧化铁，生成铁和二氧化碳的反应：

$$Fe_2O_3 + CO \longrightarrow Fe + CO_2\uparrow$$

从上面式子中可以看到，每个 CO 从 $Fe_2O_3$ 中夺取一个氧原子，生成一个 $CO_2$，在 $Fe_2O_3$ 中有 3 个氧原子，因此，必须有 3 个 CO 参加反应，才能把 $Fe_2O_3$ 中 3 个氧原子全部夺走，同时生成 3 个 $CO_2$，所以 CO 和 $CO_2$ 的系数均为 3，Fe 的系数是 2，配平后的化学方程式是：

$$Fe_2O_3 + 3CO \xlongequal{\text{高温}} 2Fe + 3CO_2\uparrow$$

2）最小公倍数法配平化学方程式。一般做法是找出式子两边各出现一次的元素，对原子个数不相等的元素用最小公倍数进行配平。例如，氯酸钾分解制取氧气，$KClO_3 \longrightarrow KCl + O_2$，在 K、Cl、O 三种元素中，只有氧的个数两边不等，左边是 3 个，右边是 2 个，3 和 2 的最小公倍数是 6，以左边氧原子个数 3 去除最小公倍数得 2，以右边氧原子个数 2 去除最小公倍数得 3。所以 $KClO_3$ 的系数是 2，$O_2$ 的系数是 3，KCl 的系数应是 2，写上这个反应的条件，得到：

$$2KClO \xlongequal[\triangle]{Mn} 2KCl + 3CO_2\uparrow$$

另外，还有奇数配偶数配平化学方程式，以及更为复杂的氧化-还原反应的配平，可利用化合价的升降或电子的得失来配平，在这里就不具体介绍了。

### 3.5.2 化学反应

化学反应的种类和形式很多，化学反应根据反应形态不同可以分为化合反应、分解反应、置换反应、复分解反应。根据元素的化合价有没有发生变化，可分为氧化还原反应和非氧化还原反应。根据反应过程中酸和碱的作用、溶液 pH 值的变化可分为中和反应等。这里举几种常用的化学反应。

**1. 氧化反应**

物质跟氧发生的化学反应称为氧化反应，如物质在氧气中燃烧，金属在氧气中锈蚀等。例如化学反应：

$$C + O_2 \xlongequal{\text{点燃}} CO_2\uparrow$$

$$2Fe + O_2 \xlongequal{点燃} 2FeO$$

进一步研究可知，物质发生氧化反应时，组成该物质的某种元素的化合价必然升高。因此，氧化反应的广义理解应是：物质所含元素化合价升高的反应，即失去电子或电子偏离的反应都是氧化反应。因而有些没有氧气和氧元素参加的反应，只要该物质中某元素在反应中化合价升高，该物质发生的反应也称为氧化反应。例如，钠在氧气中燃烧。

**2. 还原反应**

还原反应是含氧化合物里的氧被夺去的反应。例如化学反应：

$$FeO + C \xlongequal{高温} Fe + CO\uparrow$$

$$FeO + Mn \xlongequal{高温} Fe + MnO$$

同样，物质在发生还原反应时，组成该物质的某种元素的化合价必然降低。因此，还原反应的广义理解应是：物质所含元素化合价降低的反应，即得到电子或电子偏近的反应都是还原反应。所以当钠在氯气中燃烧时，氯气中氯元素在反应中由零价弯为 -1 价，化合价降低，氯气发生的也是还原反应。

**3. 氧化-还原反应**

氧化-还原反应是一种物质被氧化，另一种物质被还原的反应。氧化和还原反应必然同时发生。例如化学反应：

$$CuO + H_2 \xlongequal{高温} Cu + H_2O$$

CuO 失去氧是发生还原反应；而 $H_2$ 在反应中跟氧结合成水是发生氧化反应。从另一个角度来认识 CuO 中 +2 价的铜元素变成零价，化合价降低，发生还原反应；而 $H_2$ 中氢元素由零价变成 +1 价，化合价升高，发生氧化反应。因此，凡有化合价升降的化学反应就是氧化-还原反应。氧化和还原反应必然同时发生。在这一类反应里，有一种物质被氧化，必然有另一种物质被还原。也就是说，某元素化合价升高的总数，一定等于另一种元素化合价降低的总数。氧化-还原反应的实质是电子的转移（电子得失或电子的偏移）；原子或离子失电子的过程中称为氧化；原子或离子得电子的过程中称为还原。而电子的转移必然引起元素化合价的升高或降低。

在氧化-还原反应中，氧化，还原，氧化剂、还原剂，氧化性、还原性等概念具有如下关系。

非金属原子（或金属阳离子）→得电子→化合价降低→被还原→该物质是氧化剂→具有氧化性。

金属原子（或非金属阴离子）→失电子→化合价升高→被氧化→该物质是还原剂→具有还原性。

**4. 化合反应**

由两种或两种以上的物质生产一种新物质的反应称为化合反应。例如，碳在氧气中燃烧生成二氧化碳的反应：

$$C + O_2 \xlongequal{\text{点燃}} CO_2 \uparrow$$

**5. 分解反应**

分解反应是由一种物质生成两种或两种以上其他物质的反应。

例如，在高温条件下，大理石、铁锈、二氧化碳等都会发生分解：

$$CaCO_3 \xlongequal{\text{高温}} CaO + CO_2$$

$$2Fe(OH)_3 \xlongequal{\text{高温}} Fe_2O_3 + 3H_2O$$

$$2CO_2 \xlongequal{\text{高温}} 2CO + O_2$$

**6. 中和反应**

中和反应是酸和碱作用生成盐和水的反应。例如化学反应：

$$NaOH + HCl \xlongequal{} NaCl + H_2O$$

$$2KOH + H_2SO_4 \xlongequal{} K_2SO_4 + 2H_2O$$

中和反应的实质是酸中的氢离子（$H^+$）跟碱中的氢氧根离子（$OH^-$）结合成水的反应。

**☆考核重点解析**

焊工学习化学知识，懂得物质是由元素组成的。元素是指具有相同核电荷数（即质子数）的一类原子的总称。物质有的是由同种元素组成的，如铁是由铁元素组成的，氧气是由氧元素组成的。这种由一种元素单独组成的物质称为单质，以单质形态存在的元素称为元素的游离态。焊工应掌握元素和元素符号的对应关系、原子结构特征。元素周期表的基本知识、原子、离子和分子的特点和化学反应的基本知识。

## 复习思考题

1. 书写化学方程式时的两个主要原则是什么？
2. 什么是化合反应？
3. 离子与原子的区别是什么？
4. 简述原子的概念。

# 第 4 章　常用金属材料与金属热处理知识

☺**理论知识要求**

1. 掌握常用金属材料的物理、化学、力学和工艺性能。
2. 掌握金属晶体结构的一般知识。
3. 掌握合金的组织、结构及铁碳合金的基本组织。
4. 掌握铁碳相图的构造和应用。
5. 掌握钢的热处理基本知识。
6. 掌握常用金属材料的分类和牌号表示方法。

金属是指具有特殊的光泽、良好的导电性、导热性、一定的强度和塑性的物质。凡是由金属元素或金属元素为主而形成的，并具有一般金属特性的材料通称为金属材料。金属材料包括黑色金属和有色金属两大类。

金属材料的加工工艺与其成分、组织和性能之间的关系是非常密切的。在焊接工艺中，大量使用金属材料，正确地认识、选择金属材料，是保证焊接工艺质量和焊件可靠性的重要环节。

## 4.1　常用金属材料的性能

### 4.1.1　金属材料的物理性能

金属的物理性能是指金属所固有的属性，它包括密度、熔点、导热性、导电性、热膨胀性和磁性等。常用金属材料的物理性能见表 4-1。

**表 4-1　常用金属材料的物理性能**

| 金属名称 | 符号 | 密度 $\rho$(20℃) /($\times 10^3$kg/m$^3$) | 熔点 /℃ | 热导率 $\lambda$ /[W/(m·K)] | 线胀系数 $\alpha_l$ (0～100℃) /($\times 10^{-6}$/℃) | 电阻率 $\rho$(0℃) /($\times 10^{-6}\Omega$·cm) |
|---|---|---|---|---|---|---|
| 银 | Ag | 10.49 | 960.8 | 418.6 | 19.7 | 1.5 |
| 铜 | Cu | 8.96 | 1083 | 393.5 | 17 | 1.67～1.68(20℃) |
| 铝 | Al | 2.7 | 660 | 221.9 | 23.6 | 2.655 |
| 镁 | Mg | 1.74 | 650 | 153.7 | 24.3 | 4.47 |
| 钨 | W | 19.3 | 3380 | 166.2 | 4.6(20℃) | 5.1 |
| 镍 | Ni | 4.5 | 1453 | 92.1 | 13.4 | 6.84 |

（续）

| 金属名称 | 符号 | 密度 $\rho$(20℃) /($\times10^3$kg/m$^3$) | 熔点 /℃ | 热导率 $\lambda$ /[W/(m·K)] | 线胀系数 $\alpha_l$ (0～100℃) /($\times10^{-6}$/℃) | 电阻率 $\rho$(0℃) /($\times10^{-6}\Omega\cdot$cm) |
|---|---|---|---|---|---|---|
| 铁 | Fe | 7.87 | 1538 | 75.4 | 11.76 | 9.7 |
| 锡 | Sn | 7.3 | 231.9 | 62.8 | 2.3 | 11.5 |
| 铬 | Cr | 7.19 | 1903 | 67 | 6.2 | 12.9 |
| 钛 | Ti | 4.508 | 1677 | 15.1 | 8.2 | 42.1～47.8 |
| 锰 | Mn | 7.43 | 1244 | 4.98(−192℃) | 37 | 185(20℃) |

**1. 密度**

物质单位体积的质量称为该物质的密度，用符号 $\rho$ 表示。一般将密度小于 $5\times10^3$kg/m$^3$ 的金属称为轻金属，反之则称为重金属。利用密度的概念可以计算金属毛坯的质量、鉴别金属材料等。

**2. 熔点**

纯金属和合金从固体状态向液体状态转变时的熔化温度称为熔点。纯金属都有固定的熔点。合金的熔点取决于它的成分。熔点对于冶炼、铸造、焊接和配制合金等方面都很重要。易熔合金如锡、铅、锌等可以用来制造印刷铅、熔丝和防火安全阀等的零件；难熔金属如钨、钼、钒等可以用来制造耐高温的零件，在火箭、导弹、燃气轮机和喷气飞机等方面获得了广泛的应用。

**3. 导热性**

金属能传导热的性能称为导热性，导热性的大小通常用热导率来衡量。热导率的符号是 $\lambda$。热导率越大，导热性就越好。金属的导热能力以银最好，铜、铝次之。金属在加热时，常需考虑金属的导热性。导热性差的金属，其加热速度应慢些，这样才能保证内外温度的均匀一致。导热性好的金属散热也好，可用来制造散热器、热交换器等零件。

**4. 导电性**

金属能够传导电流的性能称为导电性。金属是良好的导电体，但各种金属的导电性也各不相同。金属导电性的好坏，取决于它的电阻率 $\rho$。电阻率越小，导电性就越好。金属的导电能力以银为最好，铜、铝次之。工业上常用导电性好的铜、铝或它们的合金做导电结构材料，而用导电性差（即电阻大）的镍铬合金和铬铁铝合金等做电热元件或电热零件。

**5. 热膨胀性**

金属和合金在加热时，它的体积会胀大，冷却时则收缩，这种现象称为热膨胀性。各种金属材料的热膨胀性是不同的，它一般用线胀系数来衡量。线胀系数是指金属温度每升高 1℃ 所增加的长度与原来长度的比值。金属的线胀系数不是一个固定的值，随着温度的增高，其数值也相应增大。在焊接过程中，焊件由于受热不均匀而产生不均匀的热膨胀，就会导致焊件变形和产生焊接应力。

**6. 磁性**

金属材料在磁场中受到磁化的性能称为磁性。根据金属材料在磁场中受到磁化程度的不同，它们可分为铁磁性材料（铁、钴等）、顺磁性材料（锰、铬等）、抗磁性材料（铜、锌等）。顺磁性和抗磁性材料也称为无磁性材料。铁磁性材料可用于变压器、电机、测量仪表等制造业。无磁性材料则可用于要求避免干扰电磁场的零件和结构材料。

对某些金属来说，磁性也不是固定不变的，如铁是铁磁性材料，但当温度升高到 770℃以上时就会失去磁性。

### 4.1.2　金属材料的化学性能

对于金属材料来说，化学性能一般指耐腐蚀性和抗氧化性。

**1. 耐腐蚀性**

金属材料抵抗各种介质（大气、酸、碱、盐等）侵蚀的能力称为耐腐蚀性。

多数金属材料会与其周围的介质发生化学作用而使其表面被破坏，如钢铁的生锈，铜会产生铜绿，不锈钢在含 Cl 离子的环境中点蚀等，这种现象称作锈蚀或腐蚀。

**2. 抗氧化性**

金属材料在高温时抵抗氧化性气氛的腐蚀作用的能力称为抗氧化性。长期在高温下工作的零件，应采用抗氧化性好的材料来制造。金属材料在加热时，氧化作用加速。例如，钢材在铸造、锻造、热处理、焊接等热加工作用时，会发生氧化和脱碳，造成材料的损耗和各种缺陷。因此在加热时，常在坯件或材料的周围制造一种还原气氛或保护气氛，以避免金属材料的氧化。

金属材料的耐腐蚀性和抗氧化性总称为化学稳定性，一般金属材料的耐腐蚀性和抗氧化性都不是很好，为了满足化学性能的要求，必须使用特殊的合金钢或某些有色金属。

### 4.1.3　金属材料的力学性能

力学性能是指金属材料在外力作用下所表现的抵抗能力。金属材料常用的主要力学性能指标有强度、塑性、冲击韧性和硬度等。

**1. 强度**

强度是指金属材料在静载荷作用下，抵抗变形和断裂的能力。抵抗能力越大，则强度越高。衡量强度的常用指标为屈服强度和抗拉强度。强度单位用 $N/m^2$ 或 Pa、MPa 表示。

（1）屈服强度　钢材在拉伸过程中当载荷达到一定值时，载荷不变，仍继续发生明显的塑性变形的现象，称为屈服现象。材料产生屈服现象时的应力，称为屈服强度，用 $R_{eH}$（上屈服强度）或 $R_{eL}$（下屈服强度）表示，对于无明显屈服的金属材料（如高碳钢），规定以产生 0.2% 残余变形的应力值为其屈服强度，称为规定残余延伸强度，用 $R_{p0.2}$ 表示。按屈服强度的定义，它标志着金属对起始塑性变形的抗力。由于机械零件在服役条件下不允许有塑性变形，故常把屈服强度定作失效的抗力指标。

（2）抗拉强度　金属材料在拉伸时，材料在拉断前所承受的最大应力称为抗拉强度，用 $R_m$ 表示。金属材料在使用过程中所承受的工作应力不能超过材料的抗拉强度，否则会产生断裂，甚至造成严重事故。

**2. 塑性**

金属材料在载荷作用下，产生变形而不破坏的性能，称为塑性。塑性表示了材料塑性变形能力的大小。衡量金属材料塑性好坏的指标是断后伸长率 $A$ 和断面收缩率 $Z$。

（1）断后伸长率 $A$　断后标距的残余伸长量（$L_u-L_o$）与原始标距长度（$L_o$）之比的百分率：$A=(L_u-L_o)/L_o\times100\%$ 。

（2）断面收缩率 $Z$　断裂后试样横截面积的最大缩减量（$S_o-S_u$）与试样原始横截面积（$S_o$）的百分比：$Z=(S_o-S_u)/S_o\times100\%$。

塑性意义：$A$ 和 $Z$ 的数值越大，表明材料的塑性越好。塑性良好的金属可进行各种塑性加工，同时使用安全性也较好。

**3. 冲击韧性**

机械零部件当存在缺陷并受到冲击时，常会发生断裂。把材料对冲击的抗力称为冲击韧性。具有较大的断后伸长率和断面收缩率的材料并不一定是耐冲击的，因为冲击韧性往往是随材料缺口的尖锐度、化学成分、晶粒大小等而变化的，缺口越尖，晶粒度越大，则冲击韧性越低。此外冲击韧性还受试验温度的影响，若温度降低，冲击韧性就降低。冲击韧性的测量一般采用夏比冲击试验，得到的结果用冲击吸收能量 $KV_2$ 或 $KU_2$ 来表示。

**4. 硬度**

所谓硬度，一般理解为金属表面局部体积内抵抗因外物压入而引起塑性变形的抗力。硬度越高即表明金属抵抗塑性变形能力越大，金属产生塑性变形越困难，它是衡量金属材料软硬的一个指标。硬度试验方法简单易行，又无损于零件。根据测量方法的不同，实际工作中常用的硬度试验方法有布氏硬度、洛氏硬度和维氏硬度三种。

（1）布氏硬度 HBW　用一定直径 $D$ 的硬质合金球作为压头，以规定的试验力 $F$ 压入材料的表面，经规定的保持时间后卸除试验力，在金属表面出现一个压坑（压痕），用读数显微镜测量压痕平均直径 $d$，以压痕球形表面积上所受的试验力的大小，确定被测金属的硬度值，用符号 HBW 表示。布氏硬度表示方法：符号 HBW 之前的数字表示硬度值，符号后面的数字按顺序分别表示球体直径、载荷及载荷保持时间。例如，120HBW10/1000/30 表示直径为 10mm 的硬质合金球在 1000kgf（9.807kN）载荷作用下保持 30s 测得的布氏硬度值为 120。

布氏硬度的优点是测量数值稳定、准确，能较真实地反映材料的平均硬度；缺

点是压痕较大、操作慢，不适用于批量生产的成品件和薄件。布氏硬度测量范围适用于原材料与半成品的硬度测量，可用于测量铸铁、有色金属、硬度较低的钢（如退火、正火或调质处理的钢）。

（2）洛氏硬度 HR　以金刚石圆锥或淬火钢球压头，在试验压力 $F$ 的作用下，将压头压入材料表面，保持规定时间后，去除主试验力，保持初始试验力，用残余压痕深度增量计算硬度值，实际测量时，可通过试验机的表盘直接读出洛氏硬度的数值。

洛氏硬度的优点是测量迅速、简便、压痕小、硬度测量范围大，缺点是数据准确性、稳定性、重复性不如布氏硬度。洛氏硬度适用于成品件和薄件，但不宜测量组织粗大不均匀的材料。由于压痕较小，对内部组织和硬度不均匀的材料，测量结果不够准确，故需在试件不同部位测定三点取其算术平均值。

为了能够用一种试验来测定从软到硬金属材料的硬度，采用不同压头和载荷组成几种不同的洛氏硬度标度，每一种标度用一个字母在 HR 后加以注明，常用的洛氏硬度是 HRA、HRB、HRC 三种。常用洛氏硬度的试验条件及应用范围见表 4-2。

表 4-2　常用洛氏硬度的试验条件及应用范围

| 硬度符号 | 压头类型 | 总试验力 $F$ /kgf（N） | 硬度范围 | 应用举例 |
|---|---|---|---|---|
| HRA | 120°金刚石圆锥体 | 60（588.4） | 20～88 | 硬质合金、渗碳钢、浅层表面硬化钢等 |
| HRB | $\phi$1.588mm 淬火钢球 | 100（980.7） | 20～100 | 退火、正火钢及有色金属等 |
| HRC | 120°金刚石圆锥体 | 150（1471） | 20～70 | 淬火钢、调质钢和深层表面硬化钢 |

（3）维氏硬度 HV　采用相对面夹角为 136° 金刚石正四棱锥压头，以规定的试验力 $F$ 压入材料的表面，保持规定时间后卸除试验力，用正四棱锥压痕单位表面积上所受的平均压力表示硬度值，用符号 HV 表示。

维氏硬度的优点是测量范围大，可测量硬度为 10～1000HV 范围的材料；试验时所加载荷小，压入深度浅。缺点是操作较麻烦。维氏硬度适用于测量较薄的材料和焊接试样中焊缝区的硬度等，显微维氏硬度还可用于测量零件表面淬硬层及经表面化学热处理硬化层（如渗碳、渗氮层）的硬度，以及金相组织中不同相的硬度。

上述各种硬度测量法，相互间没有理论换算关系，故试验结果不能直接进行比较，应查阅硬度换算表进行比较。各种硬度的换算经验公式：硬度在 200～600HBW 时，1HRC 相当于 10HBW；硬度小于 450HBW 时，1HBW 相当于 1HV。

### 4.1.4　金属材料的工艺性能

用金属材料制造零件的基本加工方法通常有下列四种：铸造、压力加工、焊接和切削加工。热处理作为改善机械加工性能和使零件得到所需要的性能的加工方法，一般安排在有关工序之间。

任何一个零件都是利用某种材料经若干加工工序制作而成的，在各加工工序中都要考虑加工的难易程度。加工工艺性能优良的材料其制作过程比较容易实现，生产率较高而且成本较低。所以在满足零件使用性能要求的前提下应选择加工工艺性能良好的材料。下面简要介绍金属材料的几种重要的工艺性能。

**1. 铸造性能**

将熔化的液体金属浇注入铸型空腔中，待冷却后获得零件或毛坯制品的工艺过程，称为铸造。铸造生产有以下优点：

1）可以制造外形和内腔十分复杂的毛坯，如各种箱体、床身和机架等。

2）铸件的形状与零件尺寸较接近，可节省金属的消耗，减少切削加工工作量。

3）原材料来源广泛，工艺设备费用小，成本较低。

但铸造生产也有缺点，如铸件中常出现疏松和气孔等缺陷，使其性能不如锻件；铸件生产的工序较多，一些工艺过程难以控制，质量不稳定等。因此，对于承受动载荷的重要零件一般不采用铸件作为毛坯。

金属材料的铸造性能包括流动性、收缩、偏析和吸气性等。常用的金属材料中灰铸铁的熔点低、流动性好且收缩率小，因而铸造性能优良；而低、中碳钢的熔点高、熔炼困难以及凝固收缩率较大，因而铸造性能不如铸铁好；有色金属中铝合金和铜合金具有优良的铸造性能，在工业上得到了广泛应用。

**2. 压力加工性能**

金属压力加工是在外力作用下使金属坯料产生塑性变形，从而获得一定形状、尺寸和力学性能的毛坯或零件的加工方法。压力加工是以金属材料的塑性为基础的。各种钢和大多数有色金属都具有不同程度的塑性，因此它们可在冷态或热态下进行压力加工，但脆性材料（如铸铁）则不能。

压力加工分为冷加工和热加工两种。热加工包括热锻、热挤压及热轧等，评价热加工工艺性能的指标主要有塑性、变形能力、可加工的温度范围、抗氧化性以及热脆倾向。一般低碳钢的热压力加工性能优于高碳钢，碳素钢优于合金钢，低合金钢优于高合金钢。铸铁完全不能进行压力加工。冷压力加工主要是指冷冲压、冷镦及冷挤压等。压力加工用铝合金、铜合金以及低碳钢具有优良的冷压力加工性能。普通低合金钢的冷压力加工性能不比低碳钢差。钢中含碳量越高，合金元素含量越高其强度和硬度会增高，而塑性下降，冷压力加工性能越差。

金属材料压力加工有以下优点：

（1）改善金属内部组织　压力加工能使金属毛坯获得较细的晶粒，同时能使铸造组织的内部缺陷（如微小裂纹、缩松、气孔等）焊合，因而提高了金属材料的力学性能。

（2）有些压力加工方法具有较高的生产率　例如，快速锻造、挤压、轧制、辊锻及冷冲压等几种加工方式均有较高的生产率。以螺栓和螺母的生产为例，一台

自动冷锻机的产量可相当于十八台自动车床。

（3）使用压力加工新工艺可减少金属的加工损耗　一些精密锻压件的尺寸精度和表面粗糙度已能接近成品零件，只需少量或无需切削加工即可得到成品零件。

（4）适用范围广　金属材料压力加工能适应各种形状及质量的需要，从简单形状的螺钉到形状复杂的多拐曲轴，从质量不到1g的表针到数百吨的大轴都可制造。

与铸造、焊接等加工方法相比较，压力加工产品形状比较简单，除使用新工艺外，生产外形和内腔复杂的零件比较困难。

**3. 焊接性**

所谓焊接，就是在两块金属之间，用局部加热或加压手段，借助于金属内部原子的结合力，使金属连接成牢固整体的加工方法。焊接是工程构件的连接方法中应用最广泛的一种。焊接的特点如下：

1）减轻结构重量，节约大量金属材料。

2）生产率高，生产周期短，劳动强度低。

3）可以保证较高的气密性，提高产品质量。

4）产品成本低。

5）便于实现机械化、自动化。

金属材料的焊接性包括形成冷裂或热裂的倾向及形成气孔的倾向等，其优劣的判据有焊缝区的性能是否低于母材、焊缝裂纹倾向的大小等。对于钢材来讲，含碳量越低，焊接性越好。压力容器多用低碳钢、低合金钢焊接成形。有些合金，如铝合金极易氧化，在保护气氛（如氩气）中焊接，能获得满意的焊接接头。

**4. 切削加工性能**

利用刀具和工件做相对运动，从毛坯上切去多余的金属，以获得所需几何形状、尺寸精度和表面粗糙度的零件，这种加工方法称为金属切削加工，也称冷加工。金属切削加工的形式很多，一般分为车、刨、钻、铣、磨、齿轮加工及钳工等。金属切削加工是现代机械制造中广泛采用的加工方法，凡属精度和表面粗糙度要求较高的零件，一般都需进行切削加工。

金属材料的切削加工性能不好，会影响零件加工表面质量、刀寿命及生产率等，其性能优劣的判据主要是刀具的磨损、动力消耗和零件表面粗糙度等。钢的硬度对切削加工性能有很大影响，为使钢具有良好的切削加工性能，一般希望把硬度控制在170～230HBW。一般中、低碳结构钢正火状态，高碳钢、高碳合金工具钢的退火状态适宜于切削加工。某些对力学性能要求不高的零件也可选用易切削钢制造。退火状态的球墨铸铁、灰铸铁和可锻铸铁同样也具有优良切削加工性能。在常用金属材料中，铝合金的切削加工性能最好。

**5. 热处理工艺性能**

热处理对改变钢的性能起关键作用。热处理性能不好，会影响零件的使用性能、形状及尺寸的稳定，甚至引起材料的开裂损坏。一般碳钢的压力加工和切削加工性能较好，在力学性能和淬透性能满足要求时尽量选用碳钢；当碳钢不能满足使用性能的要求时应选用合金钢，合金钢的强度高、淬透性好、变形开裂倾向小，更适于制造高强度、大截面、形状复杂的零件。

应该注意，金属材料的各种工艺性能之间往往有矛盾。例如，低碳钢的切削加工性能、压力加工性能和焊接性是比较好的，但其力学性能和淬透性较差。合金钢强度和淬透性好，但焊接性和切削加工性能较差。因此，选用材料时要充分考虑各方面的具体情况，通过改变工艺规范、调整工艺参数、改进刀具和设备以及变更热处理方法等途径来改善金属材料的工艺性能。

## 4.2 金属晶体结构的一般知识

不同的金属材料具有不同的力学性能，即使是同一种金属材料，在不同的条件下其性能也是不同的。金属性能的这些差异，从本质上来说，是由其内部结构所决定的。因此掌握金属的内部结构及其对性能的影响，对于选用和加工金属材料，具有非常重要的意义。焊工所焊接的材料主要是金属，尤其是钢材。钢材的性能不仅取决于钢材的化学成分，而且取决于钢材的组织。要了解钢材的组织，则必须了解晶体结构。

### 4.2.1 晶体结构

**1. 晶体和非晶体**

原子按一定的几何规律做规则排列而形成的聚集状态，称为晶体，如石英、冰及食盐等。一般的固态金属及合金都是晶体。非晶体中，原子则是无序、无规则排列的，至多有些局部的短程规则排列，如玻璃、松香和橡胶等。

**2. 典型的金属晶体结构**

为了形象地描述晶体中原子按一定几何规律排列的情况，可以将原子简化成一个点，用假想的线将这些点连接起来，构成有明显规律性的空间格架。这种表示原子在晶体中排列规律的空间格架称为晶格。

在自然界中，以晶体形式存在的物质极其繁多，晶体类型也各种各样，结构很复杂，但工业上常用的金属中，除少量具有复杂晶体结构外，绝大多数金属都具有比较简单的晶体结构。其中最常见的金属晶体结构有三种类型：体心立方晶格、面心立方晶格、密排六方晶格。

（1）体心立方晶格　体心立方晶格的立方体的中心和 8 个顶点各有 1 个原子，属于这一类晶格的金属有 α-Fe、铬、钼、钨和钒等，如图 4-1 所示。

（2）面心立方晶格　面心立方晶格的晶胞如图 4-2 所示，也是立方体，在立方体的 8 个顶点和 6 个面的中心上各有 1 个原子。属于这一类晶格的金属有 γ-Fe、镍、铝、铜、铅和金等。

（3）密排六方晶格　密排立方晶胞是一个正六棱柱体，如图 4-3 所示。在上下两个面的角点和中心上，各有 1 个原子，并在上下两个面的中间有 3 个原子。属于这一类晶格的金属有镁、锌、铍和镉等。

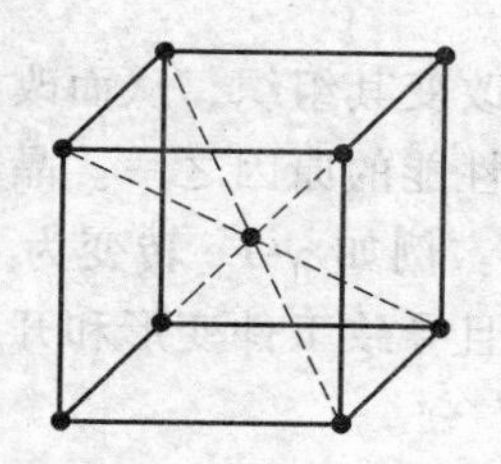

图 4-1　体心立方晶格

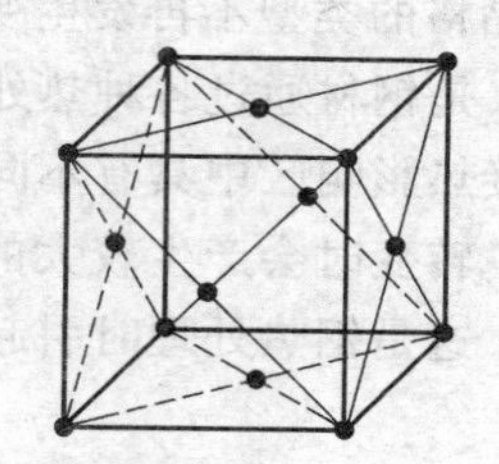

图 4-2　面心立方晶格

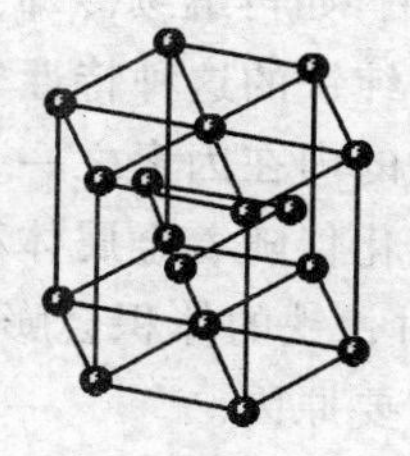

图 4-3　密排六方晶格

除以上三种晶格以外，少数金属还具有其他类型的晶格，但一般很少遇到。金属的晶体结构类型和晶格常数发生变化时，金属的性能也会发生相应的变化。

**3. 单晶体和多晶体**

如果一块晶体，其内部的晶格位向完全一致时，则称这块晶体为“单晶体”。但在工业金属材料中，除非专门制作，否则都不是这样，而哪怕是在一块很小的金属中也包含着许许多多的小晶体，每个小晶体的内部，晶格位向都是均匀一致的，而各个小晶体之间，彼此的位向都不相同。由于其中每个小晶体的外形都是不规则的颗粒状，故称之为“晶粒”。晶粒与晶粒之间的界面称为“晶界”。

## 4.2.2　同素异构转变

有些金属在固态下，存在着两种以上的晶格形式，这类金属在冷却或加热过程中，随着温度的变化，其晶格形式也要发生变化。金属在固态下，随温度的改变由一种晶格转变为另一种晶格的现象称为同素异构转变。具有同素异构转变的金属有铁、钴、钛、锡和锰等。以不同晶格形式存在的同一金属元素的晶体称为该金属的同素异晶体。同一金属的同素异晶体按其稳定存在的温度，由低温到高温依次用希腊字母 α，β，γ，δ 等表示。这里我们主要介绍铁的同素异构现象。

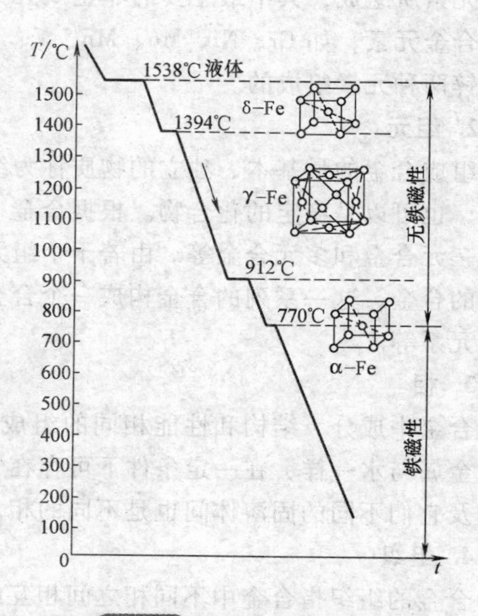


图 4-4　纯铁的冷却曲线

随着温度的变化，纯铁可以由一种晶格转变为另一种晶格。图 4-4 所示为纯铁的冷却曲线。由图可见，液态纯铁在1538℃进行结晶，得到具有体心立方晶格的δ-Fe，继续冷却到1394℃时发生同素异构转变，δ-Fe转变为面心立方晶格的γ-Fe，再冷却到912℃时又发生同素异构转变，γ-Fe转变为体心立方晶格的α-Fe，如再继续冷却到室温，晶格的类型不再发生变化。

纯铁的这种特性非常重要，是钢材通过各种热处理方法改变其组织，从而改善性能的内在因素之一，也是焊接热影响区中具有不同组织和性能的原因之一。晶格的变化伴随着金属体积的变化，转变时会产生较大的内应力。例如γ-Fe转变为α-Fe时，铁的体积会膨胀约1%，这是钢热处理时引起应力并且导致工件变形和开裂的重要原因。

## 4.3　合金的组织结构及铁碳合金的基本组织

### 4.3.1　合金的基本概念

**1. 合金**

纯金属具有良好的导电性、导热性、塑性和美丽的金属光泽，在工业上具有一定的应用价值，但由于其强度、硬度一般都较低，远远不能满足生产实际的需要，而且冶炼困难，价格较高，所以在使用上受到很大限制。实际生产中大量使用的是合金。合金是两种或两种以上金属元素或金属元素与非金属元素组成的，具有金属特性的物质。钢铁材料绝大部分是合金，以Fe元素为主，加入非金属元素或其他金属元素所组成，其中最主要的非金属元素是C。合金钢是在Fe-C合金中再加入一些合金元素，如Cr、Ni、Mo、Mn、V、W和Ti等。普通黄铜也是合金，它是由铜和锌两种元素组成的。

**2. 组元**

组成合金的最基本、独立的物质称为组元，简称元。组元既可以是组成合金的元素，也可以是稳定的化合物。根据合金中组元数目的多少，合金可以分为二元合金、三元合金和多元合金等。由若干个组元根据不同的比例可以配制出一系列成分不同的合金，这一系列的合金构成一个合金系。合金系也可以分为二元系、三元系和多元系等。

**3. 相**

合金中成分、结构和性能相同的组成部分称为相，相与相之间具有明显的界面。金属与水一样，在一定条件下可存在气相、液相和固相，而固态金属中的同素异构及它们不同的固溶体间也是不同的相。

**4. 组织**

合金的组织指合金中不同相之间相互组合配置的状态。数量、大小和分布方式不同的相构成了合金不同的组织。由单一相构成的组织称为单相组织，由不同相构

成的组织称为多相组织。由于不同相之间的性能差异很大，再加上数量、大小和分布方式不同，所以合金的组织不同，其性能也就不同。

### 4.3.2　合金的组织

合金组织的种类很多，根据合金中各组元之间结合方式的不同，可将合金组织分为固溶体、金属化合物和机械混合物等三种类型。三类合金组织的成分、结构和性能之间的变化规律各不相同。

**1. 固溶体**

固溶体是指合金中一种物质均匀地溶解在另一种物质中所形成的单相晶体结构。根据原子在晶格上分布的形式不同，固溶体可分为置换固溶体和间隙固溶体。某一元素晶格上的原子部分地被另一元素的原子所取代，称为置换固溶体；如果另一元素的原子挤入某元素晶格原子之间的空隙中，称为间隙固溶体。

无论是间隙固溶体还是置换固溶体，虽然仍保持着溶剂金属的晶格类型，但都因溶质原子的溶入而使溶剂晶格发生畸变。晶格畸变阻碍了位错的运动，使晶面间的滑移变得困难，从而提高了合金抵抗塑性变形的能力。另外也表现出固溶体比纯金属具有较高的强度和硬度。通过溶入溶质元素形成固溶体，从而使金属材料的强度、硬度升高的现象，称为固溶强化。它是提高金属材料力学性能的重要途径之一。

**2. 金属化合物**

组成合金的组元，按照一定的原子数量比，相互化合而组成一种完全不同于其组元晶格的固体物质称为金属化合物。由于其组元原子有定比，金属化合物一般可用分子式表示。金属化合物的晶格一般都比较复杂，其性能特点是熔点高、硬度高和脆性大，因此，单相化合物合金应用不广。但化合物作为合金中的一个组成相，均匀而细密地分布在固溶体基体上时，将使合金得到强化，从而提高合金的强度、硬度和耐磨性。

**3. 机械混合物**

当组成合金的组元，其数量不能完全溶解或完全化合时，则形成由两相或多相构成的组织，可由两种（或多种）固溶体组成，也可由固溶体和金属化合物组成。这些由两相或多相构成的组织，称为机械混合物。机械混合物中各个相仍保持各自的晶格和性能，因此整个机械混合物的性能，基本上是各组成相性能的平均值。但各相的形状、大小及分布情况等也给合金性能带来很大的影响。

### 4.3.3　铁碳合金的基本组织

钢铁材料是工业中应用最广泛的合金，它们主要是由铁和碳组成的合金（合金钢中还有其他合金元素）。在铁碳合金中，碳可以与铁化合组成化合物（$Fe_3C$），也可以溶解在铁中形成固溶体，或者形成化合物与固溶体的机械混合物。因此，在铁碳合金中，可以出现以下几种基本相及组织。

**1. 铁素体**（F）

碳溶解在 α-Fe 中形成的间隙固溶体称为铁素体，常用符号 F 表示。由于 α-Fe 是体心立方晶格，晶格间隙半径较小，所以碳在 α-Fe 中的溶解度也较小。由于铁素体的含碳量低，所以铁素体的性能与纯铁相似，即具有良好的塑性和韧性以及低的强度和硬度。图 4-5 所示为铁素体的显微组织，呈明亮的多边形晶粒组织。

**2. 奥氏体**（A）

碳溶解在 γ-Fe 中所形成的间隙固溶体称为奥氏体，常用符号 A 表示。由于 γ-Fe 是面心立方晶格，晶格间隙较大，故奥氏体的溶碳能力较强。在 1148℃ 时溶碳量可达 2.11%，随着温度的下降，溶解度逐渐减小，在 727℃ 时溶碳量为 0.77%。

奥氏体的强度和硬度不高，但具有良好的塑性，当钢处于奥氏体状态时，能较顺利地进行压力加工。

奥氏体存在于 727℃ 以上的高温范围内，其组织也呈多边形，如图 4-6 所示。

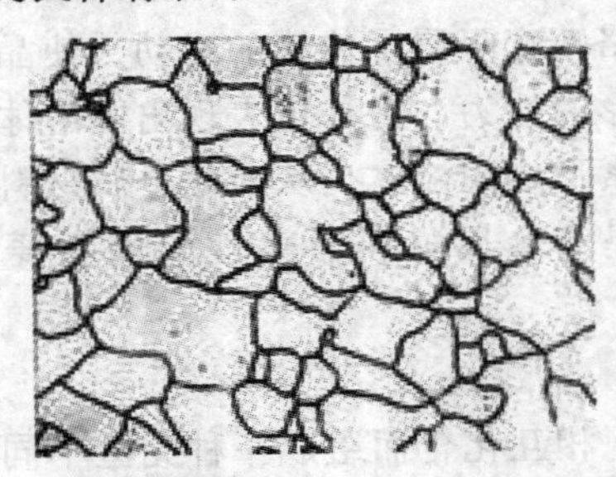

图 4-5 铁素体显微组织

图 4-6 奥氏体显微组织

**3. 渗碳体**（$Fe_3C$）

渗碳体是铁和碳的化合物，分子式是 $Fe_3C$。碳在铁中的溶解能力是有一定限度的，并且随温度的不同而发生变化。当碳的含量超过其在铁中的溶解度时，多余的碳就会和铁按一定的比例化合而形成 $Fe_3C$，称为渗碳体。渗碳体中碳的质量分数为 6.69%，具有复杂的斜方晶体结构，如图 4-7 所示。它的硬度很高，约为 800HBW，脆性很大，而塑性和韧性几乎等于零。在钢中，渗碳体以不同形状、大小的晶体出现于组织之中，对钢的性能影响很大。

渗碳体在一定的条件下，可以分解形成铁和石墨，这一分解过程对铸铁具有重大意义。

**4. 珠光体**（P）

铁素体和渗碳体组成的机械混合物称为珠光体，用符号 P 表示。它是奥氏体在冷却过程中，在 727℃ 的恒温下发生共析转变而得到的产物，因此它只存在于 727℃ 以下。

珠光体中碳的平均质量分数为 0.77%，由于它是由硬的渗碳体和软的铁素体

两相组成的混合物，所以其力学性能介于铁素体和渗碳体之间，它的强度较高，硬度适中，具有一定的塑性。

珠光体的显微组织：珠光体中的铁素体与渗碳体是层层交替地排列的，如图 4-8 所示。

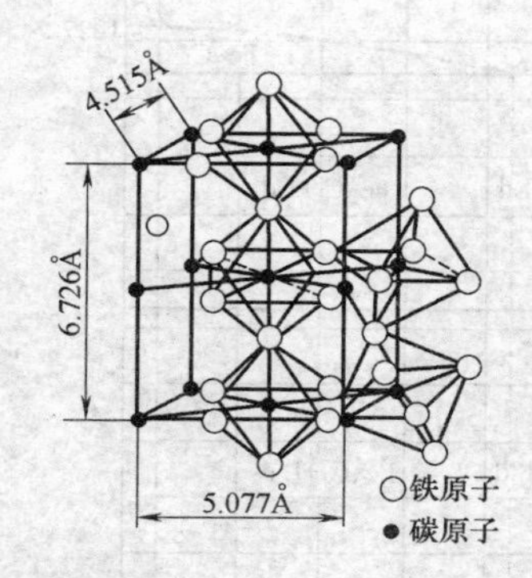


图 4-7　渗碳体的晶胞示意图

图 4-8　珠光体的显微组织（500×）

**5. 莱氏体**（Ld）

碳的质量分数为 4.3% 的铁碳合金，在 1148℃时，从液态中同时结晶出奥氏体和渗碳体的机械混合物称为莱氏体，用符号 Ld 表示。由于奥氏体在 727℃时转变为珠光体，所以在 727℃以下的莱氏体由珠光体和渗碳体所组成。为区别起见，727℃以上的莱氏体称为高温莱氏体（用 Ld 表示），727℃以下的莱氏体称为低温莱氏体（用 L′d 表示）。

莱氏体的性能和渗碳体相似，硬度很高，大于 700HBW，塑性很差。

铁碳合金的基本相及组织中，铁素体、奥氏体、渗碳体是基本相，都为单相组织。珠光体和莱氏体则是由基本相组成的多相组织。

## 4.4　铁碳相图的构造及应用

钢和铸铁都是铁碳合金，碳的质量分数小于 2.11% 的铁碳合金称为钢，碳的质量分数在 2.11% ~6.67% 之间的铁碳合金称为铸铁。

铁碳相图是表示在缓慢冷却（或缓慢加热）条件下，不同成分的铁碳合金的状态或组织随温度变化的图形，如图 4-9 所示。它是研究铁碳合金的基础，是研究铁碳合金的成分、温度和组织结构之间关系的图形。铁碳相图是人类经过长期实践并进行大量科学实验总结出来的。

### 4.4.1　铁碳相图的构造

图 4-9 中，纵坐标表示温度，横坐标表示铁碳合金中的碳含量。

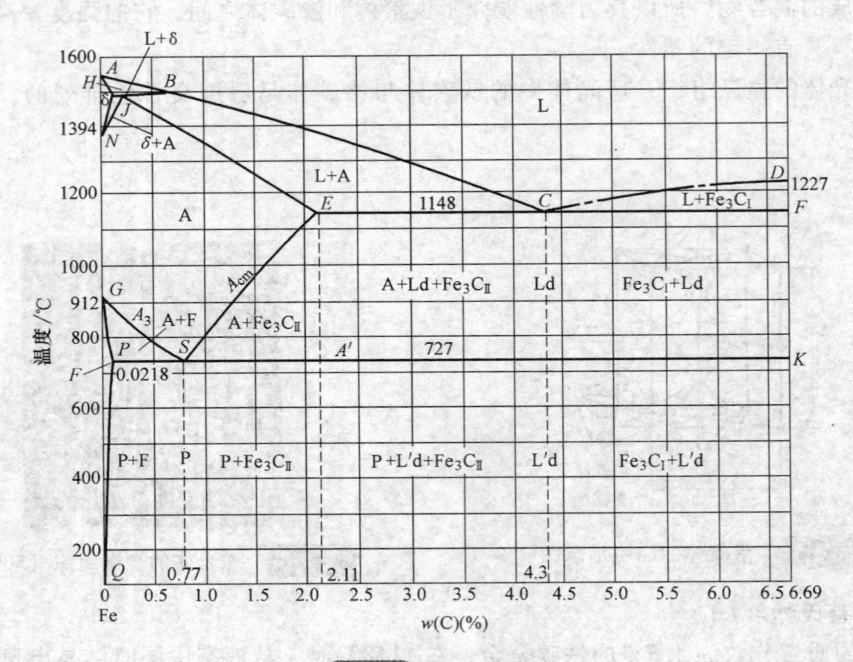


图 4-9 铁碳相图

为了便于掌握铁碳相图，在分析相图时，将相图上实用意义不大的左上角（液体向 δ-Fe 及 δ-Fe 向 γ-Fe 的转变）部分以及左下角 *GPQ* 线左边部分予以省略。简化后的铁碳相图如图 4-10 所示。

**1. 铁碳相图中点、线的含义及各区域内的组织**

铁碳相图中有七个特性点及六条特性线。当了解了这些点、线的含义后，就可以把一个看似复杂的相图分割成不同的区域。当含碳量和温度变化时，按一定规律可分析出各区域产生的组织。

（1）主要特性点　铁碳相图中的七个主要特性点的温度、碳的质量分数和意义见表 4-3。

**表 4-3　铁碳相图中的七个主要特性点及温度、碳的质量分数和意义**

| 点的符号 | 温度/℃ | 碳的质量分数/% | 意　义 |
|---|---|---|---|
| *A* | 1538 | 0 | 纯铁的熔点 |
| *C* | 1148 | 4.3 | 共晶点 L⇌Ld(A + $Fe_3C$) |
| *D* | 1227 | 6.69 | 渗碳体的熔点 |
| *E* | 1148 | 2.11 | 碳在 γ-Fe 中的最大溶解度点 |
| *G* | 912 | 0 | 纯铁的同素异构转变点，α-Fe⇌γ-Fe |
| *S* | 727 | 0.77 | 共析点，A⇌P(F + $Fe_3C$) |
| *P* | 727 | 0.0218 | 碳在 α-Fe 中的最大溶解度点 |

*E* 点是区分钢和铸铁的分界点，对应碳的质量分数为 2.11%，*E* 点左边为钢，

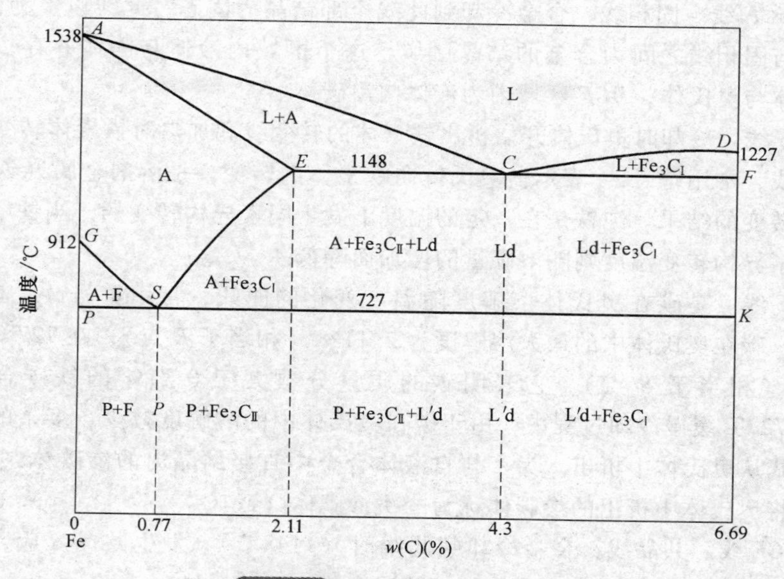


图4-10　简化后的铁碳相图

右边为铸铁。

*S*点为共析点，对应碳的质量分数为0.77%。*S*点的钢是共析钢，其组织全部为珠光体。*S*点左边的钢是亚共析钢，其组织为珠光体+铁素体。*S*点右边的钢是过共析钢，其组织为珠光体+渗碳体。

*C*点为共晶点，对应碳的质量分数为4.3%。*C*点的合金为共晶白口铸铁，*C*点左边的铸铁为亚共晶白口铸铁，*C*点右边的铸铁为过共晶白口铸铁。共晶白口铸铁组织为莱氏体，莱氏体组织在常温下是珠光体+渗碳体的机械混合物，其性能硬而脆。

（2）主要特性线　铁碳相图中有若干条表示合金状态的分界线，它们是不同成分合金具有相同含义的临界点的连线。

铁碳相图中的六条特性线及其意义见表4-4。

表4-4　铁碳相图中的特性线及其意义

| 特性线 | 意　义 |
|---|---|
| *ACD* | 液相线，此线之上为液相区域，线上的点为对应不同成分合金的结晶开始温度 |
| *AECF* | 固相线，此线之下为固相区域，线上的点为对应不同成分合金的结晶终了温度 |
| *GS* | $A_3$线，冷却时从不同含碳量的奥氏体中析出铁素体的开始线 |
| *ES* | $A_{cm}$线，碳在奥氏体（γ-Fe）中的溶解度曲线 |
| *ECF* | 共晶线，$L \rightleftharpoons Ld(A+Fe_3C)$ |
| *PSK* | 共析线，也称$A_1$线，$A \rightleftharpoons P(F+Fe_3C)$ |

1）*ACD*线。液相线，此线以上区域全部为液体，用L表示。铁碳合金冷却到此线开始结晶，在*AC*线以下从液体中结晶出奥氏体，在*CD*线以下结晶出渗碳体。

2）*AECF* 线。固相线，合金冷却到此线全部结晶为固态，此线以下为固态区。在液相线与固相线之间为合金的结晶区域，这个区域内液体与固体并存，*AEC* 区域内为液体与奥氏体；*DCF* 区域内为液体与渗碳体。

3）*GS* 线。冷却时奥氏体开始析出铁素体的转变线和加热时铁素体转变成奥氏体的终了线，常用符号 $A_3$ 表示。奥氏体向铁素体的转变，是溶剂金属（铁）发生同素异构转变的结果。纯铁是在一定的温度下发生同素异构转变的，当铁中溶入碳后，其同素异构转变温度则随溶碳量的增加而降低。

4）*ES* 线。是碳在奥氏体溶解度随温度变化的曲线，常用符号 $A_{cm}$ 表示，在1148℃时，碳在奥氏体中的最大溶解度为2.11%（相当于 *E* 点）；在727℃时降低到0.77%（相当于 *S* 点）。它表明碳的质量分数大于0.77%的铁碳合金，自1148℃至727℃缓慢冷却过程中，由于碳在奥氏体中的溶解度减少，多余的碳将以渗碳体形式从奥氏体中析出。为了与自液体合金中直接结晶出的渗碳体（$Fe_3C_{I}$）相区别，将奥氏体中析出的渗碳体称为二次渗碳体（$Fe_3C_{II}$）。

5）*ECF* 线。共晶线，合金冷却到此线时（1148℃），发生共晶反应，从液体合金中同时结晶出奥氏体和渗碳体的机械混合物，即莱氏体。

6）*PSK* 线。共析线，其温度为727℃，常用符号 $A_1$ 表示。合金冷却到此线时，发生共析反应，从奥氏体中同时析出铁素体和渗碳体的机械混合物，即珠光体。

**2. 铁碳合金的分类**

根据含碳量和组织特点，铁碳合金一般分为工业纯铁、钢及白口铸铁，具体分类见表4-5。

表4-5 铁碳合金分类

| 合金类别 | 工业纯铁 | 钢 | | | 白口铸铁 | | |
|---|---|---|---|---|---|---|---|
| | | 亚共析钢 | 共析钢 | 过共析钢 | 亚共晶白口铸铁 | 共晶白口铸铁 | 过共晶白口铸铁 |
| 碳的质量分数(%) | <0.0218 | 0.0218～2.11 | | | 2.11～6.69 | | |
| | | <0.77 | 0.77 | >0.77 | <4.30 | 4.30 | >4.30 |
| 室温组织 | F | F+P | P | $P+Fe_3C_{II}$ | $P+Fe_3C_{II}+L'd$ | L'd | $L'd+Fe_3C_{I}$ |

### 4.4.2 铁碳相图的应用

现在以碳的质量分数为0.2%的低碳钢为例，说明从室温开始加热过程中钢的组织变化。在室温时，低碳钢的组织为珠光体+铁素体，当温度上升到 *PSK*($A_1$) 线以上时，组织变为奥氏体+铁素体，温度上升到 *GS*($A_3$) 线以上时组织全部转变为奥氏体，温度上升到固相线以上，一部分奥氏体开始熔化，出现液体；温度上升到液相线以上，钢全部熔化，变成液体。低碳钢从高温冷却下来时，组织的变化正

相反。

铁碳相图非常重要，它是热处理的基础，也是分析焊缝及热影响区组织变化的基础。

## 4.5　钢的热处理知识

所谓钢的热处理是通过将钢在固态下加热、保温和冷却的操作方法，使钢的组织结构发生变化，以获得所需性能的一种工艺方法。根据工艺不同，钢的热处理方法可分为退火、正火、淬火以及回火共四种。

热处理方法虽然很多，但任何一种热处理工艺都是由加热、保温和冷却三个阶段所组成的。因此，热处理工艺过程可用“温度-时间”曲线表示，如图 4-11 所示。此曲线称为热处理工艺曲线。热处理可以是机械零件加工制造过程中的一个中间工序，如改善锻、轧、铸毛坯组织的退火或正火，消除应力、降低工件硬度及改善切削加工性能的退火等；也可以是使机械零件性能达到规定技术指标的最终工序，如通过淬火加高温回火，使机械零件获得最为良好的综合力学性能等。

### 4.5.1　退火

将钢加热到一定温度，保温一定时间，然后缓慢地冷却到室温，这一热处理工艺称为退火。

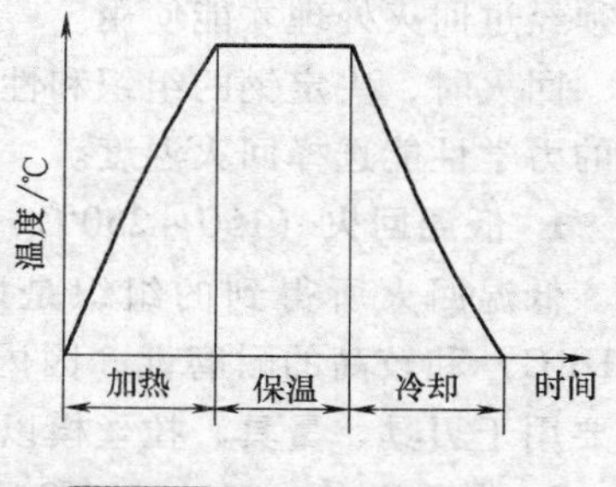

图 4-11　热处理工艺曲线

退火的目的：①降低钢的硬度，提高塑性，以利于切削加工及冷变形加工。②细化晶粒，均匀钢的组织和成分，改善钢的性能或为以后的热处理做准备。③消除钢中的残余内应力，以防止变形和开裂。

常用的退火方法有完全退火、球化退火及去应力退火等几种。

焊接结构在焊接之后会产生焊接残余应力，容易产生裂纹，因此对重要的焊接结构焊后应该进行消除应力退火处理。消除应力退火属于低温退火，加热温度在 $A_1$ 以下，一般为 600 ~ 650℃，保温一段时间，然后在空气中或炉中缓慢冷却。

### 4.5.2　正火

将钢加热到 $A_3$ 或 $A_{cm}$ 以上 30 ~ 50℃，保温一定时间，随后在空气中冷却下来的热处理工艺，称为正火。正火和退火明显的不同点是正火冷却速度稍快。

正火的目的和退火基本相同，但正火的冷却速度比退火稍快，故正火钢的组织比较细，它的强度、硬度比退火钢高。

正火主要应用于普通结构零件，当力学性能要求不太高时可作为最终热处理；作为预备热处理，可改善低碳钢或低碳合金钢的切削加工性能；消除过共析钢中的网状渗碳体，改善钢的力学性能，并为以后的热处理做好准备。

### 4.5.3 淬火

将钢加热到临界温度（$A_3$ 或 $A_1$）以上的适当温度，经保温后快速冷却，以获得马氏体组织的热处理工艺，称为淬火。

淬火的目的主要是获得马氏体组织，以提高钢的硬度和耐磨性。应当指出，对于大多数工件来说，淬火后马氏体的性能不能满足其使用的要求，因此淬火后必须配以适当的回火。

在焊接高碳钢和某些低合金钢时，近缝区可能发生淬火现象而变硬，容易形成冷裂纹，这是在焊接过程中应注意防止的。

### 4.5.4 回火

将淬火后的钢加热到 $A_1$ 以下的某一温度，保温一定时间，待组织转变完成后，冷却到室温，这种热处理工艺称为回火。

淬火钢虽然具有高的硬度和强度，但较脆，并且工件内部残留着淬火内应力，必须经过回火处理才能使用。

回火时，决定钢的组织和性能的主要因素是回火温度。生产中，可根据工件要求的力学性能选择回火温度。

**1. 低温回火**（150～250℃）

低温回火所得到的组织是回火马氏体，其性能是：具有较高的硬度（58～64HRC）和较高的耐磨性，因内应力有所降低，故韧性有所提高。这种回火方法主要用于刃具、量具、拉丝模以及其他要求硬而耐磨的零件。

**2. 中温回火**（350～500℃）

中温回火所得到的组织是回火托氏体，其性能是：具有高的弹性极限、屈服强度和适当的韧性，硬度可达40～50HRC。这种回火方法主要用于弹性零件及热锻模等。

**3. 高温回火**（500～650℃）

高温回火所得到组织是回火索氏体，其性能是：具有良好的综合力学性能（足够的强度与高韧性相配合），硬度可达25～40HRC。生产中，常把淬火和高温回火相结合的热处理称为“调质处理”。这种方法广泛用于各种受力构件，如螺栓、连杆、齿轮、曲轴等。

## 4.6 常用金属材料的分类、成分、性能和用途

### 4.6.1 碳素钢

碳素钢，简称碳钢，主要成分是铁和碳，另外还含有一定量的有益元素锰、硅

及少量的杂质元素硫和磷。碳素钢冶炼方法简单，容易加工，价格低廉，具有较好的力学性能和工艺性能，在机械工业中应用很广。碳钢是焊接结构中应用最多的钢种，低碳钢具有良好的焊接性。

碳素钢的分类有很多分类方法，现将主要的几种分类方法介绍如下：

**1. 按钢中的含碳量分类**

碳素钢按化学成分（即以含碳量）可分为低碳钢、中碳钢和高碳钢。

低碳钢——碳的质量分数小于 0.25%。

中碳钢——碳的质量分数为 0.25～0.60%。

高碳钢——碳的质量分数大于 0.60%。

**2. 按冶金方法分类**

按冶炼方法和设备的不同可分为平炉钢、转炉钢和电炉钢。

按脱氧程度可分为沸腾钢、镇静钢和半镇静钢，分别用 F、Z、b 表示。

**3. 按钢的质量**

按钢的质量可分为普通钢［$w(S) \leqslant 0.05\%$，$w(P) \leqslant 0.045\%$］、优质钢［$w(S) \leqslant 0.035\%$，$w(P) \leqslant 0.035\%$］、高级优质钢［$w(P) \leqslant 0.025\%$，$w(P) < 0.025\%$］和特级优质钢［$w(S) \leqslant 0.015\%$，$w(P) < 0.025\%$］。

**4. 按钢的用途分类**

按钢的用途分类可分为碳素结构钢、碳素工具钢和铸造碳钢。

（1）碳素结构钢　碳素结构钢在使用中主要用于承受载荷，要求有较高的强度、塑性和韧性。按照钢的质量一般将碳素结构钢分为普通碳素结构钢和优质碳素结构钢两种。

1）普通碳素结构钢。普通碳素结构钢一般以热轧空冷状态供货，适用于一般工程结构和力学性能要求不高的机械零件，其牌号表示方法为“Q＋数字＋质量等级符号＋脱氧方法符号”，如 Q235AF。其中，Q 表示屈服强度，235 表示屈服强度≥235MPa，A 表示质量等级为 A 级，F 表示沸腾钢。

2）优质碳素结构钢。优质碳素结构钢是应用极为广泛的机械制造用钢，其化学成分和力学性能均有较严格的控制，硫、磷的质量分数均少于 0.035%，根据含锰量的不同又可分为普通含锰量和较高含锰量两组。这类钢经热处理后具有良好的综合力学性能，主要用于制造各种重要的机器零件，如轴类、齿轮、弹簧等零件，这些零件通常都要经过热处理后使用。

优质碳素结构钢的牌号是用两位数字表示钢中平均含碳量的万分之几。例如，45 钢表示碳的平均质量分数为 0.45% 的优质碳素结构钢。较高含锰量的优质碳素结构钢在相应的牌号后面标出元素符号 Mn，如 Q345（16Mn）、65Mn 等。

（2）碳素工具钢　碳素工具钢主要用于制造刀具、模具和量具。碳素工具钢的碳的质量分数为 0.65%～1.35%，此类钢的含碳量范围可保证淬火后有足够的硬度。虽然该类钢淬火后硬度相近，但随着含碳量增加，未溶渗碳体增多，使钢耐磨性增加，而韧性下降。碳素钢的牌号用“T+数字”表示。其中T表示碳素工具钢，数字表示钢中平均含碳量的千分之几，若为高级优质碳素工具钢，则在牌号后面加字母A。例如，T10A表示碳的平均质量分数为1.0%的高级优质碳素工具钢。

（3）铸造碳钢　铸造碳钢是将钢水直接浇注成零件毛坯的碳钢，碳的质量分数一般为0.2%～0.6%。铸造碳钢具有较好的力学性能和良好的焊接性，但其铸造性能并不理想，铸钢件偏析严重，内应力大。铸造碳钢的牌号表示格式是“ZG+数字-数字”。其中ZG表示铸钢，第一组数字表示最低屈服强度数值，第二组数字表示最低抗拉强度数值。例如，ZG230-450表示屈服强度不小于230MPa，抗拉强度不小于450MPa的铸造碳钢。

### 4.6.2　合金钢

随着工业的发展，对钢提出了越来越多的要求，而碳素钢由于淬透性差且缺乏良好的综合力学性能，特别是缺乏耐热、耐磨、耐腐蚀和磁性等特殊性能，应用较少。因此，现代工业中还广泛使用合金钢。合金钢就是在碳素钢的基础上，为了改善钢的性能，在冶炼时有目的地加入一定比例的一种或几种合金元素的钢。通常加入的元素有硅、锰、铬、镍、钨、钼、钒、钛、铝、硼、钴和稀土等合金元素。合金元素在钢中可起到提高钢的硬度和强度、细化晶粒、提高钢的淬透性以及提高钢的回火稳定性等作用，当然，不同的合金元素在钢中的作用是有区别的。

合金钢的分类也有很多，常用的两种分类方法是按合金元素总含量分类和按用途分类。

**1. 按合金元素总含量分类**

合金钢按合金元素总含量分为低合金钢、中合金钢和高合金钢。

低合金钢——合金元素总的质量分数低于5%。

中合金钢——合金元素总的质量分数为5%～10%。

高合金钢——合金元素总的质量分数高于10%。

**2. 按用途分类**

合金钢按用途可分为合金结构钢、合金工具钢和特殊性能钢三大类。

合金结构钢主要用于制造机械零件和工程构件，牌号表示方法为“两位数字+化学元素符号+数字”，两位数字表示钢的平均含碳量的万分之几，化学元素符号表示钢中含有的主要合金元素，数字表示该元素平均含量的百分之几。当合金元素的平均质量分数低于1.5%时，牌号中仅标明元素，一般不标明含量；当合金元素的平均质量分数为1.5%～2.5%，2.5%～3.5%，3.5%～4.5%…时，则相应地标以2，3，4…，以此类推。此外，合金结构钢按冶金质量的不同分为优质钢、高级优质钢和特级优质钢。高级优质钢在牌号后面加A；特级优质钢加E；优质钢在牌号后不另外加符号。例如，38CrMoAlA为高级优质结构钢，碳的平均质量分数为0.38%，铬、钼、铝元素的质量分数均小于1.5%。

合金结构钢按用途又可分为低合金结构钢和机械制造用钢两类。低合金结构钢是在碳素结构钢的基础上加入少量合金元素而制成的工程用钢，其含碳量较低，但强度（尤其是屈服强度）显著高于同等含碳量的碳素结构钢，同时具有良好是塑性、韧性、耐腐蚀性和焊接性，主要用于各种工程结构。用它制造各种结构件可减轻重量，提高构件的可靠性及延长构件的使用寿命。Q345（16Mn）是典型的低合金结构钢，它发展最早、应用最广、产量最大，各种性能匹配较好，屈服强度达350MPa，比Q235钢的屈服强度高20%～30%。机械制造用钢通常是优质或高级优质的合金结构钢，主要用于制造各种机械零件，如轴类、齿轮、弹簧和轴承等。机械制造用钢按照用途和热处理特点分为合金渗碳钢、合金调质钢、合金弹簧钢和滚动轴承钢等。

合金工具钢主要用于制造各种工具。碳素工具钢易于加工、价格便宜，经热处理后能达到高的硬度和耐磨性，但其淬透性和淬硬性低，淬火时容易变形、开裂，切削加工过程中由于温度升高而容易软化。故大尺寸、高精度及形状复杂的模具、量具和切削速度较高的刀具不能采用碳素钢制造，而采用合金工具钢来制造。合金工具钢牌号表示方法是“一位数字＋化学元素符号＋数字”，一位数字表示钢的平均含碳量的千分之几，当碳的质量分数大于或等于1%时则不标注，合金元素的标注方法与合金结构钢相同。例如，Cr12MoV钢，表示碳的平均质量分数大于或等于1%，主要合金元素铬的质量分数为12%，钼和钒的质量分数均小于1.5%的合金工具钢。高速钢的牌号表示略有不同，其含碳量不予标出。合金工具钢按用途可分为刃具钢、模具钢和量具钢三种，其中合金刃具钢又可分为低合金刃具钢和高速钢，高速钢具有良好的热硬性和耐磨性，比低合金刃具钢具有更高的切削速度。

特殊性能钢是指具有某种特殊性能的合金钢，如不锈钢、耐磨钢及耐热钢等，其牌号表示方法与合金工具钢基本相同。不锈钢按高温加热并在空气中冷却后所得到的钢的组织不同，分为马氏体型不锈钢、铁素体型不锈钢和奥氏体型不锈钢。马氏体型不锈钢碳的质量分数一般为0.1%～0.4%，铬的质量分数为12%～18%，属于铬不锈钢。马氏体型不锈钢多用于制造力学性能要求较高，并有一定耐腐蚀性要求的零件。常用的钢种有12Cr13、20Cr13、30Cr13、68Cr17等。铁素体型不锈钢中碳的质量分数较低（一般$<0.12\%$），而铬的质量分数较高（12%～32%），也属于铬不锈钢。此类钢抗大气、硝酸和盐水溶液腐蚀的能力强，并且具有高温抗氧化性好的特点，典型钢种有10Cr17等。奥氏体型不锈钢的铬质量分数一般为17%～19%、Ni质量分数为8%～9%，属于铬镍不锈钢。奥氏体型不锈钢具有很好的耐腐蚀性、优良的塑性、良好的焊接性及低温韧性，不具有磁性。常用的钢种有12Cr18Ni9、06Cr18Ni9Ti等。

### 4.6.3 铸铁

铸铁是碳的质量分数大于2.11%的铁碳合金。在实际应用中，一般碳的质量分数为 2.5% ~4%，并含有硅、锰、磷、硫等元素。

与碳素钢相比，铸铁冶炼简便，成本低廉，具有良好的铸造性能、耐磨耐压性、良好的减振性和切削加工性能以及缺口敏感性低等优点，但难以承受轧锻变形加工，其强度、塑性和韧性均不如碳素钢。铸铁主要用于制造曲轴、连杆、凸轮轴、阀等重要零件。

铸铁中的碳主要以渗碳体和石墨两种形式存在，铸铁中的碳以石墨形式析出的过程称为石墨化。影响石墨化的因素很多，主要因素是铸铁的化学成分和冷却速度。碳和硅是促进石墨化的元素，其含量越高，石墨化越容易进行；成分相同的铸铁，冷却速度越慢，越有利于石墨化。

工业中常采用的铸铁有以下几种：

**1. 白口铸铁**

白口铸铁中碳主要以渗碳体形式存在，因断口呈银白色，故称白口铸铁。这类铸铁硬而脆，加工很困难，不能进行切削加工，一般很少直接用来制造机械零件。它主要用作炼钢原料。有些零件，如轧辊、球磨机磨球及犁铧等，可将其表面铸成白口铸铁，而内部仍为灰铸铁，以获得表面硬度高、中心强度好的性能。这样的铸铁件称为冷硬铸铁件。

**2. 灰铸铁**

灰铸铁中的碳大部分以片状石墨形式存在，因其断口呈暗灰色，故称灰铸铁。这种铸铁有一定的力学性能和很好的铸造性能，应用很广。灰铸铁的牌号由“灰”和“铁”两个字的汉语拼音字母的字头“HT”及后面一组数字组成。“HT”表示灰铸铁，数字为三位数字，表示最低抗拉强度，单位为 MPa。例如，HT200 表示抗拉强度为 200MPa 的灰铸铁。

**3. 可锻铸铁**

可锻铸铁中的石墨呈团絮状存在，它是用白口铸铁件退火后获得的。因其塑性和韧性比灰铸铁好，故称可锻铸铁，俗称“马铁”。

**4. 球墨铸铁**

球墨铸铁中的石墨呈球状存在，它是铁液在浇注前加入适量的球化剂和孕育剂经球化处理后获得的。这种铸铁的强度高，铸造性能好，具有重要的工业用途。球墨铸铁可制成一些受力复杂，强度、硬度、韧性和耐磨性要求较高的零件，如柴油机曲轴、减速箱齿轮、车辆轴瓦等。球墨铸铁的牌号由“球铁”两个字汉语拼音的第一个字母“QT”及两组数字组成，两组数字分别代表其最低抗拉强度和断后伸长率。例如，QT400-18 表示最低抗拉强度为 400MPa，最低断后伸长率为 18% 的球墨铸铁。

### 4.6.4 常用有色金属材料

**1. 铝及铝合金**

铝及铝合金质量小、比强度和比刚度高，导热性、导电性好，耐腐蚀性好，广

泛用于食品、电力和制造业。

（1）纯铝　纯铝呈银白色，有金属光泽，熔点为 660℃。纯铝密度（2.7g/$cm^3$）仅为铁的 1/3，是一种轻型金属。它的导电性、导热性好，仅次于铜、银、金。铝具有较好的抗大气腐蚀性。磁化率极低，接近非磁性材料。铝的塑性很好，可以冷、热变形加工。纯铝主要用于制作导体，如电线、电缆，以及要求具有导热和抗大气腐蚀性而对强度不高的一些用品和器具，如通风系统零件、电线保护导管、垫片和装饰件等。

铝的质量分数不低于 99.00% 时为纯铝，其牌号用 1×××系列表示。

（2）铝合金　为了提高纯铝的强度，加入适量的硅、铜、镁、锌及锰等合金元素，形成铝合金。

根据铝合金的成分和工艺特点，铝合金分变形铝合金和铸造铝合金。变形铝合金又分为两类，一类为热处理能够强化的铝合金，主要有硬铝、超硬铝和锻铝合金；另一类为热处理不能强化的铝合金，主要有防锈铝。防锈铝焊接性良好，是目前铝合金焊接结构中应用最广的铝合金。

根据 GB/T 16474—2011《变形铝及铝合金牌号表示方法》，变形铝及铝合金的牌号采用四位数字体系，第一位数字表示铝及铝合金的组别，见表 4-6。

表 4-6　铝及铝合金牌号的四位数字体系

| 组别 | 牌号系列 |
|---|---|
| 纯铝（铝合金不小于 99.00%） | 1××× |
| 以铜为主要合金元素的铝合金 | 2××× |
| 以锰为主要合金元素的铝合金 | 3××× |
| 以硅为主要合金元素的铝合金 | 4××× |
| 以镁为主要合金元素的铝合金 | 5××× |
| 以镁和硅为主要合金元素并以 $Mg_2Si$ 相为强化相的铝合金 | 6××× |
| 以锌为主要合金元素的铝合金 | 7××× |
| 以其他合金元素为主要合金元素的铝合金 | 8××× |
| 备用合金组 | 9××× |

根据 GB/T 16475—2008《变形铝及铝合金状态代号》，变形铝及铝合金的基本状态分为 5 种，分别如下：

F——自由加工状态　适用于在成型过程中，对于加工硬化和热处理条件无特殊要求的产品，该状态产品的力学性能不做规定。

O——退火状态　适用于经完全退火获得最低强度的加工产品。

H——加工硬化状态　适用于通过加工硬化提高强度的产品，产品在加工硬化后可经过（也可不经过）使强度有所降低的附加热处理。

W——固溶热处理状态　处理状态 一种不稳定状态，仅适用于经固溶热处理后，室温下自然时效的合金，该状态代号仅表示产品处于自然时效阶段。

T——热处理状态（不同于 F、O 或 H 状态）　适用于热处理后，经过（或不经过）加工硬化达到稳定的产品。T代号后面必须跟有一位或多位阿拉伯数字。在T字后面的第一位数字表示热处理基本类型（从1～10），其后各位数字表示在热处理细节方面有所变化。

**2. 铜及铜合金**

（1）纯铜　纯铜呈紫红色，又称为紫铜。纯铜的密度为$8.96\times10^3kg/m^3$，熔点为1083℃，具有良好的导电性、导热性，塑性极好且没有低温脆性，易适于冷、热压力加工。在大气及淡水中有良好的耐腐蚀性，但在含有二氧化碳的潮湿空气中表面会产生绿色铜膜，称为“铜绿”。

铜加工产品按照化学成分不同又分为工业纯铜和无氧铜两类。工业纯铜按杂质含量的不同，分为T1、T2、T3，牌号后面的数字越大，纯度越低。无氧铜中氧的质量分数极低，不大于0.003%，其代号有TU1、TU2。

（2）铜合金　纯铜的强度低，不易直接用作结构材料，常加入合金元素制成性能得到强化的铜合金。工业上广泛采用的铜合金，根据表面的颜色的不同分为黄铜、青铜和白铜三大类。普通机械制造中，应用较广的是黄铜和青铜。

黄铜是以锌为主要添加元素的铜合金，加锌后呈金黄色，故称为黄铜。黄铜具有良好的力学性能，易于加工成形，并且对大气、海水、淡水、蒸汽有相当高的抗蚀能力，按照化学成分的不同又分为普通黄铜和特殊黄铜两种。普通黄铜是铜和锌的合金，其力学性能随含锌量而变化。普通黄铜的牌号用“H＋数字”来表示。其中“H”表示普通黄铜的“黄”字汉语拼音第一个字母，数字表示铜的质量分数。例如，H62表示铜的质量分数为62%，锌的质量分数为38%的普通黄铜。在普通黄铜中加入合金元素锡、硅、锰、铅和铝等组成的铜合金，称为特殊黄铜，分别称为锡黄铜、硅黄铜、锰黄铜、铅黄铜和铝黄铜等。特殊黄铜的牌号用“H＋主加元素符号＋铜含量的百分数＋主加元素含量的百分数”表示。例如，HPb60-1，表示铜的质量分数为60%，铅的质量分数为1%的铅黄铜。

不以锌、镍为主要成分，而以锡、铝、硅、铅、铍等元素为主要成分的铜合金称为青铜。常用的青铜有锡青铜、铝青铜、硅青铜和铍青铜。青铜一般都具有高的耐腐蚀性、较高的导电性、导热性及良好的切削加工性能。青铜的牌号用“Q＋主加元素符号及质量分数＋其他加入元素的质量分数”表示，如QSn6.5-0.1表示锡的质量分数为6.5%，其他元素的平均质量分数为0.1%的锡青铜。

白铜是以镍为主加合金元素的铜合金。白铜具有高的耐腐蚀性和优良的冷、热加工成形性。白铜用“B＋含镍量”表示，如B30表示镍的质量分数为30%的白铜。

### ☆考核重点解析

焊工应懂得常用金属材料与金属热处理知识。金属是指具有特殊的光泽、良好的导电性、导热性、一定的强度和塑性的物质。凡是由金属元素或金属元素为

主而形成的，并具有一般金属特性的材料通称为金属材料。焊工应了解常用金属材料的物理、化学、力学和工艺性能，金属晶体结构的一般知识和合金的组织、结构以及铁碳合金的基本组织。掌握铁碳相图的构造和应用、钢的热处理基本知识，熟悉常用金属材料的分类和牌号表示方法以及常用有色金属材料的应用。

## 复习思考题

1. 什么是材料的使用性能？什么是工艺性能？
2. 什么是强度？强度有哪些常用的判据？
3. 常用的硬度测量方法有哪些？为什么硬度试验是最常用的力学性能试验法？
4. 金属的疲劳断裂是怎样产生的？

# 第5章　焊接基础知识

☺**理论知识要求**

1. 掌握焊接的定义、分类及优缺点；了解国内外焊接技术的发展与应用概况。

2. 熟悉不同焊接方法所需要的焊接工艺要求。

3. 掌握焊接接头的种类、特点及在焊接生产作业中的应用；学习如何选择合理的焊缝坡口形式及其标注方法。

4. 学习焊接变形的种类及不同焊接变形所采用的反变形控制措施。

5. 掌握焊缝外观检验的方法；主要了解5种无损检测在焊接生产中的应用。

在工业生产中，经常需要将两个或两个以上的零件按一定形式和位置连接起来。根据这些连接的特点，可以将其分为两大类：一类是可拆卸连接，即不必毁坏零件就可以进行拆卸，如螺栓联接、键联接等；另一类是永久性连接，其拆卸只有在毁坏零件后才能实现，如铆接、焊接等。

焊接就是通过加热或加压，或两者并用，用或不用填充材料，使焊件达到原子间结合的一种加工工艺方法。焊接不仅可以连接金属材料，而且可以实现某些非金属材料的永久性连接，如玻璃焊接、陶瓷焊接及塑料焊接等。在工业生产中焊接主要用于金属材料的连接。

## 5.1　焊接方法的特点

**1. 焊接的优点**

（1）成形方便　焊接方法多种多样，工艺简便，能在短时间内生产出复杂的焊接结构。

（2）适应性强　采取相应的焊接方法，既能生产微型、大型和复杂的金属构件，也能生产气密性好的高温、高压设备和化工设备。

（3）生产成本低　焊接加工快、工时少，生产周期短，生产率高；可以制成双金属结构，以节省大量贵重金属材料。

（4）连接性能好　焊缝具有良好的力学性能，能耐高温高压、耐低温，具有良好的密封性、导电性、耐蚀性和耐磨性等。

（5）重量轻　从零件连接方式可以看出，焊接件比铆接件、螺栓联接件都轻。

（6）便于实现机械化和自动化。

**2. 焊接方法的缺点**

1）焊接结构不可拆卸，修理和更换不方便。

2）易产生焊接应力和焊接变形，影响工件的形状、尺寸和承载能力。

3）易产生焊接缺陷，如裂纹、未焊透、夹渣以及气孔等，易引起应力集中，降低承载能力，缩短使用寿命。

4）焊接接头的组织和性能较差。

## 5.2 焊接方法的分类

焊接方法种类繁多，而且新的焊接方法仍在不断涌现，因而如何对焊接方法进行科学的分类是一个十分重要的问题。按照焊接过程中金属所处的状态不同，可以把焊接方法分为熔焊、压焊和钎焊三类。

**1. 熔焊**

熔焊是在焊接过程中，将焊件接头加热至熔化状态，不加压力完成焊接的方

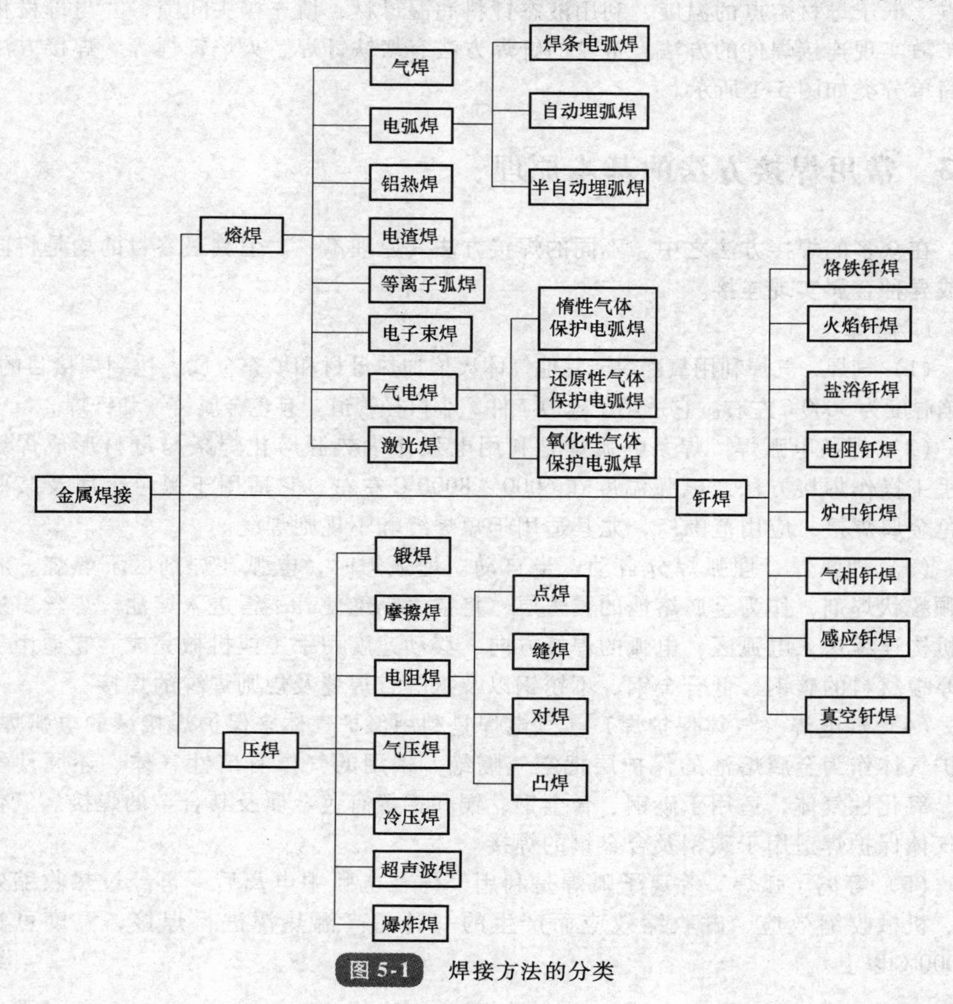

图 5-1 焊接方法的分类

法。当被焊金属加热至熔化状态形成液态熔池时，原子之间可以充分地扩散和紧密接触，因此冷却凝固后，可以形成牢固的焊接接头。常用的气焊、焊条电弧焊、埋弧焊、电渣焊、气体保护电弧焊、电子束焊、等离子弧焊和激光焊等都属于熔焊。

**2. 压焊**

压焊是在焊接过程中，必须对焊件施加压力（加热或不加热），以完成焊接的方法。这类焊接有两种形式：一是将被焊金属接触部分加热至塑性状态或局部熔化状态，然后施加一定的压力，使金属原子间相互结合而形成牢固的焊接接头，如锻焊、电阻焊、摩擦焊和气压焊等；二是不进行加热，仅在被焊金属的接触面上施加足够大的压力，借助于压力所引起的塑性变形使原子间相互接近直至获得牢固的压挤接头，如冷压焊、爆炸焊等均属此类。

**3. 钎焊**

钎焊是采用比母材熔点低的金属材料作为钎料，将焊件和钎料加热到高于钎料熔点、低于母材熔点的温度，利用液态钎料润湿母材，填充接头间隙，并与母材相互扩散实现连接焊件的方法。常见的钎焊方法有烙铁钎焊、火焰钎焊等。焊接方法的简单分类如图 5-1 所示。

## 5.3 常用焊接方法的基本原理

在众多的焊接方法之中，不同的焊接方法其原理不一，但其最终目的均是将同种或异种金属实现连接。

**1. 熔焊**

（1）气焊　气焊利用氧乙炔或其他气体火焰加热母材和填充金属，达到焊接目的。火焰温度为3000℃左右。它适用于较薄工件，小口径管道、有色金属铸铁和钎焊。

（2）焊条电弧焊　焊条电弧焊是利用电弧作为热源熔化焊条与母材形成焊缝的手工操作焊接方法，电弧温度在 6000 ~ 8000℃左右。它适用于黑色金属及某些有色金属焊接，应用范围广，尤其适用于短焊缝和不规则焊缝。

（3）埋弧焊　埋弧焊分自动、半自动。埋弧焊时，电弧在焊剂区下燃烧，利用颗粒状焊剂，作为金属熔池的覆盖层，将空气隔绝使其不得进入熔池。焊丝由送丝机构连续送入电弧区，电弧的焊接方向、移动速度用手工或机械完成。它适用于中厚板材料的碳钢、低合金钢、不锈钢以及铜等直焊缝及规则焊缝的焊接。

（4）气电焊（气体保护焊）　气电焊是利用保护气体来保护焊接区的电弧焊。保护气体作为金属熔池的保护层把空气隔绝。采用的气体有惰性气体、还原性气体、氧化性气体，适用于碳钢、合金钢、铜和铝等有色金属及其合金的焊接。氧化性气体保护焊适用于碳钢及合金钢的焊接。

（5）等离子弧焊　等离子弧焊是利用气体在电弧中电离后，再经过热收缩效应、机械收缩效应、磁收缩效应而产生的一种超高温热源进行焊接，温度可达20000℃以上。

**2. 压焊**

（1）摩擦焊　摩擦焊是利用焊件间接触端面相互摩擦产生的热能，并对两焊件施加一定的压力而形成焊接接头。它适用于铝、铜、钢及异种金属材料的焊接。

（2）电阻焊　电阻焊是利用电流通过焊件时产生的电阻热，加热焊件（或母材）至塑性状态或局部熔化状态，然后施加压力使焊件连接在一起。它适用于薄板、管材和棒料的焊接。

**3. 钎焊**

（1）烙铁钎焊　烙铁钎焊是利用电烙铁产生的热量，加热母材局部，并使填充金属熔入间隙，达到连接的目的。它适用于熔点 300℃ 的钎料，一般用于导线、线路板及原件的焊接。

（2）火焰钎焊　火焰钎焊是利用气体火焰为加热源，加热母材，并使填充金属材料熔入间隙，达到连接目的。它适用于不锈钢、硬质合金和有色金属等一般尺寸较小的焊件的焊接。

## 5.4　焊接工艺的技术要求

不同的焊接方法有不同的焊接工艺。焊接工艺主要根据焊件的材质、牌号、化学成分和焊件结构类型以及焊接性要求来确定。首先要确定焊接方法，如焊条电弧焊、埋弧焊、钨极氩弧焊或熔化极气体保护焊等，焊接方法的种类非常多，只能根据具体情况选择。确定焊接方法后，再制定焊接参数。焊接参数的种类各不相同，如焊条电弧焊的焊接参数主要包括：焊条型号（或牌号）、直径、电流、电压、焊接电源种类、极性接法、焊接层数、道数和检验方法等。

1）焊接作业场所出现以下情况时必须采取措施，否则禁止施焊。

① 当焊条电弧焊焊接作业区风速超过 8m/s、气体保护电弧焊及药芯焊丝电弧焊焊接作业区风速超过 2m/s 时；制作车间内焊接作业区有穿堂风或鼓风机工作时。

② 相对湿度大于 90%；例如，在进行铝合金熔化极气体保护焊时，要求焊接室内相对湿度大于 65%。

③ 焊接 Q345 以下等级钢材时，环境温度低于 -10℃；焊接 Q345 钢时，环境温度低于 0℃；焊接 Q345 以上等级钢材时，环境温度低于 5℃。

2）焊缝坡口形式和尺寸，应以 GB/T 985.1—2008《气焊、焊条电弧焊、气体保护焊和高能束焊的推荐坡口》、GB/T 985.2—2008《埋弧焊的推荐坡口》的有关规定为依据来设计，对图样有特殊要求的坡口形式和尺寸，应依据图样并结合焊接工艺评定来确定。

3）坡口加工应优先采用机械加工，也可选用自动（或半自动）气割、等离子切割或手工切割的方法制备。但应保证焊缝坡口处平整、无毛刺，坡口两侧 50mm 范围不得有氧化皮、锈蚀或油污等，也不得有裂纹、气割熔瘤等缺陷。

4）严禁在焊缝间隙内嵌入填充物。

5）定位焊的工艺措施及质量要求应与正式焊缝相同。定位焊高度不宜超过设计焊缝高度的2/3，长度不小于25mm。定位焊点一般不少于3点，且应均匀分布。

6）焊接过程中应严格按照焊接工艺评定确定的焊接方法、焊接参数进行焊接。

7）焊接完毕，焊工应在距焊缝端头50mm明显处打上自己的钢印代号，且在防腐处理后清晰可见。

8）宜采用调整焊接参数的方法控制焊接变形，也可采用反变形、刚性固定等方法控制焊接变形。

9）影响镀锌质量的焊缝缺陷应在装配前进行修磨或补焊，且补焊的焊缝应与原焊缝间保持圆滑过渡。

## 5.5 焊接接头的种类、坡口形式及坡口尺寸

### 5.5.1 焊接接头种类、特点及应用

用焊接方法连接的接头称为焊接接头。它由焊缝、熔合区和热影响区三部分组成，如图5-2所示。在焊接结构中，焊接接头主要起两方面的作用：一是连接作用，即把焊件连接成一个整体；二是传递力的作用，即传递焊件所承受的载荷。

在焊接结构中，由于焊件的厚度、结构的形状及使用条件不同，其接头形式及坡口形式也不相同。根据GB/T 985.1—2008《气焊、焊条电弧焊、气体保护焊及高能束焊的推荐坡口》规定，焊接接头的基本形式可分为：对接接头、T形接头、角接接头、搭接接头和端接接头五种基本类型。有时焊接结构中还有一些其他类型的接头形式，如十字接头（三个焊件装配成“十字”形的接头）、卷边接头、套管接头、斜对接接头和锁边对接接头等，焊接接头的类型、特点及应用见表5-1。

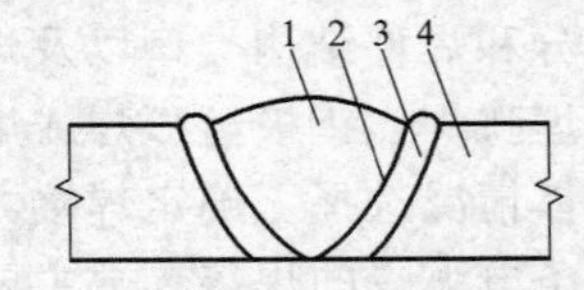


图5-2 焊接接头组成示意图

1—焊缝 2—熔合区

3—热影响区 4—母材

表5-1 焊接接头的类型、特点及应用

| 接头类型 | 特点 | 应用 | 图示 |
|---|---|---|---|
| 对接接头 | 对接接头是两焊件表面构成大于或等于135°、小于或等于180°夹角的接头，即由板、棒或管组成的两焊件相对端面焊接而成的接头。对接接头从受力的角度看是比较理想的接头形式，受力状况好，应力集中程度较小，材料消耗较少。但对焊件边缘加工及装配要求较高 | 对接接头是焊接结构中采用最多的一种接头形式。一般厚度在6mm以下，不开坡口。（I形坡口）若钢板厚度大于6mm时必须开坡口。常用的有V形、Y形、双Y形和U形坡口等 | a) I形坡口 b) Y形坡口 c) 双Y形坡口 d) 带钝边U形坡口 |

（续）

| 接头类型 | 特点 | 应用 | 图示 |
|---|---|---|---|
| T 形接头 | T 形接头是一个焊件的端面与另一焊件表面构成直角或近似直角的接头。T 形接头的形式是一种典型的电弧焊接头，能承受各个方向的力和力矩 | T 形接头是各类箱型结构中最常见的结构形式。在一般情况下，T 形接头可不开坡口，若焊缝要求承受载荷时，应选用带钝边的单边 V 形、带钝边的双单边 V 形（K 形）和带钝边的双 J 形等坡口形式，使接头焊透，以保证接头强度 | a) I形坡口　b) 带钝边单边V形坡口　c) 带钝边双单边V形坡口　d) 带钝边双J形坡口 |
| 角接接头 | 角接接头是两焊件端面间构成大于或等于 30°，小于 135° 夹角的接头。角接接头承载能力差，特别是当接头承受弯曲力时，焊根易出现应力集中而造成根部开裂 | 角接接头一般用于不重要的焊接结构中。角接接头一般不开坡口，根据焊件厚度和坡口准备的不同，也可开单边 V 形坡口、Y 形坡口及带钝边双单边 V 形（K 形）坡口等 | a) I形坡口　b) 带钝边单边V形坡口　c) Y形坡口　d) 带钝边双单边V形坡口 |
| 搭接接头 | 搭接接头是两焊件部分重叠构成的接头。搭接接头应力分布不均匀，疲劳强度较低，不是理想的接头形式，但其焊前准备和装配较简单 | 搭接接头有不开坡口、塞焊缝和槽焊缝等形式。不开坡口的搭接接头，一般用于 12mm 以下钢板，其重叠部分为 3～5倍板厚，并采用双面焊接，常用在不重要的结构中。当结构重叠部分的面积较大时，常选用圆孔塞焊缝和长孔槽焊缝的接头形式 | a) 不开坡口　b) 塞焊缝　c) 槽焊缝 |
| 端接接头 | 端接接头是两焊件重叠放置或两焊件之间的夹角不大于 30°，在端部进行连接的接头 | 端接接头通常只用于密封 | a) 两焊件重叠放置的端接　b) 两焊件夹角 ≤30° 的端接 |

厚板削薄的单边 V 形坡口，用于不等厚度钢板的对接。对接接头的两侧钢板如果厚度相差太多，则连接后由于连接处的截面变化较大，将会引起严重的应力集中，如压力容器、梁、柱等重要结构，应对厚板进行削薄。

不同厚度的钢板对接焊接时，如果厚度差（$\delta-\delta_1$）不超过表 5-2 的规定时，则接头的基本形式与尺寸应按较厚板的尺寸数据选取。如果对接钢板的厚度差超过表 5-2 的规定，则应在较厚的板上做出单面削薄（图 5-3a）或双面削薄（图 5-3b），其削薄长 $L\geqslant3(\delta-\delta_1)$。

表 5-2 不同厚度钢板对接的允许厚度差 （单位：mm）

| 较薄板的厚度 $\delta_1$ | ≥2～5 | >5～9 | >9～12 | >12 |
|---|---|---|---|---|
| 允许厚度差（$\delta-\delta_1$） | 1 | 2 | 3 | 4 |

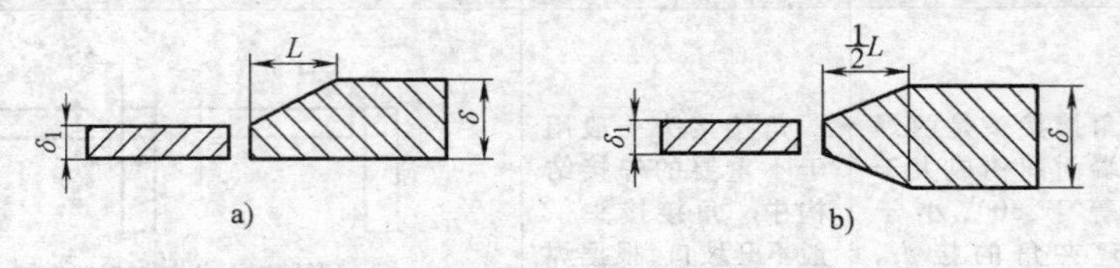


图 5-3 不同板厚的对接接头厚板的削薄

## 5.5.2 焊接坡口形式及选择

根据设计或工艺需要，在焊件的待焊部位加工并装配成一定几何形状的沟槽称为坡口。利用机械（如刨削、车削等）、火焰或电弧（碳弧气刨）等加工坡口的过程叫开坡口。

开坡口的目的是保证电弧能深入接头根部，使根部焊透并便于清渣，以获得较好的焊缝成形，而且坡口还能起到调节焊缝金属中的母材金属与填充金属比例的作用。

焊接接头的坡口根据其形状不同可分为基本型、组合型和特殊型三类，见表 5-3。

表 5-3 焊接接头坡口的分类及特点

| 坡口类型 | 坡口特点 | 图示 |
|---|---|---|
| 基本型 | 形状简单，加工容易，应用普遍。主要有 I 形坡口、V 形坡口、单边 V 形坡口、U 形坡口和 J 形坡口五种 | a) I形坡口　b) V形坡口　c) 单边V形坡口　d) U形坡口　e) J形坡口 |

（续）

| 坡口类型 | 坡口特点 | 图示 |
| --- | --- | --- |
| 组合型 | 由两种或两种以上的基本型坡口组合而成，如 Y 形坡口、双 Y 形坡口（X 形坡口）、带钝边 U 形坡口、双单边 V 形坡口和带钝边单边 V 形坡口等 | a) Y形坡口 b) 双Y形坡口 c) 带钝边U形坡口 d) 双单边V形坡口 e) 带钝边单边V形坡口 |
| 特殊型 | 既不属于基本型又不同于组合型的特殊坡口，如卷边坡口、带垫板坡口、锁边坡口、塞焊坡口和槽焊坡口等 | a) 卷边坡口 b) 带垫板坡口 c) 锁边坡口 d) 塞焊、槽焊坡口 |

### 5.5.3 坡口尺寸及符号

坡口的尺寸一般包括坡口角度 $\alpha$、坡口面角度 $\beta$、根部间隙 $b$。开 U 形坡口时，还有根部半径 $R$。

（1）坡口面角度和坡口角度

1）坡口面角度。坡口面角度是指待加工坡口的端面与坡口面之间的夹角，用 $\beta$ 表示，如图 5-4a 所示。

2）坡口角度。坡口角度是指两坡口面之间的夹角，用 $\alpha$ 表示，如图 5-4b 所示。

（2）根部间隙　根部间隙是指焊前在接头根部之间预留的空隙，用 $b$ 表示，如图 5-4c 所示。其主要作用在于打底焊时保证接头根部焊透。根部间隙又称装配间隙。

（3）钝边　钝边是指焊件开坡口时，沿焊件厚度方向未开坡口的端面部分，用 $P$ 表示，如图 5-4d 所示。钝边的作用是防止根部烧穿，但钝边的尺寸要保证第一层焊缝能焊透。

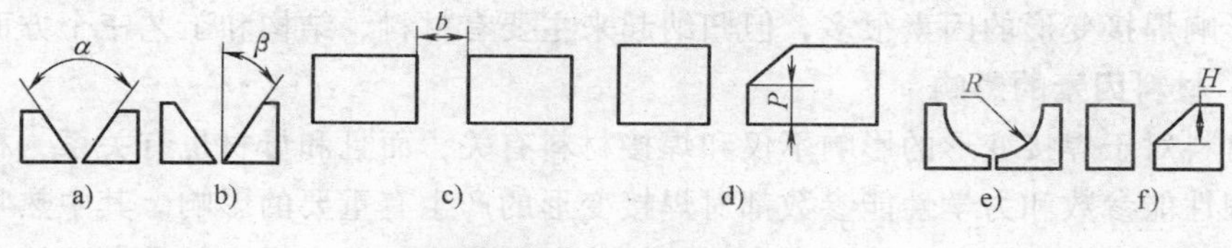


图 5-4　坡口尺寸符号

a）坡口角度 $\alpha$　b）坡口面角度 $\beta$　c）根部间隙 $b$　d）钝边高度 $p$　e）根部半径 $R$　f）坡口深度 $H$

(4) 根部半径　根部半径是指在J形、U形坡口底部的圆角半径，用 $R$ 表示，如图5-4e所示。其主要作用是增大坡口根部的空间，以便根部焊透。

(5) 坡口深度　坡口深度是指焊件上开坡口部分的高度，用 $H$ 表示，如图5-4f所示。

## 5.6 焊接变形及反变形的相关知识

焊接过程中，焊件产生的变形称之为焊接变形。焊后，焊接残留的变形称为焊接残余变形。焊接变形的基本形式有收缩变形、角变形、弯曲变形、波浪变形和扭曲变形等。其中收缩变形包括横向收缩变形和纵向收缩变形两种。各类变形的示例如图5-5所示。

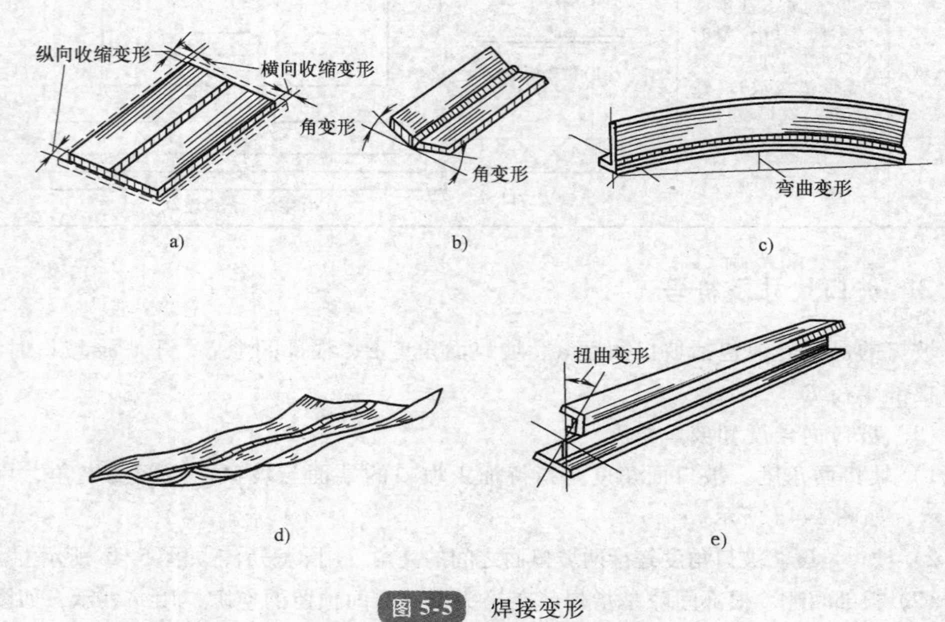


图5-5　焊接变形

a）收缩变形　b）角变形　c）弯曲变形　d）波浪变形　e）扭曲变形

### 5.6.1 焊接变形产生的原因

焊接过程中，对焊件进行不均匀加热和冷却，是产生焊接应力和变形的根本原因。影响焊接变形的因素很多，但归纳起来主要有材料、结构和工艺三个方面：

**1. 材料因素的影响**

材料对于焊接变形的影响不仅和焊接材料有关，而且和母材也有关系，材料的热物理性能参数和力学性能参数都对焊接变形的产生有重要的影响。其中热物理性能参数的影响主要体现在热导率上，一般热导率越小，温度梯度越大，焊接变形越显著。力学性能对焊接变形的影响比较复杂，热胀系数的影响最为明显，随着热胀系数的增加焊接变形相应增加。同时材料在高温区的屈服强度和弹性模量及其随温度的变化率也起着十分重要的作用，一般情况下，随着弹性模量的增大，焊接变形随之减少而较高的屈服强度会引起较高的残余应力，焊接结构存储的变形能量也会因此而增大，从而可能促使脆性断裂，此外，由于塑性应变较小且塑性区范围不大，因而焊接变形得以减少。

**2. 结构因素的影响**

焊接结构的设计对焊接变形的影响最关键，也是最复杂的因素。其总体原则是随拘束度的增加，焊接残余应力增加，而焊接变形则相应减少。结构在焊接变形过程中，工件本身的拘束度是不断变化着的，因此自身为变拘束结构，同时还受到外加拘束的影响。一般情况下复杂结构自身的拘束作用在焊接过程中占据主导地位，而结构本身在焊接过程中的拘束度变化情况随结构复杂程度的增加而增加，在设计焊接结构时，常需要采用肋板或加强板来提高结构的稳定性和刚度，这样做不但增加了装配和焊接工作量，而且在某些区域，如肋板、加强板等，拘束度发生较大的变化，给焊接变形的分析与控制带来了一定的难度。因此，在结构设计时针对结构板的厚度及肋板或加强肋的位置、数量等进行优化，对减小焊接变形有着十分重要的作用。

**3. 工艺因素的影响**

焊接工艺对焊接变形的影响方面很多，如焊接方法、焊接输入电流电压量、构件的定位或固定方法、焊接顺序、焊接胎架及夹具的应用等。在各种工艺因素中，焊接顺序对焊接变形的影响较为显著，一般情况下，改变焊接顺序可以改变残余应力的分布及应力状态，减少焊接变形。多层焊以及焊接参数也对焊接变形有十分重要的影响。焊接工作者在长期研究中，总结出一些经验，利用特殊的工艺规范和措施，达到减少焊接残余应力和变形，改善残余应力分布状态的目的。

## 5.6.2　控制焊接变形的工艺措施

减少焊接应力与变形的工艺措施主要有以下几种方法：

**1. 预留收缩变形量**

根据理论计算和实践经验，在焊件备料及加工时预先考虑收缩余量，以便焊后工件达到所要求的形状、尺寸。

**2. 反变形法**

根据理论的计算和实践经验，预先估计结构焊接变形的方向和大小，然后在焊接装配时给予一个方向相反、大小相等的预置变形，以抵消焊后产生的变形，如图 5-6 所示。

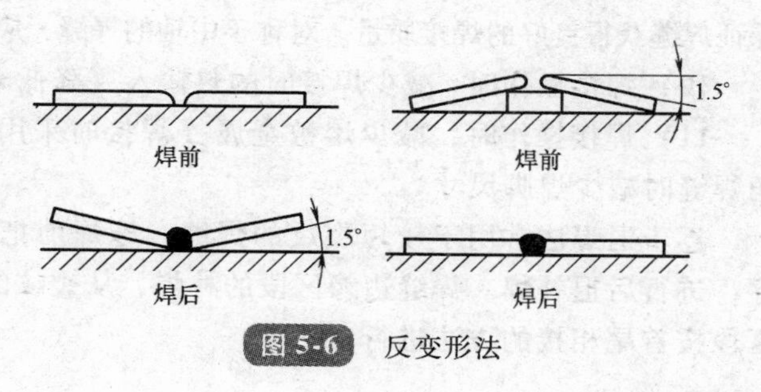


图 5-6　反变形法

**3. 刚性固定法**

焊接时将焊件加以刚性固定，焊后待焊件冷却到室温后再去掉刚性固定，可有效防止角变形和波浪变形，如图5-7所示。此方法会增大焊接应力，只适用于塑性较好的低碳钢结构。

**4. 选择合理的焊接顺序，尽量使焊缝自由收缩**

焊接焊缝较多的结构件时，应先焊错开的短焊缝，再焊直通长焊缝，以防在焊缝交接处产生裂纹。如果焊缝较长，可采用逐步退焊法和跳焊法，使温度分布较均匀，从而减少了焊接应力和变形。

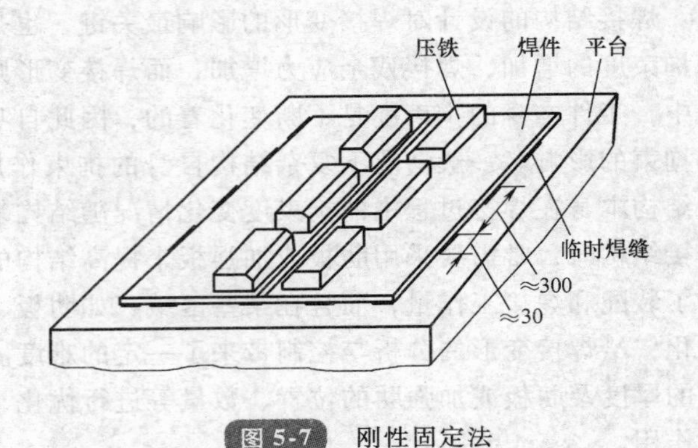


图5-7 刚性固定法

合理的装配和焊接顺序具体如下：

1）先焊收缩量大的焊缝，后焊收缩量较小的焊缝。

2）焊缝较长的焊件可以采用分中对称焊法、跳焊法、分段逐步退焊法和交替焊法。

3）焊件焊接时要先将所有的焊缝都定位后，再统一焊接。能够提高焊接焊件的刚度，定位后，先焊增加焊接结构的刚度的部件，使结构具有抵抗变形的足够刚度。

4）具有对称焊缝的焊件最好成双的对称焊接，以使各焊道引起的变形相互抵消。

5）焊件的焊缝不对称时要先焊接焊缝少的一侧。

6）采用对称于中轴的焊接和由中间向两侧焊接都有利于抵抗焊接变形。

7）在焊接结构中，当钢板拼接时，同时存在着横向的端接焊缝和纵向的边接焊缝。应该先焊接端接焊缝再焊接边接焊缝。

8）在焊接箱体时，同时存在着对接焊缝和角接焊缝时，要先焊接对接焊缝后焊接角焊缝。

9）十字接头和丁字接头焊接时，应该正确采取焊接顺序，避免焊接应力集中，以保证焊缝获得良好的焊接质量。对称于中轴的焊缝，应由内向外进行对称焊接。

10）焊接操作时，减少焊接时的热输入（降低电流、加快焊接速度）。

11）焊接操作时，减少熔敷金属（焊接时采用小坡口、减少焊缝宽度、焊接角焊缝时减少焊脚尺寸）。

逐步退焊法常用于较短裂纹的焊缝。施焊前把焊缝分成适当的小段，标明次序，进行后退补焊。焊缝边缘区段的补焊，从裂纹的终端向中心方向进行，其他各区段按首尾相接的方法进行。

**5. 锤击焊缝法**

在焊缝的冷却过程中，用圆头小锤均匀迅速地锤击焊缝，使金属产生塑性延伸变形，抵消一部分焊接收缩变形，从而减小焊接应力和变形。

**6. 加热“减应区”法**

焊接前，在焊接部位附近区域（称为减应区）进行加热使之伸长，焊后冷却时，加热区与焊缝一起收缩，可有效减小焊接应力和变形。

**7. 焊前预热和焊后缓冷**

预热的目的是减少焊缝区与焊件其他部分的温差，降低焊缝区的冷却速度，使焊件能较均匀地冷却下来，从而减少焊接应力与变形。

**8. 合理的焊接工艺方法**

采用焊接热源比较集中的焊接方法进行焊接可降低焊接变形。如 $CO_2$ 气体保护焊、氩弧焊等。减少焊接应力与变形的措施从设计方面来看主要有以下3点：

1）选用合理的焊缝尺寸和形状，在保证构件承载能力的条件下，应尽量采用较小的焊缝尺寸。

2）减少焊缝的数量，在满足质量要求的前提下，尽可能地减少焊缝的数量。

3）合理安排焊缝的位置，只要结构上允许应该尽可能使焊缝对称于焊件截面的中轴或者靠近中轴。

### 5.6.3　矫正焊接变形的方法

在焊接结构生产中，首先应采取各种措施来防止和控制焊接变形，但是焊接变形是难以避免的，因为影响焊接残余变形的因素太多，生产中无法面面俱到。当焊接结构中的残余变形超出技术要求的变形范围时，就必须对焊件的变形进行矫正。

**1. 手工锤击矫正薄板波浪变形的方法**

手工锤击矫正薄板波浪变形的方法，如图5-8所示。图5-8a所示为薄板原始的变形情况，锤击时锤击部位不能是凸起的地方，这样结果只能朝相反的方向凸出，如图5-8b所示，接着又要锤击反面，结果不仅不能矫平，反而增加变形。正确的方法是锤击凸起部分四周的金属，使之产生塑性伸长，并沿半径方向由里向外锤击，如图5-8c所示，或者沿着凸起部分四周逐渐向里锤击，如图5-8d所示。

**2. 机械矫正法**

机械矫正法就是利用机器或工具来矫正焊接变形。具体地说，就是用千斤顶、拉紧器、压力机以及矫直机等对焊件顶直或压平。

**3. 火焰矫正法**

火焰矫正法就是利用火焰对焊件进行局部加热，使焊件产生新的变形去抵消焊接变形。火焰矫正法在生产中应用广泛，主要用于矫正弯曲变形、角变形、波浪变形等，也可用于矫正扭曲变形。

火焰加热的方式有点状加热、线状加热和三角形加热三种方式。

1）点状加热。点状加热时，加热点的数目应根据复合板的厚度和变形情况而定，对于厚板，加热点的直径应大点；薄板的加热点直径则应小些。变形量大时，加热点之间距离应小一些；变形量小时，加热点之间距离应大一些。

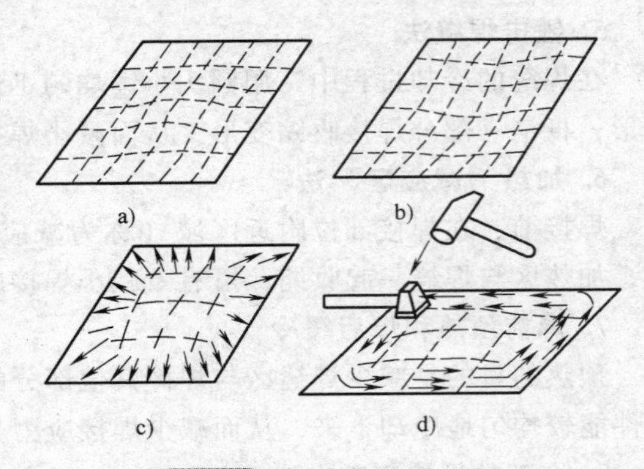


图 5-8 手工锤击矫正法

2）线状加热。火焰沿直线缓慢移动或同时做横向摆动，形成一个加热带的加热方式，称为线状加热。线状加热有直通加热、链状加热和带状加热三种形式。线状加热可用于矫正波浪变形、角变形和弯曲变形。

3）三角形加热。三角形加热即加热区域呈三角形，一般用于矫正刚度大、厚度较大的结构的弯曲变形。加热时，三角形的底边应在被矫正结构的拱边上，顶端朝焊件的弯曲方向。三角形加热与线状加热联合使用，对于矫正大而厚的焊件的焊接变形，效果更佳。

## 5.7 焊缝外观检验与验收

### 5.7.1 焊缝外观检验项目

#### 1. 焊缝外观缺陷

（1）咬边　咬边是指由于焊接参数选择不当或操作工艺不正确，沿焊缝的母材部位产生的沟槽或凹陷。

（2）焊缝表面气孔　焊接时，熔池中的气泡在凝固时未能逸出而残留下来形成的空穴称作气孔。表面气孔是指露在表面的气孔。

（3）未熔合　未熔合是指熔焊时，焊缝与母材之间或焊道与焊道之间，未完全熔化结合的部分；点焊时母材与母材之间未完全熔化结合的部分。

（4）未焊透　未焊透是指焊接时接头根部未完全熔透的现象。

（5）裂纹　裂纹是指在焊接应力及其他致脆因素共同作用下，焊接接头中局部地区的金属原子结合力遭到破坏而形成的新界面而产生的缝隙，它具有尖锐的缺口和大的长宽比的特征。

（6）未焊满　未焊满是指由于填充金属不足，在焊缝表面形成的连续或断续的沟槽。

（7）焊瘤　焊瘤是指焊接过程中，熔化金属流淌到焊缝之外未熔化的母材上所形成的金属瘤。

(8) 烧穿　烧穿是指焊接过程中，熔化金属自坡口背面流出，形成穿孔的缺陷。

**2. 焊缝形状缺陷**

(1) 焊缝成形差　熔焊时，液态焊缝金属冷凝后形成的焊缝外形称为焊缝成形，焊缝成形差是指焊缝外观上，焊缝高低、宽窄不一，焊缝波纹不整齐等。

(2) 焊脚尺寸不合要求　焊脚尺寸是指在角焊缝横截面中画出最大等腰三角形中，直角边的长度。缺陷表现在焊脚尺寸小于设计要求和焊脚尺寸不等（单边）等。

(3) 余高超差　余高超差是指余高高于要求或低于母材。

(4) 错边　错边是指对接焊缝时两母材不在同一平面上。

(5) 漏焊　漏焊是指要求焊接的焊缝未焊接。表现在整条焊缝未焊接、整条焊缝部分未焊接、未填满弧坑以及焊缝未填满未焊完等。

(6) 漏装　漏装是指结构件中某一个或一个以上的零件未组焊上去。

(7) 飞溅　飞溅是指焊接过程中，熔化的金属颗粒或熔渣向周围飞散的现象。

(8) 电弧擦伤。

**3. 复合缺陷**

复合缺陷是指同一条焊缝或同一条焊缝同一处同时存在两种或两种以上的缺陷。

## 5.7.2　焊缝外观检验方法及标准

焊缝外观检验标准只作为焊接部位外观检查的标准，对焊缝内部质量进行评定时，不适用本标准，焊缝内部质量要根据相应的其他检查方法评定。检验方法包括以下三种：一是肉眼观察；二是使用放大镜检验，放大倍数应以五倍为限；三是采用渗透检测，渗透检测是指采用荧光染料（荧光法）或红色染料（着色法）的渗透剂的渗透作用，显示缺陷痕迹的无损检验法。缺陷判定后应做好标识，标明缺陷性质，且标明的缺陷必须返工，缺陷返工后应重新对缺陷位置进行检验。

**1. 焊缝外观缺陷尺寸符号**

$a$ 表示角焊缝公称厚度；$b$ 表示焊缝余高的宽度；$d$ 表示气孔的直径；$h$ 表示缺陷尺寸（高度或宽度）；$l$ 表示缺陷长度；$s$ 表示对接焊缝公称厚度；$t$ 表示壁厚或板厚；$z$ 表示角焊缝的焊角尺寸。

**2. 焊缝外观质量检验规则**

1）焊缝按对接焊缝和角接焊缝的外观质量要求分别进行检验。

2）质量检验部门按图样、工艺文件上的规定，区分焊缝类别，根据表5-6和表5-7的要求对焊件是否合格进行抽检。

**3. 焊缝分类**

根据结构件的受力情况以及重要性，把焊缝分为A、B、C、D等四大类。具体分类见表5-4。

表 5-4　焊缝分类

| 焊缝类型 | | 使用部位（表 5-1 焊缝分类例子） |
| --- | --- | --- |
| 对接焊缝<br>角接焊缝 | A | 承受动载、冲击载荷，直接影响产品的安全及可靠性，作为高强度结构件的焊缝（如压轮、履带梁、压轮框架、铰接架、摇摆架、动臂、铲斗、挖斗、大臂、履带梁安装版等） |
| | B | 承受高压的焊缝（如液压油缸、高压油管等焊缝） |
| | C | 受力较大、影响产品外观质量或低压密封类焊缝（如后板总成、车架、油箱、水箱等焊缝） |
| | D | 承载很小或不承载，不影响产品的安全及外观质量的焊缝 |

**4. 焊缝外观质量检验中不同焊缝类别的检验比例**（见表 5-5）

表 5-5　焊缝外观质量的检验比例

| 焊缝类别 | A | | B | | C | | D | |
| --- | --- | --- | --- | --- | --- | --- | --- | --- |
| 人员 | 操作员 | 检验员 | 操作员 | 检验员 | 操作员 | 检验员 | 操作员 | 检验员 |
| 检验比例 | 100% | 30% | 100% | 30% | 100% | 10% | 100% | 10% |

**5. 焊缝外观质量检验项目和要求**

对接焊缝见表 5-6，角接焊缝见表 5-7。

表 5-6　对接焊缝外观质量检验项目和要求

| 序号 | 项目 | 项目说明（图示） | 一般 D | 中等 C | 严格 B | 超差后处理 |
| --- | --- | --- | --- | --- | --- | --- |
| 1 | 裂纹 | 在焊缝金属及热影响区内的裂纹 | 不允许 | 不允许 | 不允许 | 修磨后补焊 |
| 2 | 表面气孔 | 表面气孔 | $d \leqslant 0.3s$（对接），$d \leqslant 0.3a$（角接），最大不超过 3mm | $d \leqslant 0.2s$（对接），$d \leqslant 0.2a$（角接），最大不超过 2mm | 不允许 | 修磨或修磨后补焊 |
| 3 | 表面夹渣 | 表面夹渣 | 可视面不允许，非可视面允许 50mm 焊缝长度上有单个夹渣，且直径不大于 1/3 板厚，最大不超过 3mm（密封焊缝不允许夹渣） | 可视面不允许，非可视允许 50mm 焊缝长度上有单个夹渣，且直径不大于 1/4 板厚，最大不超过 2mm（密封焊缝不允许夹渣） | 不允许 | 清除后补焊或重焊 |
| 4 | 飞溅 | | 小的球状松散粘附的飞溅可不需清除，而大的球状，紧密贴合的飞溅则必须去除 | | 不允许 | 清铲或打磨 |

（续）

| 序号 | 项目 | 项目说明（图示） | 一般 D | 中等 C | 严格 B | 超差后处理 |
|---|---|---|---|---|---|---|
| 5 | 弧坑缩孔 |  | $h\leq 0.2\delta$，最大 2mm | $h\leq 0.1\delta$，最大 1mm | 不允许 | 补焊或重焊 |
| 6 | 电弧擦伤 | 电弧擦伤 | 局部出现 | 不允许 | 不允许 | 打磨，打磨处的实际板厚不小于设计规定的最小值 |
| 7 | 焊缝余高 |  | $h\leq 1+0.25b$，最大余高 $h\leq$10mm | $h\leq 1+0.15b$，最大余高 $h\leq$7mm | $h\leq 1+0.1b$，最大余高 $h\leq$5mm | 焊缝与母材不能有尖锐夹角、修磨或重焊 |
| 8 | 未焊满及凹坑 |  | $h\leq 0.25\delta$，最大 2mm | $h\leq 0.1\delta$，最大 1mm | $h\leq 0.05\delta$，最大 0.5mm | 补焊 |
| 9 | 错边 |  | $h\leq 0.25\delta$，最大 5mm | $h\leq 0.15\delta$，最大 4mm | $h\leq 0.1\delta$，最大 3mm | 重焊 |
| 10 | 焊瘤 |  | 允许 | 不允许 | 不允许 | 修磨 |
| 11 | 咬边 |  | $h\leq 0.2\delta$，最大 1.5mm | $h\leq 0.1\delta$，最大 1mm | $h\leq 0.05\delta$，最大 0.5mm | 修磨后补焊 |

（续）

| 序号 | 项目 | 项目说明（图示） | 一般 D | 中等 C | 严格 B | 超差后处理 |
| --- | --- | --- | --- | --- | --- | --- |
| 12 | 未焊透 | | $h \leqslant 0.2s$，最大 2mm | $h \leqslant 0.1s$ | 不允许 | 重焊 |
| 13 | 未熔合 | | 允许，但只能是间断性的，而且不得造成表面开裂 | 不允许 | 不允许 | 重焊 |
| 14 | 焊缝宽度尺寸偏差 | $\Delta C = C_1 - C$<br>$C_1$为实际焊缝宽度，$C$为设计焊缝宽度 | $\Delta C = 0 \sim 3$mm | $\Delta C = 0 \sim 2$mm | $\Delta C = 0 \sim 1$mm | 补焊或打磨 |

**表 5-7　角接焊缝外观质量检验项目和要求**

| 序号 | 项目 | 项目说明（图示） | 一般 D | 中等 C | 严格 B | 超差后处理 |
| --- | --- | --- | --- | --- | --- | --- |
| 1 | 焊缝超厚 | 角焊缝实际有效厚度过大，$a$：设计要求厚度 | $h \leqslant 1 + 0.3a$，最大 5mm | $h \leqslant 1 + 0.2a$，最大 4mm | $h \leqslant 1 + 0.1a$，最大 4mm | 打磨 |
| 2 | 焊缝减薄 | 角焊缝实际有效厚度不足，$a$：设计要求厚度 | $h \leqslant 0.3 + 0.1a$，最大 2mm | $h \leqslant 0.3 + 0.1a$，最大 1 mm | $h \leqslant 0.3 + 0.05a$，最大 0.05mm | 补焊后打磨 |

（续）

| 序号 | 项目 | 项目说明（图示） | 一般 D | 中等 C | 严格 B | 超差后处理 |
|---|---|---|---|---|---|---|
| 3 | 焊脚不对称 | 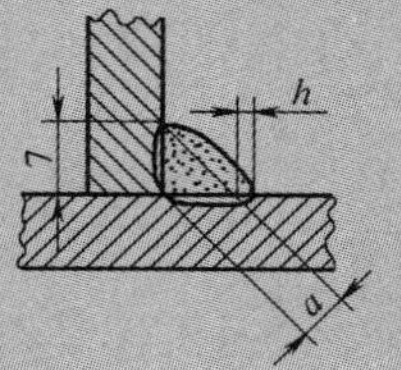  | $h\leqslant 2+0.2a$ | $h\leqslant 2+0.15a$ | $h\leqslant 1.5+0.15a$ | 补焊后打磨 |
| 4 | 角焊缝装配间隙 | 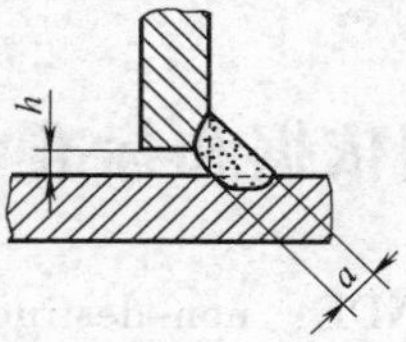  | $h\leqslant 1+0.1a$，最大 4mm | $h\leqslant 0.5+02a$，最大 3mm | $h\leqslant 0.5+0.1a$，最大 2mm | 重焊 |
| 5 | 焊缝宽窄差 | $\Delta C=C_{max}-C_{min}$ 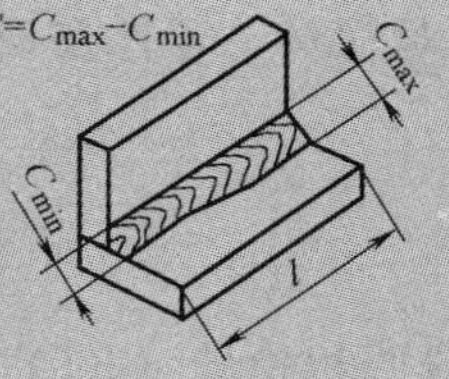 | 任意 300mm 范围内 $\Delta C\leqslant 3$mm | 任意 200mm 范围内 $\Delta C\leqslant 3$mm | 任意 150mm 范围内 $\Delta C\leqslant 3$mm | 补焊或打磨 |
| 6 | 角焊缝宽度尺寸偏差 | $\Delta C=C_2-C_1$<br>$C_1$为实际焊缝宽度<br>$C_2$为实际焊缝宽度 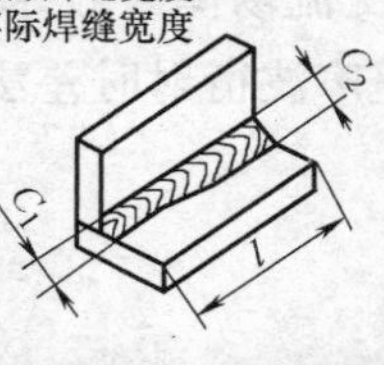 | 任意 300mm 范围内 $\Delta C=-1\sim 2$mm | 任意 200mm 范围内 $\Delta C=-1\sim 2$mm | 任意 150mm 范围内 $\Delta C=-1\sim 2$mm | 补焊或打磨 |
| 7 | 焊缝边缘直线度 | 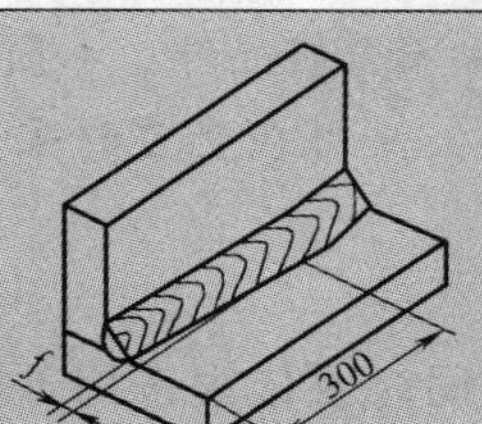  | $f\leqslant 3$mm | $f\leqslant 2$mm | $f\leqslant 1$mm | 补焊或打磨 |
| 8 | 焊缝表面凹凸不平 | $\Delta h=h_{max}-h_{min}$ 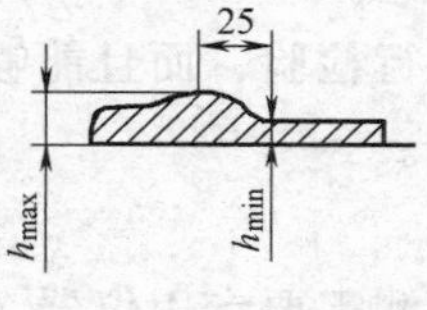 | $f\leqslant 2$mm | $f\leqslant 1.5$mm | $f\leqslant 1$mm | 补焊或修磨 |

（续）

| 序号 | 项目 | 项目说明(图示) | 一般 D | 中等 C | 严格 B | 超差后处理 |
|---|---|---|---|---|---|---|
| 9 | 咬边 |  | $h \leqslant 0.2t$<br>最大 1.5mm | $h \leqslant 0.1t$<br>最大 1mm | $h \leqslant 0.05t$<br>最大 0.5mm | 修磨后补焊 |

## 5.8 无损检测方法、特点及选用、检测依据和标准

无损检测就是 ND Testing，缩写是 NDT（或 NDE，non-destructive examination），也叫无损探伤，是在不损害或不影响被检测对象使用性能的前提下，采用射线、超声波、红外线或电磁波等技术并结合仪器对材料、零件及设备进行缺陷、化学及物理参数的检测技术。

### 5.8.1 无损检测的方法

常用的无损检测方法有涡流检测（ECT）、射线照相检验（RT）、超声波检测（UT）、磁粉检测（MT）和液体渗透检测（PT）。其他无损检测方法有声发射检测（AE）、热像/红外检测（TIR）、泄漏试验（LT）、交流场测量技术（ACFMT）、漏磁检验（MFL）、远场测试检测方法（RFT）以及超声波衍射时差法（TOFD）等。

### 5.8.2 无损检测的特点

**1. 非破坏性**

非破坏性是指在获得检测结果的同时，除了剔除不合格品外，不损坏零件。因此，检测规模不受零件多少的限制，既可抽样检验，又可在必要时采用普检。因而，更具有灵活性（普检、抽检均可）和可靠性。

**2. 互容性**

互容性即指检验方法的互容性，即同一零件可同时或依次采用不同的检验方法，而且又可重复地进行同一检验。这也是非破坏性带来的好处。

**3. 动态性**

动态性是说，无损检测方法可对使用中的零件进行检验，而且能够适时考察产品运行期的累计影响。因而，可查明结构的失效机理。

**4. 严格性**

严格性是指无损检测技术的严格性。首先无损检测需要专用仪器、设备；同时

也需要专门训练的检验人员，按照严格的规程和标准进行操作。

**5. 检验结果的分歧性**

检验结果的分歧性是指不同的检测人员对同一试件的检测结果可能有分歧。特别是在超声波检验时，同一检验项目要由两个检验人员来完成。需要“会诊”。

概括起来，无损检测的特点是：非破坏性、互容性、动态性、严格性以及检测结果的分歧性等。

### 5.8.3　无损检测的选用

**1. 目视检测**（VT）

目视检测，在国内实施的比较少，但在国际上是非常受重视的无损检测第一阶段首要方法。按照国际惯例，目视检测要先做，以确认不会影响后面的检验，再接着做四大常规检验。例如，BINDT 的 PCN 认证，就有专门的 VT1、VT2、VT3 级考核，更有专门的持证要求。VT 常用于目视检查焊缝，焊缝本身有工艺评定标准，都是可以通过目测和直接测量尺寸来做初步检验，发现咬边等不合格的外观缺陷，就要先打磨或者修整，之后才做其他深入的仪器检测。例如，焊接件表面和铸件表面 VT 做得比较多，而锻件就很少，并且其检查标准是基本相符的。

**2. 射线检测**（RT）

RT 是指用 X 射线或 γ 射线穿透试件，以胶片作为记录信息的器材的无损检测方法，该方法是最基本的、应用最广泛的一种非破坏性检验方法。

射线检测原理是射线能穿透肉眼无法穿透的物质使胶片感光，当 X 射线或 γ 射线照射胶片时，与普通光线一样，能使胶片乳剂层中的卤化银产生潜影，由于不同密度的物质对射线的吸收系数不同，照射到胶片各处的射线强度也就会产生差异，便可根据暗室处理后的底片各处黑度差来判别缺陷。

总的来说，RT 的定性更准确，有可供长期保存的直观图像，但总体成本相对较高，而且射线对人体有害，检验速度会较慢。

**3. 超声波检测**（UT）

超声波检测的原理：通过超声波与试件相互作用，对反射、透射和散射的波进行研究。

超声波检测是对试件进行宏观缺陷检测、几何特性测量、组织结构和力学性能变化的检测和表征，进而对其特定应用性进行评价的技术。适用于金属、非金属和复合材料等多种试件的无损检测；可对较大厚度范围内的试件内部缺陷进行检测。例如，对金属材料，可检测厚度为 1 ~ 2mm 的薄壁管材和板材，也可检测几米长的钢锻件；而且缺陷定位较准确，对面积型缺陷的检出率较高；灵敏度高，可检测试件内部尺寸很小的缺陷；并且检测成本低、速度快，设备轻便，对人体及环境无害，现场使用较方便。

但对具有复杂形状或不规则外形的试件进行超声检测有困难；并且缺陷的位

置、取向和形状以及材质和晶粒度都对检测结果有一定影响，检测结果也无直接见证记录。

**4. 磁粉检测**（MT）

磁粉检测的原理：铁磁性材料和工件被磁化后，由于不连续性的存在，使工件表面和近表面的磁力线发生局部畸变而产生漏磁场，吸附施加在工件表面的磁粉，形成在合适光照下目视可见的磁痕，从而显示出不连续性的位置、形状和大小。

磁粉检测适用性和局限性如下：

1）磁粉检测适用于检测铁磁性材料表面和近表面尺寸很小、间隙极窄（如可检测出长 0.1mm、宽为微米级的裂纹）目视难以看出的不连续性；也可对原材料、半成品、成品工件和在役的零部件检测，还可对板材、型材、管材、棒材、焊件、铸钢件及锻钢件进行检测，可发现裂纹、夹杂、发纹、白点、折叠、冷隔和疏松等缺陷。

2）磁粉检测不能检测奥氏体不锈钢材料和用奥氏体不锈钢焊条焊接的焊缝，也不能检测铜、铝、镁以及钛等非磁性材料。对于表面浅的划伤、埋藏较深的孔洞和与工件表面夹角小于 20°的分层和折叠难以发现。

**5. 渗透检测**（PT）

渗透检测的原理：零件表面被施涂含有荧光染料或着色染料的渗透剂后，在毛细管作用下，经过一段时间，渗透液可以渗透进表面开口缺陷中；经去除零件表面多余的渗透液后，再在零件表面施涂显像剂，同样，在毛细管的作用下，显像剂将吸引缺陷中保留的渗透液，渗透液回渗到显像剂中，在一定的光源下（紫外线光或白光），缺陷处的渗透液痕迹被显示（黄绿色荧光或鲜艳红色），从而探测出缺陷的形貌及分布状态。

渗透检测优点及局限性如下：

渗透检测可检测各种材料，包括金属、非金属材料以及磁性、非磁性材料。它能检测通过焊接、锻造、轧制等加工方式加工出来的零件，具有较高的灵敏度（可发现 0.1μm 宽的缺陷），同时显示直观、操作方便、检测费用低。但它只能检测出表面开口的缺陷，不适于检查多孔性疏松材料制成的工件和表面粗糙的工件；只能检出缺陷的表面分布，难以确定缺陷的实际深度，因而很难对缺陷做出定量评价，检出结果受操作者的影响也较大。

**6. 涡流检测**（ECT）

涡流检测的原理：将通有交流电的线圈置于待测的金属板上或套在待测的金属管外。这时线圈内及其附近将产生交变磁场，使试件中产生呈旋涡状的感应交变电流，称为涡流。涡流的分布和大小除与线圈的形状和尺寸、交流电流的大小和频率等有关外，还取决于试件的电导率、磁导率、形状和尺寸、与线圈的距离以及表面有无裂纹缺陷等。因而，在保持其他因素相对不变的条件下，用一个探测线圈测量涡流所引起的磁场变化，可推知试件中涡流的大小和相位变化，进而获得有关电导

率、缺陷、材质状况和其他物理量（如形状、尺寸等）的变化或缺陷存在等信息。但由于涡流是交变电流，具有集肤效应，所检测到的信息仅能反映试件表面或近表面处的情况。

涡流检测优缺点：涡流检测时线圈不需与被测物直接接触，可进行高速检测，易于实现自动化，但不适用于形状复杂的零件，而且只能检测导电材料的表面和近表面缺陷，检测结果也易于受到材料本身及其他因素的干扰。

**7. 声发射检测**（AE）

声发射是指通过接收和分析材料的声发射信号来评定材料性能或结构完整性的无损检测方法。材料中因裂缝扩展、塑性变形或相变等引起应变能快速释放而产生的应力波现象称为声发射。1950 年，联邦德国的 J. 凯泽对金属中的声发射现象进行了系统的研究。1964 年，美国首先将声发射检测技术应用于火箭发动机壳体的质量检验并取得成功。此后，声发射检测方法获得迅速发展。这是一种新增的无损检测方法，通过材料内部的裂纹扩张等发出的声音进行检测。它主要用于检测在用设备、器件的缺陷即缺陷发展情况，以判断其良好性。

## 5.8.4　无损检测的依据

**1. 产品图样**

图样是生产中使用的最基本的技术资料，也是加工、检验的依据。尤其在图样的技术要求中，往往规定了原材料、零件、产品的质量等级、具体要求以及是否需要做无损检验等。

**2. 相关标准**

生产企业往往要贯彻相关标准，如企业标准、行业标准、国家标准和国际标准等。这些都是产品加工的指导性文件，自然也是实施无损检测的指导性文件。在具体标准中，往往详细规定了检验对象、检验方法和检验规模等。

**3. 技术文件**

产品生产工艺部门下达的各种技术文件，如工艺规程、检验卡片、产品检验报告和返修单等。有时还要追加或改变检验要求等。

**4. 订货合同**

某些产品的特殊检验要求、质量控制的条款，有时可能较详细的强调在订货合同中，应引起特别注意。

## 5.8.5　无损检测标准

**1. 通用与综合**

GB/T 5616—2014《无损检测　应用导则》

GB/T 6417. 1—2005《金属熔化焊接头缺欠分类及说明》

GB/T 9445—2008《无损检测人员资格鉴定与认证》

GB/T 14693—2008《无损检测　符号表示法》
NB/T 4713. 1 ~47013. 6—2015《承压设备无损检测》
JB/T 5000. 14—2007《重型机械通用技术条件　第 14 部分：铸钢件无损探伤》
JB/T 5000. 15—2007《重型机械通用技术条件　第 15 部分：锻钢件无损探伤》
JB/T 7406. 2—1994《试验机术语　无损检测仪器》
JB/T 9095—2008《离心机、分离机锻焊件常规无损检测》

**2. 表面方法**

GB/T 5097—2005《无损检测　渗透检测和磁粉检测　观察条件》
GB/T 9443—2007《铸钢件渗透检测》
GB/T 9444—2007《铸钢件磁粉检测》
GB/T 10121—2008《钢材塔形发纹磁粉检验方法》
GB/T 12604. 3—2013《无损检测　术语　渗透检测》
GB/T 12604. 5—2008《无损检测　术语　磁粉检测》
GB/T 15147—1994《核燃料组件零部件的渗透检验方法》
GB/T 15322. 1 ~15822. 3—2005《无损检测　磁粉检测》
GB/T 17455—2008《无损检测　表面检测的金相复型技术》
GB/T 18851. 3—2008《无损检测　渗透检验　第 3 部分：参考试块》
JB/T 5391—2007《滚动轴承　铁路机车和车辆滚动轴承零件磁粉伤规程》
JB/T 5442—1991《压缩机重要零件的磁粉探伤》
JB/T 6061—2007《无损检测　焊缝磁粉检测》
JB/T 6062—2007《无损检测　焊缝渗透检测》
JB/T 6063—2006《无损检测　磁粉检测用材料》
JB/T 6064—2005《无损检测　渗透试块通用规范》
JB/T 6439—2008《阀门受压件磁粉探伤检验》
JB/T 6012. 3—2008《内燃机　进、排气门　第 3 部分：磁粉探伤》
JB/T 6722. 2—2007《内燃机　连杆　第 2 部分：磁粉探伤》
JB/T 6729—2007《内燃机　曲轴、凸轮磁粉探伤》
JB/T 6870—2005《携带式旋转磁场探伤仪　技术条件》
JB/T 6902—2008《阀门液体渗透检测》
JB/T 6912—2008《泵产品零件无损检测　磁粉探伤》
JB/T 7367—2013《圆柱螺旋压缩弹簧　磁粉检测方法》
JB/T 7411—2012《无损检测仪器　电磁轭磁粉探伤仪技术条件》
JB/T 7523—2010《无损检则　渗透检测用材料》
JB/T 8118. 3—2011《内燃机　活塞销　第 3 部分：磁粉检测》
JB/T 8290—2011《无损检测仪器　磁粉探伤机》
JB/T 8466—2014《锻钢件渗透检测》

JB/T 8468—2014《锻钢件磁粉检测》

JB/T 8543.2—1997《泵产品零件无损检测　渗透检测》

JB/T 6064—2015《无损检测　渗透试块通用规范》

GB/T 18851.1—2012《无损检测　渗透检测　第 1 部分：总则》

JB/T 9218—2015《无损检验　渗透检测方法》

JB/T 9628—1999《汽轮机叶片　磁粉探伤方法》

JB/T 9630.1—1999《汽轮机铸钢件　磁粉探伤及质量分级方法》

JB/T 9736—2013《喷油嘴偶件、柱塞偶件、出油阀偶件　磁粉探伤方法》

JB/T 7293.4—2010《内燃机　螺栓与螺母　第 4 部分：连杆螺栓　磁粉检测》

JB/T 9744—2010《内燃机　零、部件　磁粉检测》

JB/T 10338—2002《滚动轴承零件磁粉探伤规程》

**3. 辐射方法**

GB/T 3323—2005《金属熔化焊焊接接头射线照相》

GB/T 18871—2002《电离辐射防护与辐射源安全基本标准》

GB/T 4835.1—2012《辐射防护仪 β、X 和 γ 辐射周围和/或定向剂量当量（率）仪和或监测仪　第 1 部分：便携式工作场所和环境测量仪与监测仪》

GB 5294—2001《职业照射个监测规范　外照射监测》

GB/T 5677—2007《铸钢件射线照相检测》

GB/T 9582—2008《摄影　工业射线胶片　ISO 感光度，ISO 平均斜率和 ISO 斜率 G2 和 G4 的测定（用 X 和 γ 射线曝光）》

GB 10252—2009《γ 辐照装置的幅射防护与安全规范》

GB/T 11346—1989《铝合金铸件 X 射线照相检验 针孔（圆形）分级》

GB/T 11806—2004《放射性物质安全运输规程》

GB/T 11809—2008《压水堆燃料棒焊缝检验方法　金相检验和 X 射线照相检验》

GB/T 12604.2—2005《无损检测　术语　射线照相检测》

GB/T 12604.8—2014《无损检测　术语　中子检测》

GB/T 12605—2008《无损检测　金属管道熔化焊环向对接接头射线照相检测方法》

GB/T 13161—2003《直读式个人 X 和 γ 辐射剂量当量和剂量当量率监测仪》

GB/T 9747—2008《航空轮胎试验方法》

GB/T 14054—2013《辐射防护仪器　能量在 50keV ~ 7MeV 的 X 和 γ 辐射固定式剂量率仪、报警装置和监测仪》

GB/T 14058—2008《 γ 射线探伤机》

GB 16363—1996《X 射线防护材料屏蔽性能及检验方法》

GB/T 16544—2008《无损检测　伽玛射线全景曝光照相检测方法》

GB/T 17150—1997《放射卫生防护监测规范　第1部分：工业X射线探伤》

GB 17589—2011《X射线计算机断层摄影装置质量保证检测规范》

GB/T 17925—2011《气瓶对接焊缝　X射线数字成像检测》

JB/T 5453—2011《无损检测仪器　工业X射线图像增强器成像系统》

JB/T 6220—2011《无损检测仪器　射线探伤用密度计》

JB/T 6221—2012《无损检测仪器　工业X射线探伤机电气通用技术条件》

JB/T 6440—2008《阀门受压铸钢件射线照相检验》

JB/T 7260—1994《空气分离设备铜焊缝射线照相和质量分级》

JB/T 7412—1994《固定式（移动式）工业X射线探伤仪》

JB/T 7413—1994《携带式工业X射线探伤机》

GB 22448—2008《500kV以下工业X射线探伤机防护规则》

JB/T 7902—2006《无损检测　射线照相检测用线型像质计》

GB 19802—2005《无损检测　工业射线照相观片灯　最低要求》

JB/T 8543.1—1997《泵产品零件无损检测　受压铸钢件射线检测方法及底片的等级分类》

GB/T 19803—2005《无损检测　射线照相像质计　原则与标识》

GB/T 19943—2005《无损检测　金属材料X和伽玛射线　照相检测　基本规则》

JB/T 9402—1999《工业X射线探伤机　性能测试方法》

**4. 声学方法**

GB/T 1786—2008《锻制圆饼超声波检验方法》

GB/T 2970—2004《厚钢板超声波检验方法》

GB/T 3310—2010《铜及铜合金棒材超声波探伤方法》

GB/T 4162—2008《锻轧钢棒超声检测方法》

GB/T 5193—2007《钛及钛合金加工产品超声波探伤方法》

GB/T 5777—2008《无缝钢管超声波探伤检验方法》

GB/T 6402—2008《钢锻件超声检测方法》

GB/T 6519—2013《变形铝、镁合金产品超声检验方法》

GB/T 7233.1—2009《铸钢件　超声　超声检测　第1部分：一般用途钢件》

GB/T 7734—2004《复合钢板超声波检验方法》

GB/T 7736—2008《钢的低倍缺陷超声波检验法》

GB/T 8361—2001《冷拉圆钢表面超声波探伤方法》

GB/T 8651—2002《金属板材超声板探伤方法》

GB/T 11259—2008《无损检测　超声波检测用钢参考试块的制作与检验方法》

GB/T 11343—2008《无损检测　接触式超声斜射检测方法》

GB/T 11344—2008《无损检测　接触式超声波脉冲回波法测厚方法》

GB/T 11345—2013《焊缝无损检测　超声检测　技术、检测等级和评定》

GB/T 12604. 1—2005《无损检测　术语　超声检测》

GB/T 12604. 4—2005《无损检测　术语　声发射检测》

GB/T 12969. 1—2007《钛及钛合金管材超声波探伤方法》

GB/T 13314—2008《锻钢冷轧工作辊　通用技术条件》

GB/T 1503—2008《铸钢轧辊》

GB/T 15830—2008《无损检测　钢制管道环向焊缝对接接头超声检测方法》

GB/T 18182—2012《金属压力容器声发射检测及结果评价方法》

GB/T 18256—2000《焊接钢管（埋弧焊除外）用于确认水压密实性的超声波检测方法》

GB/T 18329. 1—2001《滑动轴承　多层金属滑动轴承结合强度的超声波无损检验》

GB/T 18694—2002《无损检测　超声检验　探头及其声场的表征》

GB/T 18852—2002《无损检测　超声检验　测量接触探头声束特性的参考试块和方法》

NB/T 47013. 1 ~ 47013. 6—2005　《承压设备无损检测》

JB/T 1581—2004《汽轮机、汽轮发电机转子和主轴锻件超声检测方法》

JB/T 1582—2014《汽轮机叶轮锻件超声检测方法》

JB/T 4008—1999《液浸式超声纵波直射探伤方法》

JB/T 4009—1999《接触式超声纵波直射探伤方法》

JB/T 4010—2006《汽轮发电机钢质护环超声波探伤》

JB/T 6012. 4—2008《内燃机　进、排气门　第 4 部分：摩擦焊气门　超声波探伤》

JB/T 5439—1991《压缩机球墨铸铁零件的超声波探伤》

JB/T 5440—1991《压缩机锻钢零件的超声波探伤》

JB/T 5441—1991《压缩机铸钢零件的超声波探伤》

JB/T 5754—2011《单通道声发射检测仪　技术条件》

JB/T 6903—2008《阀门锻钢件超声波检查方法》

JB/T 6916—1993《在役高压气瓶声发射检测和评定方法》

JB/T 11762—2013《圆柱螺旋压缩弹簧　超声波检测方法》

JB/T 7667—1995《在役压力容器声发射检测评定方法》

JB/T 8283—1999《声发射检测仪器性能测试方法》

JB/T 8428—2015《无损检测　超声试块通用规范》

## 5. 9　焊接工艺及文件

不同的焊接方法有不同的焊接工艺。焊接工艺主要根据焊件的材质、牌号、化学成分以及焊件结构类型和焊接性要求来确定。首先要确定焊接方法，如焊条电弧焊、埋弧焊、钨极氩弧焊和熔化极气体保护焊等，焊接方法的种类非常多，只能根据具体情况选择。确定焊接方法后，再制定焊接参数，焊接参数的种类各不相同，如焊条电弧焊主要包括：焊条型号（或牌号）、直径、电流、电压、焊接电源种类、极性接法、焊接层数、道数和检验方法等。

## 5.9.1 焊接参数

**1. 预热**

预热有利于降低中碳钢热影响区的最高硬度，防止产生冷裂纹，这是焊接中碳钢的主要工艺措施。预热还能改善接头塑性，减小焊后残余应力。通常，35 钢和 45 钢的预热温度为 150 ~ 250℃。含碳量更高或者因厚度和刚度很大，裂纹倾向大时，可将预热温度提高至 250 ~ 400℃。若焊件太大，整体预热有困难时，可进行局部预热，局部预热的加热范围为焊口两侧各 150 ~ 200mm。

**2. 焊条条件**

许可时优先选用酸性焊条。

**3. 坡口形式**

将焊件尽量开成 U 形坡口式进行焊接。如果是铸件缺陷，铲挖出的坡口外形应圆滑，其目的是减少母材熔入焊缝金属中的比例，以降低焊缝中的含碳量，防止裂纹产生。

**4. 焊接参数**

由于母材熔化到第一层焊缝金属中的比例最高，可达 30% 左右，所以第一层焊缝焊接时，应尽量采用小电流、慢焊接速度，以减小母材的熔深，以防止灼伤（电流过大时母材被烧伤）。

**5. 热处理**

焊后应在 200 ~ 350℃ 下保温 2 ~ 6h，进一步减缓冷却速度，增加塑性、韧性，并减小淬硬倾向，消除接头内的扩散氢。所以，焊接时不能在过冷的环境或雨中进行。焊后最好对焊件立即进行消除应力热处理，特别是对于大厚度焊件、高刚度结构件以及严厉条件下（动载荷或冲击载荷）工作的焊件更应如此。焊后消除应力的回火温度为 600 ~ 650℃，保温 1 ~ 2h，然后随炉冷却。若焊后不能进行消除应力热处理，应立即进行后热处理。

## 5.9.2 焊接方法种类

金属焊接方法有 40 种以上，主要分为熔焊、压焊和钎焊三大类。

**1. 熔焊**

熔焊是在焊接过程中将工件接口加热至熔化状态，不加压力完成焊接的方法。熔焊时，热源将待焊两工件接口处迅速加热熔化，形成熔池。熔池随热源向前移动，冷却后形成连续焊缝而将两工件连接成为一体。

在熔焊过程中，如果大气与高温的熔池直接接触，大气中的氧就会氧化金属和各种合金元素。大气中的氮、水蒸气等进入熔池，还会在随后冷却过程中在焊缝中形成气孔、夹渣及裂纹等缺陷，恶化焊缝的质量和性能。

为了提高焊接质量，人们研究出了各种保护方法。例如，气体保护电弧焊就是用氩、二氧化碳等气体隔绝大气，以保护焊接时的电弧和熔池率；又如钢材焊接时，在焊条药皮中加入对氧亲和力大的钛铁粉进行脱氧，就可以保护焊条中有益元素锰、硅等免于氧化而进入熔池，冷却后获得优质焊缝。

**2. 压焊**

压焊是在加压条件下，使两工件在固态下实现原子间结合，又称固态焊接。常用的压焊工艺是电阻对焊，当电流通过两工件的连接端时，该处因电阻很大而温度上升，当加热至塑性状态时，在轴向压力作用下连接成为一体。

各种压焊方法的共同特点是在焊接过程中施加压力而不加填充材料。多数压焊方法如扩散焊、高频焊和冷压焊等都没有熔化过程，因而不会像熔焊那样，将有益合金元素烧损，将有害元素侵入焊缝，从而简化了焊接过程，也改善了焊接安全卫生条件。同时由于加热温度比熔焊低、加热时间短，因而热影响区小。许多难以用熔焊焊接的材料，往往可以用压焊焊成与母材同等强度的优质接头。

**3. 钎焊**

钎焊是使用比工件熔点低的金属材料作钎料，将工件和钎料加热到高于钎料熔点、低于工件熔点的温度，利用液态钎料润湿工件，填充接口间隙并与工件实现原子间的相互扩散，从而实现焊接的方法。

焊接时形成的连接两个被连接体的接缝称为焊缝。焊缝的两侧在焊接时会受到焊接热作用，而发生组织和性能变化，这一区域被称为热影响区。焊接时因工件材料、焊接材料以及焊接电流等不同，焊后在焊缝和热影响区可能产生过热、脆化、淬硬或软化现象，也使焊件性能下降，恶化焊接性。这就需要调整焊接条件，焊前对焊件接口处预热、焊时保温和焊后热处理可以改善焊件的焊接质量。

## 5.9.3　焊接设备及材料

焊接设备及材料有手工焊条电弧焊焊机、二氧化碳保护焊机、氩弧焊机、电阻焊焊机、埋弧焊机、焊丝、焊剂和焊接辅助材料等。

## 5.9.4　焊接工艺文件

**1. 温度控制**

熔池温度直接影响焊接质量，熔池温度高、熔池较大时，铁液流动性好，易于熔合，但过高时，铁液易下淌，单面焊双面成形的背面易烧穿，形成焊瘤，成形也难控制，且接头塑性下降，弯曲易开裂。熔池温度低时，熔池较小，铁液较暗，流动性差，易产生未焊透、未熔合和夹渣等缺陷。熔池温度与焊接电流、焊条直径、焊条角度和电弧燃烧时间等有着密切关系。

**2. 焊接电流与焊条直径**

一般根据焊缝空间位置、焊接层次来选用焊接电流和焊条直径，开焊时，选用的焊接电流和焊条直径较大，立、横仰位较小。例如，12mm平板对接平焊的封底层选用$\phi$3.2mm的焊条，焊接电流为80～85A，填充层、盖面层选用$\phi$4.0mm的焊条，焊接电流为165～175A。合理选择焊接电流与焊条直径，易于控制熔池温度，是焊缝成形的基础。

**3. 运条方法**

圆圈形运条熔池温度高于月牙形运条温度，月牙形运条温度又高于锯齿形运条的熔池温度。在12mm平焊的封底层，采用锯齿形运条，并且用摆动的幅度和在坡口两侧的停顿，有效地控制了熔池温度，使熔孔大小基本一致，坡口根部未形成焊瘤且烧穿的概率有所下降，未焊透有所改善，使平板对接平焊的单面焊接双面成形不再是难点。

**4. 焊条角度**

焊条与焊接方向的夹角在90°时，电弧集中，熔池温度高，夹角小，电弧分散，熔池温度较低，如12mm平焊的封底层，焊条角度为50°～70°，使熔池温度有所下降，避免了背面产生焊瘤或起高。又如，在12mm板立焊的封底层换焊条后，接头时采用90°～95°的焊条角度，使熔池温度迅速提高，熔孔能够顺利打开，背面成形较平整，有效地控制了接头点内凹的现象。

**5. 电弧燃烧时间**

$\phi$57mm×3.5mm管子的水平固定焊和垂直固定焊的实习教学中，采用断弧法施焊，封底层焊接时，断弧的频率和电弧燃烧时间直接影响着熔池温度。由于管壁较薄，电弧热量的承受能力有限，如果放慢断弧频率来降低熔池温度，易产生缩孔。所以，只能用电弧燃烧时间来控制熔池温度。如果熔池温度过高，熔孔较大时，可减少电弧燃烧时间，使熔池温度降低。这时，熔孔变小，管子内部成形高度适中，避免管子内部焊缝超高或产生焊瘤。

## 5.10 焊接生产安全与卫生

在焊接与切割过程中，一些物理反应和化学反应对环境的污染作用，有害于人体的安全和卫生。

**1. 保证焊接安全和卫生的措施**

1）改进焊接工艺。减少封闭或半封闭型结构，以自动焊代替手工焊，以单面焊双面成形代替双面焊等。

2）改进焊接材料。研制和采用低尘低毒焊条、低害焊剂、低害钎料和钎剂等。

3）作业环境防护。可以采用通风换气、环境净化和降温等措施。通风换气是降低作业环境有害气体和烟尘浓度的有效措施。它包括对作业场所的全面通风和局部通风。环境净化则是一种比较彻底的治理方法，可根据工作条件的不同，采用合适的空气净化装置。在高温季节，处于窄小或半封闭的结构中进行焊接作业时，环境降温是防止中暑和休克的一项重要措施。

4）防火、防电击和防爆。重点是防止乙炔发生器和气瓶爆炸，以及补焊易燃容器、管道时引起的火灾和爆炸事故。防电击的措施有：焊接电源应装有接地线；操作须注意电缆、电焊钳和工作鞋等绝缘的可靠性；避免在潮湿的环境下作业。

5）个人防护。根据作业方式和产品对象选择合适的防护面罩、防尘口罩、护目镜片、焊工手套、工作服和护脚等。

**2. 焊接安全与卫生职业有害因素**

焊接安全与卫生职业有害因素造成的危害众多，生产作业中若防护不到位，将会对操作者身体造成极大的伤害，主要包括以下几点：

1）焊接过程中会产生大量的金属粉尘，长期吸入会导致焊工尘肺。

2）在使用高锰焊条的焊接中则容易导致职业锰中毒。

3）焊接烟尘中的氧化铁、氧化锰微粒和氟化物等通过肺部进入人体，则会导致焊工金属热。

4）焊接过程中产生的有害气体臭氧、氮氧化物、一氧化碳和氟化氢等会使人体的呼吸系统、神经系统的机能受到损害。

5）焊接弧光包括紫外线、红外线，在无防护的情况下，可能损伤视觉器官，导致电光性眼炎、白内障和视网膜灼伤。

6）强的可见光线会导致电焊晃眼。

7）高频电磁场、放射性物质和噪声对人体的生理机能都会造成一定的损害。

**☆考核重点解析**

焊接就是通过加热或加压，或两者并用，用或不用填充材料，使焊件达到原子间结合的一种加工工艺方法。焊接不仅可以连接金属材料，而且可以实现某些非金属材料的永久性连接，如玻璃焊接、陶瓷焊接、塑料焊接等。在工业生产中焊接主要用于金属材料的连接。焊工应掌握焊接的定义、分类及优缺点；了解国内外焊接技术发展与应用概况；熟悉不同焊接方法所需要的焊接工艺要求；掌握焊接接头的种类、特点及在焊接生产作业中的应用；学习如何选择合理的焊缝坡口形式及其标注方法；学习焊接变形的种类及不同焊接变形所采用的反变形控制措施；掌握焊缝外观检验的方法；主要了解五种无损检测在焊接生产中的应用。焊接与切割过程中，一些物理和化学反应对环境的污染作用，有害于人体的安全和卫生，应保证焊接安全和卫生。

## 复习思考题

1. 什么叫焊接？焊接方法分为哪几类？
2. 什么叫焊接接头？它在焊接结构中有什么作用？
3. 常用的坡口形式有哪几种？简述对接接头的坡口尺寸和符号。
4. 无损检测方法的种类有哪些？
5. 减少焊接应力与变形的工艺措施主要有哪些方面？
6. 生产作业中若防护不到位，对操作者身体造成哪些方面的伤害？

# 第6章　焊接材料知识

☺理论知识要求

1. 掌握药皮的作用及类型，焊条的分类、使用及保管要求。
2. 掌握焊剂的作用、分类和保管。
3. 掌握焊丝的分类与选用。
4. 掌握焊接气体与选用。
5. 掌握焊接材料的选用原则。

## 6.1　焊条的分类、使用及保管要求

焊条就是涂有药皮的供焊条电弧焊用的熔化电极，它由药皮和焊芯两部分组成。近年来焊接技术迅速发展，各种新的焊接工艺方法不断涌现，焊接技术的应用范围也越来越广泛。但焊条电弧焊仍然是焊接工作中的主要焊接方法，根据资料及相关信息统计，焊条电弧焊焊条用钢约占焊接材料用钢的65%～80%，充分说明焊条电弧焊在焊接工作中占有重要地位。

焊条电弧焊时，焊条作为电极在其熔化后可作为填充金属直接过渡到熔池，与液态的母材熔合后形成焊缝金属。因此，焊条不但影响电弧的稳定性，而且直接影响焊缝金属的化学成分和力学性能。为了保证焊缝金属的质量，必须对焊条的组成、分类、牌号、选用和保管知识有较深刻的了解。

### 6.1.1　焊条的组成及其作用

**1. 焊条的组成**

焊条是涂有药皮的用于焊条电弧焊的熔化电极，它由焊芯（金属芯）和药皮组成，如图6-1所示。焊条药皮是压涂在焊芯表面的涂层，焊芯是焊条中被药皮包覆的金属芯。焊条药皮和焊芯的重量比即药皮的重量系数比（$k_b$），$k_b$值一般为40%～60%。焊条可以分为厚皮焊条（$k_b$=30%～55%）和薄皮焊条（$k_b$=1%～2%）两大类。随着工业发展，现在实际工作中广泛使用优质厚皮焊条；薄皮焊条由于焊缝质量较差，目前很少采用。焊条前端药皮有45°左右的倒角，主要为了便于焊接引弧。在尾部有一段裸露焊芯，约占焊条总长度的1/16，便于焊钳夹持并有利于导电。焊条直径通常为2mm、2.5mm、3.2mm、4mm、5mm和6mm等几种，常用的是$\phi$2.5mm、$\phi$3.2mm、$\phi$4mm和$\phi$5mm四种，其长度$L$一般为250～450mm。

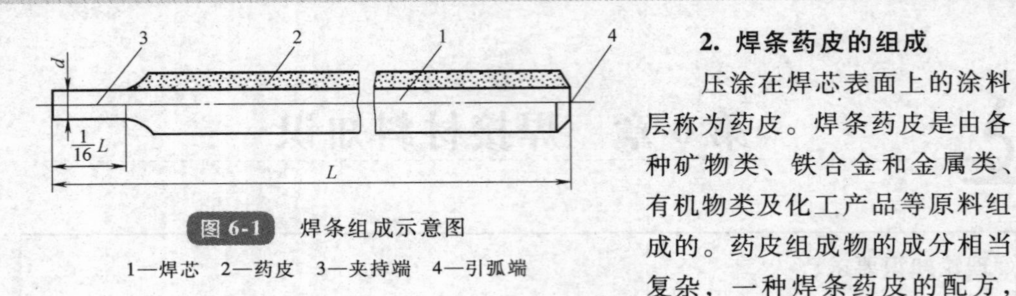


图 6-1　焊条组成示意图

1—焊芯　2—药皮　3—夹持端　4—引弧端

**2. 焊条药皮的组成**

压涂在焊芯表面上的涂料层称为药皮。焊条药皮是由各种矿物类、铁合金和金属类、有机物类及化工产品等原料组成的。药皮组成物的成分相当复杂，一种焊条药皮的配方，一般都由八九种以上的原料组成。

焊条药皮组成物按其在焊接过程中的作用可分为：

（1）稳弧剂　稳弧剂在引弧和焊接过程中起着改善引弧性能和稳定电弧燃烧的作用。主要的稳弧剂有水玻璃（含有钾、钠碱土金属的硅酸盐）、钾长石、纤维素、钛酸钾、金红石、还原钛铁矿和淀粉等。

（2）造渣剂　造渣剂可使焊接时产生熔渣，以保护液态金属并改善焊缝成形。主要的造渣剂有大理石、白云石、菱苦土、萤石、硅砂、长石、白泥、白土、云母、钛白粉、金红石和还原钛铁矿。

（3）脱氧剂　脱氧剂用于脱除熔化金属中的氧，以提高焊缝性能。常用的脱氧剂有锰铁、硅铁、钛铁、铝铁、铝粉和石墨等。

（4）造气剂　造气剂产生的气体对液态的金属有机械保护作用。常用的造气剂有大理石、白云石、菱苦土、淀粉、木粉、纤维素和树脂等。

（5）稀渣剂　稀渣剂能改善熔渣的流动性能，包括熔渣的熔点、黏度和表面张力等物理性能。主要的稀渣剂有萤石、冰晶粉和钛铁矿等。

（6）合金剂　合金剂能补偿焊接过程中的合金烧损并向焊缝过渡必需的合金元素。常用的合金剂有锰铁、硅铁、钼铁、钒铁、铬粉、镍粉、钨粉和硼铁等。

（7）粘结剂　粘结剂用于粘结药皮涂料，使它能够牢固地涂压在焊芯上。主要的粘结剂有钠水玻璃、钾水玻璃和钾钠水玻璃三种。

**3. 焊芯**

焊条中被药皮包覆的金属芯称为焊芯。焊芯一般是一根具有一定长度及直径的钢丝。

（1）焊芯的作用　焊接时，焊芯有两个作用：一是传导焊接电流，产生电弧，把电能转换成热能；二是焊芯本身熔化后作为填充金属与液体母材金属熔合，形成焊缝。

焊条电弧焊时，焊芯金属占整个焊缝金属的50%～70%，所以焊芯的化学成分直接影响焊缝的质量。做焊芯用的钢丝都是经特殊冶炼而成的，这种焊接专用钢丝用于制造焊条，就是焊芯。如果用于埋弧焊、气体保护电弧焊、电渣焊和气焊作填充金属时，则称为焊丝。

（2）焊芯中各合金元素对焊接的影响

1）碳（C）。碳是钢中的主要合金元素，当含碳量增加时，钢的强度、硬度明显提高，而塑性降低。在焊接过程中，碳是一种良好的脱氧剂，在电弧高温作用下与氧气发生化合作用，生成一氧化碳和二氧化碳气体，将电弧区和熔池周围的空气排出，防止空气中氧、氮及有害气体对熔池产生不良影响，减少焊缝金属中氧和氮的含量。若含碳量过高，还原作用剧烈，会引起较大的飞溅和气孔。考虑到碳对钢的淬硬性及对裂纹敏感性增加的影响，一般低碳钢焊芯的碳的质量分数≤0.1%。

2）锰（Mn）。锰在钢中是一种较好的合金剂，随着锰的含量增加，钢的强度和韧性提高。在焊接过程中，锰也是一种较好的脱氧剂，能减少焊缝中氧的含量。锰和硫化合物形成硫化锰浮于熔渣中，从而减少焊缝热裂纹倾向。因此一般碳素结构钢焊芯的锰的质量分数为0.30%～0.50%，某些特殊用途的焊接钢丝，其锰的质量分数高达1.7%～2.0%。

3）硅（Si）。硅在钢中也是一种较好的合金剂，在钢中加入适量的硅能够提高钢的强度、弹性及抗酸性能；若硅的含量过高，则降低塑性和韧性。在焊接过程中，硅具有比锰还强的脱氧能力，与氧发生化学反应生成二氧化硅，但它会提高熔渣的黏度，易促进非金属夹杂物生成。过多的二氧化硅，还能增加焊接熔化金属的飞溅，因此焊芯中的硅的质量分数越少越好，一般限制在0.30%以下。

4）铬（Cr）。铬对钢来说是一种重要合金元素，用它来冶炼合金钢和不锈钢，能够提高钢的硬度、耐磨性和耐腐蚀性。对于低碳钢来说，铬是一种杂质。铬的主要冶金特征是易于急剧氧化，形成难熔的氧化物，如三氧化二铬（$Cr_2O_3$），从而增加了焊缝金属夹杂物的可能性。三氧化二铬过渡到熔渣后，能使熔渣黏度提高，流动性降低，因此焊芯中铬的质量分数限制在0.20%以下。

5）镍（Ni）。镍对低碳钢来说，是一种杂质。因此焊芯中镍的质量分数要求小于0.30%。镍对钢的韧性有比较显著的效果，一般低温冲击值要求较高时，可适当添加一些镍元素。

6）硫（S）。硫是一种有害杂质，它能使焊缝金属力学性能降低，硫的主要危害是随着硫含量的增加，将增大焊缝的热裂纹倾向，因此焊芯中硫的质量分数不得大于0.04%。在焊接重要结构件时，硫的质量分数不得大于0.03%。

7）磷（P）。磷是一种有害杂质，它能使焊缝金属力学性能降低，磷的主要危害是使焊缝产生冷脆现象，随着磷含量的增加，将造成焊缝金属的韧性，特别是低温冲击韧性下降，因此焊芯中磷的质量分数不得大于0.04%。在焊接重要结构件时，磷的质量分数不得大于0.03%。

**4. 焊条药皮的作用**

（1）机械保护作用　在焊接时，焊条药皮熔化后产生的大量气体笼罩着电弧区和熔池，基本上把熔化金属与空气隔绝开来。这些气体中大部分为还原性气体（CO、$H_2$等），能在电弧区、熔池周围形成一个很好的保护层，防止空气中的氧、氮侵入，起到保护熔化金属的作用。同时，焊接过程中药皮由于在电弧焊的热作用下熔化形成熔渣，覆盖着熔滴和熔池金属，这样不仅隔绝了空气中的氧、氮，保护焊缝金属，而且还能减缓焊缝的冷却速度，促进焊缝金属中气体的排出，减少生成气孔的可能性，并能改善焊缝的成形和结晶，起到熔渣保护作用。

（2）冶金处理渗合金作用　在焊接过程中，由于药皮组成物质进行冶金反应，故而可去除有害杂质（如 O、N、H、S、P 等），并保护和添加有益合金元素，使焊缝的抗气孔性及抗裂性能良好，使焊缝金属满足各种性能要求。

（3）改善焊接工艺性能　焊接工艺性能是指焊条使用和操作时的性能，它包括稳弧性、脱渣性、全位置焊接性、焊缝成形和飞溅大小等。好的焊接工艺性能使电弧稳定燃烧、飞溅少、焊缝成形好、易脱渣、熔敷效率高以及适用全位置焊接等。

焊条药皮的熔点稍低于焊芯的熔点（低 100～250℃），但因焊芯处于电弧的中心区，温度较高，所以，还是焊芯先熔化，药皮稍晚一点熔化。这样，在焊条端头形成不长的一小段药皮套管。套管使电弧热量更集中，能起到稳定电弧燃烧作用，并可减少飞溅，有利于熔滴向熔池过渡，提高了熔敷效率。总之，药皮的作用是保证焊缝金属获得具有合乎要求的化学成分的力学性能，并使焊条具有良好的焊接工艺性能。

### 6.1.2　焊条的分类

#### 1. 按用途分类

通常焊条按用途可分为十大类，见表 6-1。各大类按主要性能的不同还可以分为若干小类，如结构钢焊条又可以分为低碳钢焊条、普通低碳钢焊条、低合金高强度钢焊条等。有些焊条同时又有多种用途，其中不锈钢焊条如 A102，既可以焊接不锈钢构件，又可以用作堆焊焊条，堆焊某些在腐蚀环境中工作的零件表面，此外还可以作为低温钢焊条，用于焊接某些低温下工作的结构。

表 6-1　焊条分类

| 焊条分类 | 主要用途（用于焊接） | 代号 | |
|---|---|---|---|
| | | 拼音 | 汉字 |
| 结构钢焊条 | 碳钢和低合金钢 | J | 结 |
| 钼及铬钼耐热钢焊条 | 珠光体耐热钢 | R | 热 |
| 铬不锈钢焊条 | | G | 铬 |
| 铬镍不锈钢焊条 | | A | 奥 |
| 堆焊焊条 | 用于堆焊，以获得较好的热硬性、耐磨性及耐腐蚀性的堆焊层 | D | 堆 |
| 低温钢焊条 | 用于低温下的工作结构 | W | 温 |
| 铸铁焊条 | 用于焊补铸铁构件 | Z | 铸 |
| 镍及镍合金焊条 | 镍及高镍合金及异种金属和堆焊 | Ni | 镍 |
| 铜及铜合金焊条 | 铜及铜合金，包括纯铜焊条和青铜焊条 | T | 铜 |
| 铝及铝合金焊条 | 铝及铝合金 | L | 铝 |
| 特殊用途焊条 | 水下焊接和水下切割等特殊工作 | Ts | 特 |

**2. 按熔渣酸碱性分类**

根据熔渣的酸碱性将焊条分为酸性焊条和碱性焊条（又称低氢型焊条），即按熔渣中酸性氧化物和碱性氧化物的比例划分。当熔渣中酸性氧化物的比例高时为酸性焊条，反之为碱性焊条。从焊接工艺性能来比较，酸性焊条电弧柔软，飞溅小，熔渣流动性和覆盖性较好，因此焊缝外观表面美观，波纹细腻，成形平滑；碱性焊条的熔滴过渡是短路过渡，电弧不够稳定，熔渣的覆盖性差，焊缝形状凸起，其焊缝外观波纹粗糙，但向上立焊时，相对较容易操作。

1）酸性焊条的药皮中含有较多的氧化铁、钛和硅等，氧化性较强，因此在焊接过程中使合金元素烧损较多，同时由于焊缝金属中的氧和氮含量较多，因而熔敷金属的塑性、韧性较低。酸性焊条一般可以交直流两用。典型的酸性焊条是J422。

2）碱性焊条的药皮中含有很多大理石和萤石，并有较多的铁合金作为脱氧剂和合金剂，因此药皮具有足够的脱氧能力。再则，碱性焊条主要靠大理石等碳酸盐分解出二氧化碳作保护气体，与酸性焊条相比，弧柱气氛中的氧分压较低，且萤石中氟化钙在高温时与氢结合成氟化氢（HF），从而降低了焊缝中的含氢量，故碱性焊条又称低氢型焊条。用碱性焊条焊接时，由于焊缝金属中氧和氢含量较少，非金属夹杂元素也少，故焊缝具有较高的塑性和冲击韧性。一般用于焊接重要结构（如承受动载荷的结构）或刚度较大的结构，以及焊接性较差的钢材，典型的碱性焊条是J507。采用甘油法测定时，每100mL熔敷金属中的扩散氢含量，碱性焊条为1~10mL，酸性焊条为17~50mL。

**3. 按焊条药皮主要成分分类**

焊条由多种原料组成，按药皮的主要成分可以确定焊条的药皮类型。例如，药皮中以钛铁矿为主的称为钛铁矿型；当药皮中含有质量分数30%以上的二氧化钛及质量分数20%以下的钙、镁的碳酸盐时称为钛钙型。唯有低氢型例外，虽然它的药皮中主要成分为钙、镁的碳酸盐和萤石，但却以焊缝中含氢量最低作为主要特征而予以命名。对于有些药皮类型，由于使用的粘结剂分别是钾水玻璃或钠水玻璃，因此同一药皮类型又可以进一步划分为钾型和钠型，如低氢钾型和低氢钠型，前者可使用交直流焊接电源，而后者只能使用直流电源。根据国家标准，常用药皮类型的主要成分、性能特点和适应范围见表6-2。

表6-2 常用药皮类型的主要成分、性能特点和适应范围

| 药皮类型 | 药皮主要成分 | 性能特点 | 适应范围 |
| --- | --- | --- | --- |
| 钛铁矿型 | 30%以上的钛铁矿 | 熔渣流动性良好，电弧吹力较大，熔深较深，熔渣覆盖良好，脱渣容易，飞溅一般，焊波整齐。焊接电流为交流或直流正、反接，适用于全位置焊接 | 用于焊接重要的碳钢结构及强度等级较低的低合金钢结构。常用焊条为E4301、E5001 |
| 钛钙型 | 30%以上的氧化钛和20%以下的钙或镁的碳酸盐矿 | 熔渣流动性良好，脱渣容易，电弧稳定，熔深适中，飞溅少，焊波整齐，成形美观。焊接电流为交流或直流正、反接，适用于全位置焊接 | 用于焊接较重要的碳钢结构及强度等级较低的低合金钢结构。常用焊条为E4303、E5003 |

（续）

| 药皮类型 | 药皮主要成分 | 性能特点 | 适应范围 |
|---|---|---|---|
| 高纤维素钠型 | 大量的有机物及氧化钛 | 焊接时有机物分解，产生大量气体，熔化速度快，电弧稳定，熔渣少，飞溅一般。焊接电流为直流反接，适用于全位置焊接 | 主要焊接一般低碳钢结构，也可打底焊及向下立焊。常用焊条为E4310、E5010 |
| 高钛钠型 | 35%以上的氧化钛及少量的纤维素、锰铁、硅酸盐和钠水玻璃等 | 电弧稳定，再引弧容易。脱渣容易，焊波整齐，成形美观。焊接电流为交流或直流反接 | 用于焊接一般低碳钢结构，特别适合薄板结构，也可用于盖面焊。常用焊条为E4312 |
| 低氢钠型 | 碳酸盐矿和萤石 | 焊接工艺性能一般，熔渣流动性好，焊波较粗，熔深中等，脱渣性较好，可全位置焊接，焊接电流为直流反接。焊接时要求焊条干燥，并采用短弧。该类焊条的熔敷金属具有良好的抗裂性能和力学性能 | 用于焊接重要的碳钢结构及低合金钢结构。常用焊条为E4315、E5015 |
| 低氢钾型 | 在低氢钠型焊条药皮的基础上添加了稳弧剂，如钾水玻璃等 | 电弧稳定，工艺性能、焊接位置与低氢钠型焊条相似，焊接电流为交流或直流反接，该类焊条的熔敷金属具有良好的抗裂性能和力学性能 | 用于焊接重要的碳钢结构，也可焊接相适用的低合金钢结构。常用焊条为E4316、E5016 |
| 氧化铁型 | 大量氧化铁及较多的锰铁 | 焊条熔化速度快，焊接生产率高，电弧燃烧稳定，再引弧容易，熔深较大，脱渣性好，焊缝金属抗裂性好。但飞溅稍大，不宜焊薄板，只适合平焊及平角焊，焊接电流为交流或直流 | 用于焊接重要的低碳钢结构及强度等级较低的低合金钢结构。常用焊条为E4320、E4322 |

注：药皮主要成分中的百分数均指质量分数。

## 6.1.3 焊条的使用和保管

### 1. 焊条的使用

焊条采购入库时，必须有焊条生产厂家的质量合格证，凡是无质量合格证或对其有怀疑时，应按批次抽查进行试验。特别焊接重要的焊接结构件时，焊前应会对所选用的焊条进行力学性能检验。对于长时间存放的焊条，焊前也要经过试验验证确定合格后再进行使用。

（1）焊条的外观检查　为了保证焊接质量，在使用焊条前须对焊条的外观进行检查以及烘干处理。对焊条进行外观检查是为了避免由于使用了不合格的焊条，而造成焊缝质量的不合格。外观检查包括：

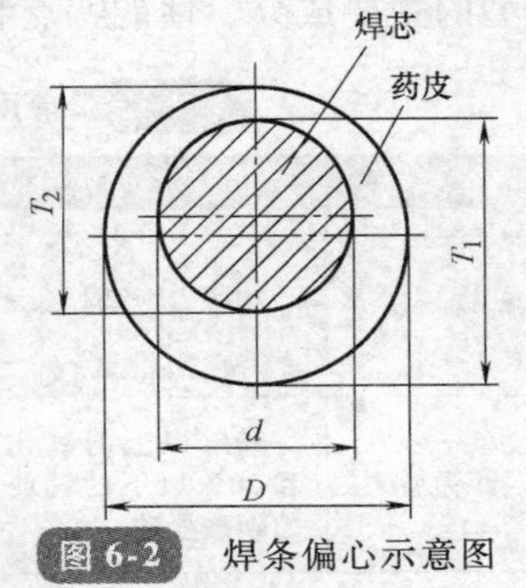

图6-2　焊条偏心示意图

1）偏心。偏心是指焊条药皮沿焊芯直径方向偏心的程度，如图6-2所示。焊条若偏心，则表明焊条沿焊芯直径方向的药皮厚度有差异。这样，焊接时焊条药皮熔化速度不同，无法形成正常的套管，因而在

焊接时产生电弧的偏吹，使电弧不稳定，造成母材熔化不均匀，影响焊缝质量。因此，应尽量不使用偏心的焊条。

焊条的偏心度可用下式计算：

$$焊条偏心度=2(T_1-T_2)/(T_1+T_2)\times100\%$$

式中　$T_1$——焊条断面药皮最大厚度+焊芯直径（mm）；

$T_2$——同一断面药皮最小厚度+焊芯直径（mm）。

根据国家规定：

① 直径不大于 2.5mm 的焊条，偏心度不应大于 7%。

② 直径为 3.2mm 和 4mm 的焊条，偏心度不应大于 5%。

③ 直径不小于 5mm 的焊条，偏心度不应大于 4%。

2）弯曲度。焊条的最大挠度不得超过 1mm。

3）尺寸偏差。焊芯直径允许偏差为 ±0.05mm，焊条长度允许偏差为 ±2mm。

4）锈蚀。锈蚀是指焊芯是否有锈蚀的现象。一般来说，若焊芯仅有轻微的锈迹，基本上不影响性能，但是如果焊接质量要求高时，就不宜使用。若焊芯锈蚀严重就不宜使用，至少也应降级使用或只能用于一般结构件的焊接。

5）药皮裂纹及脱落。药皮在焊接过程中起着很重要的作用，如果药皮出现裂纹甚至脱落，则直接影响焊缝质量。因此，对于药皮脱落的焊条，则不应使用。

6）印字。印字是指在每根焊条靠近夹持端处应在药皮上印出焊条型号或牌号。

（2）焊条的正确使用

1）焊条在使用前，若焊条说明书无特殊规定时，一般应进行烘干。酸性焊条由于药皮中含有结晶水物质和有机物，烘干温度不能太高，一般为 100～150℃，保温时间一般为 1～2h。当焊条包装完好且贮存时间较短，用于一般的钢结构焊接时，焊条也可以不予以烘干。烘干后允许在大气中放置时间不超过 6～8h，否则，必须重新烘干。

碱性焊条在空气中极易吸潮且药皮中没有有机物，因此，烘干温度较酸性焊条高些，一般为 350～450℃，保温时间一般为 1～2h；烘干的焊条应放在 100～150℃的保温筒内进行保温，以便随用随取。烘干后的焊条允许在大气中放置 3～4h。对于抗拉强度在 590MPa 以上低氢型高强度钢焊条，应在 1.5h 以内用完，否则必须重新烘干。

2）低氢型焊条一般在常温下超过 4h 应重新烘干，重复烘干次数不宜超过 3 次。

3）烘干焊条时，禁止将焊条突然放进高温炉内，或从高温炉中突然取出冷却，防止焊条因骤冷骤热而产生药皮开裂脱落现象。

4）烘干焊条时，焊条不应该成垛或成捆地进行堆放，应铺放成层状，每层焊条堆放不能太厚，一般 1～3 层为宜。

5）露天隔热操作时，必须将焊条妥善保管，不允许露天进行存放，应在低温烘箱中进行恒温保存，否则次日使用前还要重新烘干。

6）焊条的烘干除上述通用规范外，还应根据产品药皮的类型及产品说明书中的要求进行烘干处理。

**2. 焊条的保管**

1）进入公司的焊条必须按照国家标准要求进行工艺验证，只有检验合格后的焊条才能办理入库手续。焊条的生产厂家质量合格证及公司工艺验证合格报告必须妥善保管。

2）焊条必须在干燥通风良好的室内仓库存放；焊条贮存库内，应设置温度计、湿度计；存放低氢型焊条的室内温度不低于5℃，相对空气湿度应低于60%。

3）焊条应存放在架子上，架子离地面高度不小于300mm，离墙壁距离不小于300mm；架子下面应放置干燥剂等，严防焊条受潮。

4）焊条堆放时应按种类、牌号、批次、规格及入库时间分类存放；每堆应有明确的标注，避免混乱。

5）焊条在供给使用单位之后至少在6个月之内可保证继续使用；焊条发放应做到先入库的焊条先使用原则。

6）操作者领用烘干后的焊条，应将焊条放入焊条保温筒内进行保温，保温筒内只允许装一种型（牌）号的焊条，不允许将多种型号的焊条装在同一保温筒内进行使用，以免在焊接施工中用错焊条，造成焊接质量事故。

7）受潮或包装出现损坏的焊条未经处理以及复检不合格的焊条不允许入库。

8）对于受潮、药皮变色以及焊芯有锈迹的焊条须经烘干后进行质量评定，各项性能指标合格后方可入库，否则不准入库。

9）存放一年以上的焊条，在发放前应重新做各种性能试验，符合要求时方可发放，否则不应出库使用。

**3. 焊条受潮的影响**

焊条受潮后，一般药皮颜色发深，焊条碰撞失去清脆的金属声，有的甚至返碱出现“白花”。

（1）受潮焊条对焊接工艺的影响

1）电弧不稳，飞溅增多，且颗粒过大。

2）熔深大，易咬边。

3）熔渣覆盖不好，焊波粗糙。

4）清渣较难。

（2）受潮焊条对焊接质量的影响

1）易造成焊接裂纹和气孔，碱性焊条尤甚。

2）力学性能各项值易偏低。

## 6.2 焊剂的分类、作用和保管

### 6.2.1 焊剂的分类及作用

焊剂由大理石、石英、萤石等矿石和钛白粉、纤维素等化学物质组成。焊剂主要用于埋弧焊和电渣焊。用以焊接各种钢材和有色金属时，必须与相应的焊丝合理配合使用，才能得到满意的焊缝。

**1. 焊剂的分类**

焊剂的分类方法很多，有按照用途、制造方法、化学成分、性质、颗粒结构以及焊接冶金性能等分类，也有按照焊剂的酸碱度、焊剂的颗粒度分类。

(1) 按焊剂用途分类　根据被焊材料，焊剂可分为钢用焊剂和有色金属用焊剂。钢用焊剂又可分为碳钢、合金结构钢及高合金钢用焊剂。

根据焊接工艺方法，焊剂可分为埋弧焊焊剂和电渣焊焊剂。

(2) 按焊剂制造方法分类

1) 熔炼焊剂。熔炼焊剂是将各种矿物的原料按照给定的比例混合后，加热到1300℃以上，熔化搅拌均匀后出炉，再在水中急冷以使其粒化，再经过烘干、粉碎、过筛和包装使用。国产熔炼焊剂牌号用“HJ”表示，其后面第一位数字表示MnO的含量，第二位数字表示$SiO_2$和$CaF_2$的含量，第三位数字表示同一类型焊剂的不同牌号。

熔炼焊剂的优点是：成分均匀、颗粒强度高、吸水性小、易贮存，目前是国内应用最多的焊剂。缺点是：焊剂中无法加入脱氧剂和铁合金，因为熔炼过程中烧损十分严重。

2) 非熔炼焊剂。非熔炼焊剂又可分为烧结焊剂和粘结焊剂。

① 烧结焊剂。烧结焊剂是指按照给定的比例配料后进行干混合，然后加入粘结剂（水玻璃）进行湿混合，然后造粒，再送入干燥炉固化、干燥，最后在500℃左右烧结而成。国产烧结焊剂的牌号用“SJ”表示，其后的第一位数字表示渣系，第二位和第三位数字表示同一渣系焊剂的不同牌号。

烧结焊剂的特点是：因没有高温熔炼过程，焊剂中可以加入脱氧剂和铁合金，向焊缝过渡大量合金成分，补充焊丝中合金元素的烧损，常用来焊接高合金钢或进行堆焊。另外，烧结焊剂脱渣性能好，所以大厚度焊件窄间隙埋弧焊时均用烧结焊剂。

② 粘结焊剂。粘结焊剂通常是以水玻璃作为粘结剂，经过350～500℃低温烘焙或烧结后得到的焊剂。粘结焊剂的优点是烧结温度低。粘结焊剂的缺点是：吸潮倾向大、颗粒强度低，目前我国作为产品供应使用较少。

(3) 按焊剂化学成分分类

1) 根据所含主要氧化物性质分为酸性焊剂、中性焊剂、碱性焊剂。

根据国际焊接学会推荐的公式，即

$$B=\frac{CaO+MgO+BaO+Na_2O+K_2O+CaF_2+0.5(MO+FeO)}{SiO_2+0.5(Al_2O_3+TiO_2+ZrO_2)}$$

式中各氧化物及氟化物的含量是按质量分数计算，根据计算结果做如下分类：

① $B<1.0$时为酸性焊剂，具有良好的工艺性能，焊缝成形美观，但焊缝金属含氧量高，冲击韧性较高。

② $B=1.0\sim1.5$ 时为中性焊剂，熔敷金属的化学成分与焊丝的化学成分相近，焊缝含氧量较低。

③ $B>1.5$ 时为碱性焊剂，采用碱性焊剂得到的熔敷金属含氧量低，可以获得较高的焊缝冲击韧性，抗裂性能好，但焊接工艺性能较差。随着碱度的提高，焊缝形状变得窄而高，并容易产生咬边、夹渣等缺陷。

2）根据 $SiO_2$ 含量分为高硅焊剂（$w(SiO_2)>30\%$）、中硅焊剂［$w(SiO_2)=10\%\sim30\%$］和低硅焊剂［$w(SiO_2)<10\%$］。

高硅焊剂在焊接碳钢方面有重要的地位，在焊接合金钢方面仅用于对冷脆性无特殊要求的结构。这类焊剂具有良好的焊接工艺性能，适用于交流电源，电弧稳定，容易脱渣，焊缝美观，对铁锈敏感性小，焊缝扩散氢含量低。与高硅焊剂相比较，低硅焊剂的焊缝金属的低温韧性较好，焊接过程中合金元素烧损较少，而且具有良好的脱渣性能。

① 高硅焊剂。由于 $SiO_2$ 的质量分数大于30%，可通过焊剂向焊缝中过渡硅，其中含 MnO 高的焊剂有向焊缝金属过渡锰的作用。当焊剂中的 $SiO_2$ 和 MnO 含量加大时，硅、锰的过渡量增加。硅的过渡与焊丝的含硅量有关。当焊剂中 $w(MnO)<10\%$［$w(SiO_2)$为42%～48%］时，锰会烧损。当 MnO 的质量分数从10%增加到25%～35%时，锰的过渡量显著增大。但当 $w(MnO)>25\%\sim30\%$后，再增加的 MnO 对锰的过渡影响不大。锰的过渡量不但与焊剂中 $SiO_2$ 含量有关，而且与焊丝的含锰量也有很大关系。焊丝含锰量越低，通过焊剂过渡锰的效果越好。因此，要根据高硅焊剂含 MnO 量的多少选择不同含锰量的焊丝。

② 中硅焊剂。由于这类焊剂中酸性氧化物 $SiO_2$ 的含量较低，而碱性氧化物 CaO 或 MgO 的含量较高，故碱度较高。大多数中硅焊剂属弱氧化性焊剂，焊缝金属含氧量较低，因而韧性较高。这类焊剂配合适当焊丝可焊接合金结构钢。为了减少焊缝金属的含氢量，以提高焊缝金属的抗冷裂的能力，可在这类焊剂中加入一定数量的 FeO。这样的焊剂称为中硅氧化性焊剂，是焊接高强钢的一种新型焊剂。

③ 低硅焊剂。由 CaO、$Al_2O_3$、MgO 及 $CaF_2$ 等组成。这种焊剂对焊缝金属基本上没有氧化作用，配合相应焊丝可焊接高合金钢，如不锈钢、热强钢等。

3）根据 MnO 含量分为高锰焊剂［$w(MnO)>30\%$］、中锰焊剂［$w(MnO)=15\%\sim30\%$］、低锰焊剂［$w(MnO)2\%\sim15\%$］和无锰焊剂［$w(MnO)\leqslant2\%$］。

4）根据 $CaF_2$ 含量分为高氟焊剂［$w(CaF_2)>30\%$］、中氟焊剂［$w(CaF_2)=10\%\sim30\%$］和低氟焊剂［$w(CaF_2)\leqslant10\%$］。

（4）按焊剂化学性质分类

1）氧化性焊剂。焊剂对焊缝金属有较强的氧化作用。有两种类型的氧化性焊剂，一种是含有大量的 $SiO_2$、MnO 的焊剂，另一种是含有较多 FeO 的焊剂。

2）弱氧化性焊剂。焊剂含 $SiO_2$、MnO 及 FeO 等活性氧化物较少。这种焊剂对焊缝金属有较弱的氧化作用，焊缝金属含氧量较低。

3）惰性焊剂。焊剂中基本上不含 $SiO_2$、MnO 和 FeO 等活性氧化物，焊剂对焊缝金属基本上没有氧化作用。这种焊剂是由 CaO、$Al_2O_3$、MgO 及 $CaF_2$ 等组成的。

（5）按焊剂中添加脱氧剂、合金剂分类　按焊剂中添加脱氧剂、合金剂可分为中性焊剂、活性焊剂和合金焊剂。

1）中性焊剂。中性焊剂是指在焊接后，熔敷金属化学成分与焊丝化学成分不产生明显变化的焊剂。中性焊剂用于多道焊，特别适用于焊接厚度大于 25mm 的母材。

2）活性焊剂。活性焊剂指加入少量的 Mn、Si 等脱氧剂的焊剂。它能提高抗气孔能力和抗裂纹能力。

3）合金焊剂。合金焊剂中添加较多的合金成分，用于过渡合金元素，多数合金焊剂为烧结焊剂。合金焊剂主要用于低合金钢和耐磨堆焊的焊接。

（6）按焊剂颗粒结构分类　可分为三种：玻璃状焊剂（呈透明状颗粒）、结晶状焊剂和浮石状焊剂。

**2. 焊剂的作用**

1）机械保护。焊剂在电弧作用下熔化为表层的熔渣，保护焊缝金属在液态时不受周围大气中气体侵入熔池，从而避免焊缝出现气孔夹杂。

2）向熔池过渡必要的金属元素。利用焊剂中的铁合金（非熔炼焊剂）或金属氧化物（熔炼焊剂）可以直接或通过置换反应向熔池金属过渡所需的合金元素。

3）改善焊缝表面成形。焊剂熔化后成为熔渣覆盖在熔池表面，熔池即在熔渣的内表面进行凝固，使焊缝表面成形光滑美观。

4）促进焊缝表面光洁平直。成形良好钎剂的熔点应该低于钎料熔点 10～30℃，特殊情况下钎剂的熔点也可高于钎料。钎剂的熔点若过低于钎料则过早熔化，使钎剂成分由于蒸发、与母材作用等原因在熔化时就已经失去活性。

5）此外，焊剂还具有防止飞溅、提高熔敷系数等作用。

### 6.2.2　焊剂的选用

要想获得高质量的焊接接头，除焊剂符合通常要求外，还必须针对不同的钢种选择合适牌号的焊剂和配用焊丝。

1）低碳钢和低合金高强度钢的焊接，应选用与母材强度相匹配的焊丝。

2）堆焊时应根据对堆焊层的技术要求、使用性能和耐腐蚀性等，选择合金元素相同及相近成分的焊丝并选用合适的焊剂。

3）选择合适的焊剂和焊丝组合，必要时应进行焊接工艺评定，检测焊缝金属力学性能、耐腐蚀性、抗裂性以及焊剂的工艺性能，以考核所选焊材是否合适。

### 6.2.3　焊剂的使用

1）当焊剂回收重复使用时，应过筛清除渣壳、氧化皮、灰尘、碎粉及其他杂物，并且要与新焊剂混合均匀后使用。

2）为防止产生气孔，焊接前坡口及其附近20mm的焊件表面应清除铁锈、油污及水分等。

3）用直流电源的焊剂，一般采用直流反接，即焊丝接正极。

4）由于熔炼焊剂有颗粒的分类，须根据所使用的电流大小选择合适的颗粒度。焊剂颗粒度粗时使用大电流，会影响焊道的成形；而颗粒度细小时采用小电流，往往因排气效果不好而产生麻点等现象。

### 6.2.4 焊剂的烘干和贮存

#### 1. 焊剂的烘干

焊剂在使用前必须进行烘干，清除焊剂中的水分。操作时，先将焊剂平铺放在干净的铁盒内，再放入电炉或烘烤箱内进行烘干，烘干炉内的焊剂堆放高度一般不要超过40~50mm。

常见熔炼焊剂和烧结焊剂的再烘干规范见表6-3。

表6-3 常见熔炼焊剂和烧结焊剂的再烘干规范

| 焊剂牌号 | 焊剂类型 | 焊前烘干温度/℃ | 保温时间/h |
|---|---|---|---|
| HJ130 | 无锰高硅低氟 | 250 | 2 |
| HJ131 | | | |
| HJ150 | 无锰中硅中氟 | 300~450 | |
| HJ172 | 无锰低硅高氟 | 350~400 | 2 |
| HJ251 | 低锰中硅中氟 | 300~350 | 2 |
| HJ351 | 中锰中硅中氟 | 300~400 | 2 |
| HJ360 | 中锰高硅中氟 | 250 | 2 |
| HJ431 | 高锰高硅低氟 | 200~300 | 2 |
| SJ101 | 氟碱型(碱度值:1.8) | 300~350 | 2 |
| SJ102 | 氟碱型(碱度值:1.8) | | 2 |
| SJ105 | 氟碱型(碱度值:1.8) | | 2 |
| SJ402 | 锰硅型　酸性(碱度值:1.8) | | 2 |
| SJ502 | 铝钛型　酸性 | 300 | 1 |
| SJ601 | 专用碱性焊剂 | 300~350 | 2 |

#### 2. 焊剂的贮存

1）贮存焊剂的环境，室温最好控制在10~25℃，相对湿度应小于50%。

2）贮存焊剂的环境应该通风良好，应摆放在距离地面高度500mm、墙壁距离400mm的货架上进行存放。

3）焊剂使用原则应该本着先进先出的原则进行发放使用。

4）回收后的焊剂，如果准备再次进行使用，应及时存放在保温箱内进行保温处理。

5）对进入保管库的焊剂，要求对入库的焊剂质量保证书、焊剂的发放记录等妥善保管。

6）不合格、报废的焊剂要妥善处理，不得与库存待用焊剂混淆存放。

7）刚采购进的新焊剂，要进行产品质量验证；在验证结果未出来之前，必须与验证合格的焊剂分开存放。

8）每种焊剂贮存前，都应有相应的焊剂标签，标签应注明焊剂的型号、牌号、生产日期、有效日期、生产批号、生产厂家及购入日期等信息。

## 6.3　焊丝的分类与选用

### 6.3.1　焊丝的分类

焊丝的分类方法很多，常用的分类方法是：

1）按焊接方法分类：可分为埋弧焊焊丝、气体保护焊焊丝、钨极氩弧焊焊丝、熔化极氩弧焊焊丝、电渣焊焊丝以及自保护焊焊丝。

2）按所配套的钢种分类：可分为碳钢焊丝、低合金钢焊丝、低合金耐热钢焊丝、不锈钢焊丝、低温钢焊丝、镍基合金焊丝、铝及铝合金焊丝以及钛及钛合金焊丝等。

3）按焊丝的形状结构分类：可分为实芯焊丝和药芯焊丝。

**1. 实芯焊丝的分类**

实芯焊丝是热扎线材拉拔加工而成的。产量大且合金元素含量少的碳钢及低合金钢线材，常采用转炉冶炼；产量小且合金元素含量多的线材多采用电炉冶炼，分别经开坯、轧制而成。为了防止焊丝生锈，除不锈钢焊丝外都要进行表面处理，目前主要采用渡钢处理，包括电镀、铜渡及化学镀铜等方法。不同的焊接方法应采用不同直径的焊丝，埋弧焊时电流大，要采用粗焊丝，焊丝直径为2.4～6.4mm；气体保护焊时候，为了得到良好的保护效果，要采用细焊丝，直径多为1.2～1.6mm。

（1）埋弧焊焊丝　埋弧焊接时候，焊缝成分和性能是由焊丝和焊剂共同决定的。另外，埋弧焊接时焊接的电流大，熔深大，母材熔合比高，母材成分的影响也大。所有焊接规范变化时候，也会给焊缝成分和性能带来较大的影响，也要考虑母材的影响。为了达到所要求的焊缝成分，也可以采用一种焊剂与几种焊丝配合。也可以采用一种焊丝与几种焊剂配合。对于给定的焊接结构，应根据钢种成分，对焊缝性能的要求指标及焊接规范大小的变化等进行综合分析之后，再决定所采用的焊丝和焊剂。

埋弧焊用实芯焊丝，主要有低碳钢用焊丝、低合金钢用焊丝、低合金耐热钢用焊丝、不锈钢用焊丝、低温钢用焊丝以及表面堆焊用焊丝等。

（2）气体保护焊用焊丝　气体保护焊的焊接方法很多，主要有钨极惰性气体保护电弧焊（简称 TIG 焊接）、熔化极惰性气体保护电弧焊（简称 MIG 焊接）、熔化极活性气体保护电弧焊（简称 MAG 焊接）以及自保护焊接。

**2. 药芯焊丝的分类**

药芯焊丝的截面结构分为有缝焊丝和无缝焊丝两种。有缝焊丝又分为两种：一种是药芯焊丝的金属外皮没有进入到芯部粉剂材料的管状焊丝，所谓通常说的“O”形截面的焊丝。另一种是药芯焊丝的金属外皮进入到芯部粉剂材料的中间，并具有复杂的焊丝截面形状。药芯焊丝的截面形状，如图 6-3 所示。

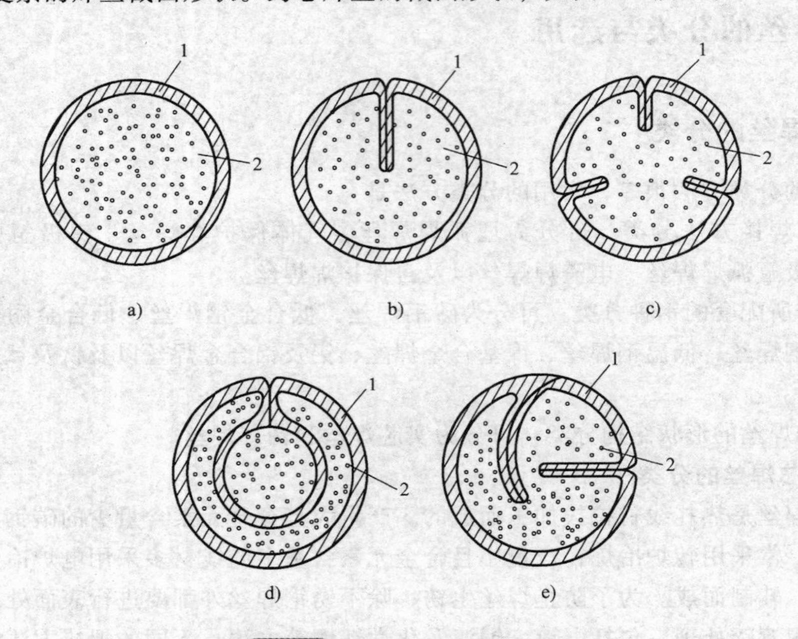


图 6-3　药芯焊丝的截面形状

a）O 形　b）T 形　c）梅花形　d）中间填丝形　e）E 形

1—钢带　2—药粉

## 6.3.2　焊丝的选用和保管

**1. 选用**

（1）实芯焊丝的选用

1）埋弧焊焊丝。埋弧焊时焊剂对焊缝金属起保护和冶金处理作用，焊丝主要作为填充金属，同时向焊缝添加合金元素，并参与冶金反应。

2）低碳钢和低合金钢用焊丝。低碳钢和低合金钢埋弧焊常用焊丝有如下三类：

① 低锰焊丝（如H08A）。低锰焊丝常配合高锰焊剂用于低碳钢及强度较低的低合金钢焊接。

② 中锰焊丝（如H08MnA、H10MnS）。中锰焊丝主要用于低合金钢焊接，也可配合低锰焊剂用于低碳钢焊接。

③ 高锰焊丝（如H10Mn2、H08Mn2Si）。高锰焊丝用于低合金钢焊接。

3）$CO_2$气体保护焊（简称$CO_2$焊）焊丝。$CO_2$是活性气体，具有较强的氧化性，因此$CO_2$焊所用焊丝必须含有较高的Mn、Si等脱氧元素。$CO_2$焊通常采用C-Mn-Si系焊丝，如H08MnSiA、H08Mn2SiA和H04Mn2SiA等。$CO_2$焊焊丝直径一般是0.8mm、1.0mm、1.2mm、1.6mm和2.0mm等。焊丝直径≤1.2mm属于细丝$CO_2$焊，焊丝直径≥1.6mm属于粗丝$CO_2$焊。

H08Mn2SiA焊丝是一种广泛应用的$CO_2$焊焊丝，它有较好的工艺性能，适合于焊接抗拉强度500MPa级以下的低合金钢。对于强度级别要求更高的钢种，应采用焊丝成分中含有Mo元素的H10MnSiMo等牌号的焊丝。

4）不锈钢用焊丝。采用的焊丝成分要与被焊接的不锈钢分成基本一致，焊接铬不锈钢时，采用H0Cr14、H1Cr13及H1Cr17等焊丝；焊接铬-镍不锈钢时，采用H0Cr19Ni9、H0Cr19Ni9、H0Cr19Ni9Ti等焊丝；焊接超低碳不锈钢时，应采用相应的超低碳焊丝，如H0Cr19Ni9等，焊剂可采用熔炼型或烧结型，要求焊剂的氧化性小，以减少合金元素的烧损。目前国外主要采用烧结焊剂焊接不锈钢，我国仍以熔炼焊剂为主，但正在研制和推广使用烧结焊剂。

5）TIG焊焊丝。TIG焊接有时不加填充焊丝，被焊母材加热熔化后直接连接起来，有时加填充焊丝。由于保护气体为纯Ar，无氧化性，焊丝熔化后成分基本不发生变化，所以焊丝成分即为焊缝成分。也有的采用母材成分作为焊丝成分，使焊缝成分与母材一致。TIG焊时焊接能量小，焊缝强度和塑性、韧性良好，容易满足使用性能要求。

6）MIG和MAG焊丝。MIG方法主要用于焊接不锈钢等高合金钢。为了改善电弧特性，在Ar气体中加入适量$O_2$或$CO_2$气体，即成为MAG方法。焊接合金钢时，采用$\varphi(Ar)95\% + \varphi(CO_2)5\%$可提高焊缝的抗气孔能力。但焊接超低碳不锈钢时不能采用$\varphi(Ar)95\% + \varphi(CO_2)5\%$混合气体，只可采用$\varphi(Ar)98\% + \varphi(O_2)$ 2%混合气体，以防止焊缝增碳。目前低合金钢的MIG焊接正在逐步被$\varphi(Ar)80\% + \varphi(CO_2)20\%$的MAG焊接所取代。MAG焊接时由于保护气体有一定的氧化性，应适当提高焊丝中Si、Mn等脱氧元素的含量，其他成分可以与母材一致，也可以有所差别。焊接高强钢时，焊缝中C的含量通常低于母材，Mn的含量则应高于母材，这不全是为了脱氧，也是焊缝合金成分的要求。为了改善低温韧度，焊缝中Si的含量不宜过高，

（2）药芯焊丝的选用

1）药芯焊丝的种类与特性。根据焊丝的结构，药芯焊丝可分为有缝焊丝和无缝焊丝两种。无缝焊丝可以镀铜，性能好、成本低，已成为今后发展的方向。

根据是否有保护气体，药芯焊丝可分为气体保护焊焊丝和自保护焊焊丝；药芯焊丝芯部粉剂的成分与焊条药皮相似，含有稳弧剂、脱氧剂、造渣剂及合金剂等，根据药芯焊丝内层填料粉剂中有无造渣剂，可分为“药粉型”焊丝和“金属粉型”焊丝；按照渣的碱度，可分为钛型、钛钙型和钙型焊丝。钛型渣系药芯焊丝的焊道成形美观，全位置焊接工艺性能好、电弧稳定、飞溅小，但焊缝金属的韧性和抗裂性能较差。与此相反，钙型渣系药芯焊丝的焊缝韧性和抗裂性能优良，但焊道成形和焊接工艺性能稍差。钛钙型渣系介于上述二者之间。“金属粉型”药芯焊丝的焊接工艺性能类似于实芯焊丝，其熔敷效率和抗裂性能优于“药粉型”焊丝。粉芯中大部分是金属粉（铁粉、脱氧剂等)，还加入了特殊的稳弧剂，可保证焊接时造渣少、效率高、飞溅小、电弧稳定，而且焊缝扩散氢含量低，抗裂性能得到改善。

药芯焊丝的截面形状对焊接工艺性能与冶金性能有很大影响。根据药芯焊丝的截面形状可分为简单的O形和复杂断面的折叠形两类，折叠形又可分为梅花形、T形、E形和中间填丝形等。药芯焊丝的截面形状越复杂、越对称，电弧越稳定，药芯的冶金反应和保护作用越充分。但是随着焊丝直径的减小，这种差别逐渐缩小，当焊丝直径小于2mm时，截面形状的影响已不明显了。

药芯焊丝的焊接工艺性能好、焊缝质量好、对钢材的适应性强，可用于焊接各种类型的钢结构，包括低碳钢、低合金高强钢、低温钢、耐热钢、不锈钢及耐磨堆焊等。它所采用的保护气体有$CO_2$和$Ar+CO_2$两种，前者用于普通结构，后者用于重要结构。药芯焊丝适于自动或半自动焊接。

① 低碳钢及高强钢用药芯焊丝。低碳钢及高强钢用药芯焊丝大多数为钛型渣系，焊接工艺性好、焊接生产效率高，主要用于造船、桥梁、建筑及车辆制造等。低碳钢及高强钢用药芯焊丝品种较多，从焊缝强度级别上看抗拉强度490MPa级和590MPa级的药芯焊丝已普遍使用；从性能上看，有的侧重于工艺性能，有的侧重于焊缝力学性能和抗裂性能，有的适用于包括向下立焊在内的全位置焊，也有的专用于角焊缝。

② 不锈钢用药芯焊丝。不锈钢药芯焊丝的种类已有20余种，除铬镍系不锈钢药芯焊丝外，还有铬系不锈钢药芯焊丝。焊丝直径有0.8mm、1.2mm、1.6mm等，可满足不锈钢薄板、中板及厚板的焊接需要。所采用的保护气体多数为$CO_2$，也可采用$\varphi(Ar)(80\%\sim50\%)+\varphi(CO_2)$ $(20\%\sim50\%)CO_2$的混合气体。

③耐磨堆焊用药芯焊丝。为了增加耐磨性或使金属表面获得某些特殊性能，需要从焊丝中过渡一定量的合金元素，但是焊丝因含碳量和含合金元素较多，难于加工制造。随着药芯焊丝的问世，这些合金元素可加入药芯中，且加工制造方便，故采用药芯焊丝进行埋弧堆焊耐磨表面是种常用的方法，并已得到广泛应用。此外，在烧结焊剂中加入合金元素，堆焊后也能得到相应成分的堆焊层，它与实芯或药芯

焊丝相配合，可满足不同的堆焊要求。常用药芯焊丝 $CO_2$ 堆焊和药芯焊丝埋弧堆焊方法如下：

a. 细丝 $CO_2$ 药芯焊丝堆焊。该方法焊接效率高，生产效率为焊条电弧焊的 3 ~ 4 倍；焊接工艺性能优良，电弧稳定、飞溅小、脱渣容易、堆焊成形美观。这种方法只能通过药芯焊丝过渡合金元素，多用于合金成分不太高的堆焊层。

b. 药芯焊丝埋弧堆焊。药芯焊丝埋弧堆焊采用大直径（3.2mm 、4.0mm）的药芯焊丝，焊接电流大，焊接生产率明显提高。当采用烧结焊剂时，还可通过焊剂过渡合金元素，使堆焊层得到更高的合金成分，其合金的质量分数可在 14% ~ 20% 之间变化，以满足不同的使用要求。该法主要用于堆焊轧制辊、送进辊和连铸辊等耐磨耐蚀部件。

④ 自保护药芯焊丝。自保护药芯焊丝是指不需要保护气体或焊剂，就可进行电弧焊，从而获得合格焊缝的焊丝。自保护药芯焊丝是把作为造渣、造气及脱氧作用的粉剂和金属粉置于钢皮之内或涂在焊丝表面，焊接时粉剂在电弧作用下变成熔渣和气体，起到造渣和造气保护作用，不用另加气体保护。

自保护药芯焊丝的熔敷效率明显比焊条高，焊缝金属塑性、韧性一般低于采用保护气体的药芯焊丝。它目前主要用于低碳钢焊接结构，不宜用于焊接高强度钢等重要结构，此外，自保护焊丝施焊时烟尘较大，在狭窄空间作业时要注意加强通风换气。

2）焊丝的选用原则。焊丝的选择要根据被焊钢材种类、焊接部件的质量要求、焊接施工条件（板厚、坡口形状、焊接位置、焊接条件、焊后热处理及焊接操作等）以及成本等综合考虑。焊丝的选用原则要注意以下几点：

① 根据被焊结构的钢种选择焊丝。对于碳钢及低合金金高强钢，主要是按“等强匹配”的原则，选择满足力学性能要求的焊丝。对于耐热钢和耐腐蚀钢，主要是侧重考虑焊缝金属与母材化学成分的一致或相似，以满足对耐热性和耐腐蚀性等方面的要求。

② 根据焊件的质量要求（特别是冲击韧性）选择焊丝。焊件的质量与焊接条件、坡口形状和保护气体混合比等工艺条件有关，要在确保焊接接头性能的前提下，选择能达到最大焊接效率及能降低焊接成本的焊接材料。

③ 根据现场焊接位置。根据现场焊接位置选择焊丝是指对应于焊件的板厚选择所使用的焊丝直径，确定所使用的电流值，参考各生产厂的产品介绍资料及使用经验，选择适合于焊接位置及使用电流的焊丝牌号。

**2. 焊丝的存放保管**

1）存放焊丝的仓库应具备干燥通风环境，避免潮湿，空气相对湿度应控制在 60% 以下；拒绝水、酸、碱等液体极易挥发有腐蚀性的物质存在，更不宜与这些物质共存同一仓库。

2）焊丝应放在木托盘上，不能将其直接放在地板或紧贴墙壁，码放时离地和墙壁保持 30cm 距离。

3）搬运过程要避免乱扔乱放，防止包装破损，特别是内包装“热收缩膜”，一旦包装破损，可能会引起焊丝吸潮、生锈。

4）分清型号和规格存放，不能混放，防止错用。

5）焊丝码放不宜过高。

6）一般情况下，药芯焊丝无须烘干，开封后应尽快用完。当焊丝没用完，需放在送丝机内过夜时，要用帆布、塑料布或其他物品将送丝机（或焊丝盘）罩住，以减少与空气中的湿气接触。按照“先进先出”的原则发放焊丝，尽量减少产品库存时间。

7）对于桶装焊丝，搬运时切勿滚动，容器也不能放倒或倾斜，以避免筒内焊丝缠绕，妨碍使用。

## 6.4 焊接用气体及其选用

焊接用气体主要是指气体保护焊（二氧化碳气体保护焊、惰性气体保护焊）中所用的保护性气体和气焊、切割时用的气体，包括二氧化碳（$CO_2$）、氩气（Ar）、氦气（He）、氧气（$O_2$）、可燃气体以及混合气体等。焊接时保护气体既是焊接区域的保护介质。也是产生电弧的气体介质。气焊和切割主要是依靠气体燃烧时产生的热量集中的高温火焰完成，因此气体的特性（如物理特性和化学特性等）不仅影响保护效果，也影响到电弧的引燃及焊接、切割过程的稳定性。

### 6.4.1 焊接用气体的分类

根据各种气体在工作过程中的作用，焊接用气体主要分为保护气体和气焊、切割时所用的气体。

**1. 保护气体**

保护气体主要包括二氧化碳（$CO_2$）、氩气（Ar）、氦气（He）、氧气（$O_2$）和氢气（$H_2$）。国际焊接学会指出，保护气体统一按氧化势进行分类，并确定分类指标的简单计算公式为：分类指标 $=\varphi_{O_2}+\varphi_{\frac{1}{2}CO_2}$。在此公式的基础上，根据保护气体的氧化势可将保护气体分成五类。I 类为惰性气体或还原性气体，$M_1$类为弱氧化性气体，$M_2$类为中等氧化性气体，$M_3$和 C 类为强氧化性气体。焊接黑色金属时保护气体的分类见表 6-4。

**2. 气焊、切割用气体**

根据气体的性质，气焊、切割用气体又可以分为两类，即助燃气体（$O_2$）和可燃气体。

表 6-4 焊接黑色金属时保护气体的分类

| 分类 | 气体数目 | 混合比（以体积分数表示）（%） | | | | | 类型 | 焊缝金属中的氧的质量分数（%） |
|---|---|---|---|---|---|---|---|---|
| | | 氧化性 | | 惰性 | | 还原性 | | |
| | | $CO_2$ | $O_2$ | Ar | He | $H_2$ | | |
| I | 1 | — | — | 100 | — | — | 惰性 | <0.02 |
| | 1 | — | — | — | 100 | — | | |
| | 2 | — | — | 27～75 | 余量 | — | | |
| | 2 | — | — | 85～95 | — | 余量 | 还原性 | |
| | 1 | — | — | — | — | 100 | | |
| $M_1$ | 2 | 2～4 | — | 余量 | — | — | 弱氧化性 | 0.02～0.04 |
| | 2 | — | 1～3 | 余量 | — | — | | |
| $M_2$ | 2 | 15～30 | — | 余量 | — | — | 中等氧化性 | 0.04～0.07 |
| | 3 | 5～15 | 1～4 | 余量 | — | — | | |
| | 2 | — | 4～8 | 余量 | — | — | | |
| $M_3$ | 2 | 30～40 | — | 余量 | — | — | 强氧化性 | >0.07 |
| | 2 | — | 9～12 | 余量 | — | — | | |
| | 3 | 5～20 | 4～6 | 余量 | — | — | | |
| C | 1 | 100 | — | — | — | — | | |
| | 2 | 余量 | <20 | — | — | — | | |

可燃气体与氧气混合燃烧时，放出大量的热，形成热量集中的高温火焰（火焰中的最高温度一般可达 2000～3000℃，可将金属加热和熔化。气焊、切割时常用的可燃气体是乙炔，目前推广使用的可燃气体还有丙烷、丙烯、液化石油气（以丙烷为主）以及天然气（以甲烷为主）等。

## 6.4.2 焊接用气体的特性

不同焊接或切割过程中气体的作用也有所不同，并且气体的选择还与被焊材料有关，这就需要在不同的场合选用具有某一特定物理或化学性能的气体甚至多种气体的混合。焊接和切割中常用气体的主要性质和用途见表 6-5。

表 6-5 焊接常用气体的主要性质和用途

| 气体 | 符号 | 主要性质 | 在焊接中的应用 |
|---|---|---|---|
| 二氧化碳 | $CO_2$ | 化学性质稳定，不燃烧、不助燃，在高温时能分解为 CO 和 $O_2$，对金属有一定氧化性。能液化，液态 $CO_2$ 蒸发时吸收大量热，能凝固成固态二氧化碳，俗称干冰 | 焊接时配用焊丝可作为保护气体，如 $CO_2$ 气体保护焊和 $CO_2+O_2$、$CO_2+Ar$ 等混合气体保护焊 |
| 氩气 | Ar | 惰性气体，化学性质不活泼，常温和高温下不与其他元素发生化学反应 | 在氩弧焊、等离子弧焊接及切割时作为保护气体，起机械保护作用 |

（续）

| 气体 | 符号 | 主要性质 | 在焊接中的应用 |
|---|---|---|---|
| 氧气 | $O_2$ | 无色气体，助燃，在高温下很活泼，能与多种元素直接化合。焊接时，氧气进入熔池会氧化金属元素，起有害作用 | 与可燃气体混合燃烧，可获得极高的温度，用于焊接和切割，如氧乙炔火焰、氢氧焰。与氩气、二氧化碳等按比例混合，可进行混合气体保护焊 |
| 乙炔 | $C_2H_2$ | 俗称电石气，微溶于水，能溶于酒精，大量溶于丙酮，与空气和氧气混合形成爆炸性混合气体，在氧气中燃烧发出3500℃高温和强光 | 用于氧乙炔火焰焊接和切割 |
| 氢气 | $H_2$ | 能燃烧，常温时不活泼，高温时非常活泼，可作为金属矿和金属氧化物的还原剂。焊接时能大量熔于液态金属，冷却时析出，易形成气孔 | 焊接时作为还原性保护气体。与氧混合燃烧，可作为气焊的热源 |
| 氮气 | $N_2$ | 化学性质不活泼，高温时能与氢气、氧气直接化合。焊接时进入熔池起有害作用。与铜基本上不反应，可作为保护气体 | 氮弧焊时，用氮作为保护气体，可焊接铜和不锈钢。氮也常用于等离子弧切割，作为外层保护气体 |

## 6.4.3 焊接用气体的选用

$CO_2$气体保护焊、惰性气体保护焊、混合气体保护焊、等离子弧焊、保护气氛中的钎焊以及氧乙炔气焊、切割等都要使用相应的气体。焊接用气体的选择主要取决于焊接、切割方法，除此之外，还与被焊金属的性质、焊接接头质量要求、焊件厚度和焊接位置及工艺方法等因素有关。

**1. 根据焊接方法选用气体**

根据在施焊过程所采用的焊接方法不同，焊接、切割或气体保护焊用的气体也不相同，焊接方法与焊接用气体的选用见表6-6。

**表6-6 焊接方法与焊接用气体的选用**

| 焊接方法 | 焊接气体 | | | | |
|---|---|---|---|---|---|
| 气焊 | $C_2H_2+O_2$ | | $H_2$ | | |
| 气割 | $C_2H_2+O_2$ | 液化石油气$+O_2$ | 煤气$+O_2$ | 天然气$+O_2$ | |
| 等离子弧切割 | 空气 | $N_2$ | $Ar+N_2$ | $Ar+H_2$ | $N_2+H_2$ |
| 钨极惰性气体保护焊（TIG） | Ar | He | Ar+He | | |

（续）

| 焊接方法 | | 焊接气体 | | |
|---|---|---|---|---|
| 实心焊丝 | 熔化极惰性气体保护焊(MIG) | Ar | He | Ar + He |
| | 熔化极活性气体保护焊(MAG) | Ar + $O_2$ | Ar + $CO_2$ | Ar + $CO_2$ + $O_2$ |
| | $CO_2$气体保护焊 | $CO_2$ | $CO_2$ + $O_2$ | |
| 药芯焊丝 | | $CO_2$ | Ar + $O_2$ | Ar + $CO_2$ |

**2. 根据被焊材料选用气体**

保护气体须根据被焊金属性质、接头质量要求及焊接工艺方法等因素选用。对于低碳钢、低合金高强钢、不锈钢和耐热钢等，焊接时宜选用活性气体（如 $CO_2$、Ar + $CO_2$或 Ar + $O_2$）保护，以细化过渡熔滴，克服电弧阴极斑点飘移及焊道边缘咬边等缺陷。有时也可采用惰性气体保护。但对于氧化性强的保护气体，须匹配高锰高硅焊丝。而对于富 Ar 混合气体，则应匹配低硅焊丝。

保护气体必须与焊丝相匹配。Mn、Si 含量较高的 $CO_2$焊焊丝用于富氩条件时，熔敷金属合金含量偏高，强度增高；反之，富氩条件所用的焊丝用 $CO_2$气体保护时，由于合金元素的氧化烧损，合金过渡系数低，焊缝性能下降。

对于铝及铝合金、钛及钛合金、铜及铜合金、镍及镍合金以及高温合金等容易被氧化或难熔的金属，焊接时应选用惰性气体（如 Ar 或 Ar + He 混合气体）作为保护气体，以获得优质的焊缝金属。

不同材料焊接时保护气体的适用范围见表 6-7。

表 6-7　不同材料焊接时保护气体的适用范围

| 被焊材料 | 保护气体 | 化学性质 | 焊接方法 | 主要特性 |
|---|---|---|---|---|
| 铝及铝合金 | Ar | 惰性 | TIG<br>MIG | TIG 焊采用交流。MIG 焊采用直流反接，有阴极破碎作用，焊缝表面光洁 |
| 钛、锆及其合金 | Ar | 惰性 | TIG<br>MIG | 电弧稳定燃烧，保护效果好 |
| 铜及铜合金 | Ar | 惰性 | TIG<br>MIG | 产生稳定的射流电弧，但板厚大于 5 ~6mm 时需预热 |
| | $N_2$ | — | 熔化极气体保护焊 | 输入热量大，可降低或取消预热，有飞溅及烟雾，一般仅在脱氧铜焊接时使用氮弧焊，氮气来源方便，价格便宜 |
| 不锈钢及高强度钢 | Ar | 惰性 | TIG | 适用于薄板焊接 |
| 碳钢及低合金钢 | $CO_2$ | 氧化性 | MAG | 适于短路电弧，有一定飞溅 |
| 镍基合金 | Ar | 惰性 | TIG<br>MIG | 对于射流、脉冲及短路电弧均适用，是焊接镍基合金的主要气体 |

# 6.5 焊接材料的选用原则

## 6.5.1 焊条的选用原则

焊条的种类很多，各有其应用范围，选用是否恰当将直接影响到焊接质量、劳动生产率和产品成本。焊条的选用须在确保焊接结构安全、可靠使用的前提下，根据钢材的化学成分、力学性能以及工作环境（有无腐蚀介质、高温或是低温）等要求，还应考虑焊接结构的状况（刚度大小）、受力情况、结构使用条件对焊缝性能的要求和设备条件（是否有直流焊机）等因素进行综合考虑，以便做到合理地选用焊条，必要时还需进行焊接试验。选用焊条时注意以下基本原则：

（1）等强度原则　一般用于焊接低碳钢和低合金钢。对于承受静载或一般载荷的工件或结构，通常选用抗拉强度与母材相等的焊条，这就是等强度原则。例如焊接 20 钢、Q235 等低碳钢或抗拉强度在 400MPa 左右的钢就可以选用 E43 系列焊条。而焊 Q345（16Mn）、16Mng 等抗拉强度在 500MPa 范围的钢，选用 E50 系列焊条就行了。

有的人认为选用抗拉强度高的焊条焊接抗拉强度低的材料好，这个观念是错误的，通常抗拉强度高的钢材的塑性指标都较差，单纯追求焊缝金属的抗拉强度，降低了它的塑性，往往不一定有利。

（2）同成分原则　一般用于焊接耐热钢、不锈钢等金属材料。焊接在特殊环境下工作的工件或结构，如要求耐磨、耐腐蚀、在高温或低温下具有较高的力学性能，则应选用能保证熔敷金属的性能与母材相近或相近似的焊条，这就是等同性原则。例如，焊接不锈钢时，应选用不锈钢焊条；焊接耐热钢时应选用耐热钢焊条。

（3）等条件原则　根据工件或焊接结构的工作条件和特点选择。例如，焊接需承受动载或冲击载荷的工件，应选用熔敷金属冲击韧度较高的低氢型碱性焊条。反之，焊接一般结构时，应选用酸性焊条。虽然选用焊条时还应考虑工地供电情况、工地设备条件、经济性及焊接效率等，但这都是比较次要的问题，应根据实际情况决定。

（4）抗裂纹原则　选用抗裂性好的碱性焊条，以免在焊接和使用过程中接头产生裂纹，一般用于焊接刚度大、形状复杂、使用中承受动载荷的焊接结构。

（5）抗气孔原则　受焊接工艺条件的限制，若对焊件接头部位的油污、铁锈等清理不便，应选用抗气孔能力强的酸性焊条，以免焊接过程中气体滞留于焊缝中，形成气孔。

（6）低成本原则　在满足使用要求的前提下，尽量选用工艺性能好、成本低和效率高的焊条。

（7）等韧性原则　即焊条熔敷金属和母材等韧性或相近，因为在实际中焊接结构的破坏大多不是因为强度不够，而是韧性不足。因此焊条选择时强度略低于母材，而韧性要相同或相近。

**1. 同种钢材焊接时焊条选用原则**

（1）考虑力学性能和化学成分　对于普通结构钢，通常要求焊缝金属与母材等强度，应选用熔敷金属抗拉强度等于或稍高于母材的焊条。对于合金结构钢，有时还需要合金成分与母材相同或者相近。在焊接结构刚度大、接头应力高以及焊缝容易产生裂纹的不利情况下，应考虑选用比母材强度低或不变的焊条。当母材中碳、硫、磷等元素的含量偏高时，焊缝中容易产生裂纹，应需要抗裂性能好的低氢型碱性焊条。

（2）考虑焊件的使用性能和工作条件　对于承受动载荷和冲击载荷的焊件，除满足强度要求外，主要保证焊缝金属具有较高的冲击韧性和塑性，可选用塑性、韧性指标较高的低氢型焊条。对于接触腐蚀介质的焊件，应根据介质的性质及腐蚀特征选用不锈钢焊条或其他耐腐蚀焊条。在高温、低温、耐磨或者其他特殊条件下工作的焊件，应选用相应的耐热钢、低温钢、堆焊或其他特殊用途焊条。

（3）考虑简化工艺、提高生产率、降低生产成本　对于薄板焊接或点焊时宜采用 E4313 焊条，焊件不易烧穿且易引弧；在满足焊件使用性能和焊条操作性能的前提下，应选用规格大、效率高的焊条。

**2. 异种钢焊接时焊条选用原则**

（1）强度级别不同的碳钢与低合金钢（或低合金钢与低合金高强度钢）　一般要求焊缝金属或接头的强度不低于两种被焊金属的最低强度，选用的焊条熔敷金属的强度应保证焊缝及接头的强度不低于强度较低侧母材的强度，同时焊缝金属的塑性和冲击韧性应不低于强度较高而塑性较差侧母材的性。因此可按两者之中强度级别较低的钢材选用焊条。但是，为了防止焊接裂纹，应按强度级别较高、焊接性较差的钢种确定焊接工艺，包括焊接规范、预热温度及焊后热处理等。

（2）低合金钢与奥氏体不锈钢　应按照对熔敷金属化学成分限定的数值来选用焊条，一般选用铬、镍含量较高的塑性、抗裂性较好的 A402 型奥氏体钢焊条，以避免因产生脆性淬硬组织而导致的裂纹。但应根据焊接性较差的不锈钢确定焊接工艺及规范。

（3）不锈钢复合钢板　应考虑对基层、覆层、过渡层的焊接要求选用三种不同性能的焊条。对于基层（碳钢或低合金钢）的焊接，选用相应强度等级的结构钢焊条；覆层直接与腐蚀介质接触，选用相应成分的奥氏体不锈钢焊条。关键是过渡层（即覆层与基层交界面）的焊接，必须考虑基体材料的稀释作用，应选用铬、镍含量较高且塑性和抗裂性好的 A402 型奥氏体钢焊条。

**3. 酸性焊条和碱性焊条的选用原则**

在焊条的抗拉强度等级确定后，再决定选用酸性或碱性焊条时，一般要考虑以下因素：

1）当接头坡口表面难以清理干净时，应采用氧化性强，对铁锈、油污等不敏感的酸性焊条。

2）在容器内部或通风条件较差的条件下，应选用焊接时析出有害气体少的酸性焊条。

3）在母材中碳、硫、磷等元素含量较高且焊件形状复杂、结构刚度和厚度大时，应选用抗裂性好的碱性低氢型焊条。

4）当焊件承受振动载荷或冲击载荷时，除保证抗拉强度外，应选用塑性和韧性较好的碱性焊条。

5）在酸性焊条和碱性焊条均能满足性能要求的前提下，应尽量选用工艺性能较好的酸性焊条。

**4. 按简化工艺、生产率和经济性来选用原则**

1）薄板焊接或定位焊宜采用E4313焊条，焊件不宜烧穿且易引弧。

2）在满足焊件使用性能和焊条操作性能的前提下，应选用规格大、效率高的焊条。

3）在使用性能基本相同时，应尽量选用价格较低的焊条，降低焊接生产的成本。

焊条除根据上述原则选用外，有时为了保证焊件的质量，还需通过试验来最后确定，同时为了保证焊工的身体健康，在允许的情况下应尽量多采用酸性焊条，目前生产作业过程中常用的焊条与钢号匹配，见表6-8。

表6-8　常用钢号推荐选用的焊条

| 牌号 | 焊条型号 | 对应牌号 | 钢号 | 焊条型号 | 对应牌号 |
|---|---|---|---|---|---|
| Q235AF Q23A、10、20 | E4303 | J422 | 12CrlMoV | E5515-B2-V | R317 |
| 20R、20HP、20g | E4316 | J426 | 12Cr2Mo | E6015-B3 | R407 |
| | E4315 | J427 | 12Cr2Mol | | |
| 25 | E4303 | J422 | 12Cr2MolR | | |
| | E5003 | J502 | 12Cr5Mo | E1-5MOV-15 | R507 |
| Q295(09Mn2V、09Mn2VD、09Mn2VDR) | E5515-Cl | W707Ni | 12Crl8Ni9Ti | E308-16 | A102 |
| Q345(16Mn、16MnR、16MnRE) | R5003 | J50Q | | E308-15 | A107 |
| | E5016 | J506 | | E347-16 | A132 |
| | E5015 | J507 | | E347-15 | A137 |
| Q390(16MnD) | E5016-G | J506RH | 06Cr19Ni9 | E308-16 | A102 |
| | | | | E308-15 | A107 |
| 169MnDR) | E5015-G | J507RH | 06Cr18Ni9Ti | E347-16 | A132 |
| | | | 06Cr19Nil1Ti | E347-15 | A137 |

## 6.5.2　焊剂的选用原则

**1. 低碳钢埋弧焊焊剂的选用原则**

1）在采用沸腾钢焊丝进行埋弧焊时，为了保证焊缝金属能通过冶金反应得到硅锰渗合金，形成致密且具有足够的强度和韧性的焊缝金属，同时必须配用高猛高硅焊剂。例如，焊接过程中采用H08A或H08MnA焊丝进行焊接产品时，必须采用HJ43X系列的焊剂。

2）在焊接中厚板对接大电流单面开I形坡口埋弧焊时，为了有效地提高焊缝金属的抗裂性能，应该尽量降低焊缝金属的含碳量，同时需要选用氧化性较高的高锰高硅焊剂配用H08A或H08MnA焊丝进行焊接。

3）在焊接厚板埋弧焊时，为了得到冲击韧度较高的焊缝金属，应该选用中锰中硅焊剂（如HJ301、HJ350等牌号）配用H10Mn2高锰焊丝，直接由焊丝向焊缝金属进行渗透锰元素，同时通过焊剂中$SiO_2$进行还原，向焊缝金属渗透硅元素。

**2. 低合金钢埋弧焊焊剂的选用原则**

1）低合金钢埋弧焊时，首先应该选用碱度较高的低氢型HJ25X系列焊剂。此焊剂属于低锰中硅型焊剂。在焊接过程中，由于Si和Mn还原渗合金的作用不够强，所以必须选用含Si、Mn量适中的合金焊丝，可有效防止冷裂纹及氢致延迟裂纹的产生，如H08MnMo、H08Mn2Mo和H08GrMoA等。

2）低合金钢埋弧焊时，HJ250和HJ101属于硅锰还原反应较弱的高碱度焊剂。使用此焊剂进行焊接产品，焊缝金属非金属杂物较少、纯度较高，可以有效保证焊接接头的强度和韧性不低于母材的相应指标。

3）由于高碱度烧结焊剂的脱渣性比高碱度熔炼焊剂好，所以低合金钢厚板多层多道埋弧焊时，基本选用烧结焊剂进行焊接。

**3. 不锈钢埋弧焊焊剂的选用原则**

1）不锈钢埋弧焊时，应该选用氧化性较低的焊剂，主要为了防止合金元素在焊接过程中的过量烧损。

2）HJ260为低锰高硅中氟型熔炼焊剂，具有一定的氧化性。埋弧焊时，对防止合金元素的烧损不利，故需要配用铬、镍含量较高的铬镍钢焊丝，补充焊接过程中合金元素的烧损。

3）SJ103氟碱性烧结焊剂，不仅脱渣性能良好、焊缝成形美观，具有良好的焊接工艺性能，而且还能保证焊缝金属具有足够的Cr、Mo和Ni元素的含量，可有效满足不锈钢焊件的技术要求。

## 6.5.3　钨极的选用原则

**1. 根据承载电流选择钨极直径**

钨极的焊接电流承载能力与钨极的直径有较大的关系，焊接工件时，可根据焊接电流选择合适的钨电极直径，见表6-9。

表6-9 根据焊接电流大小选择钨电极直径

| 钨电极直径/mm | 直流DC/A | | 交流AC/A |
|---|---|---|---|
| | 电极接正极（+） | 电极接负极（-） | |
| 1.0 | — | 15~80 | 10~80 |
| 1.6 | 10~19 | 60~150 | 50~120 |
| 2.0 | 12~20 | 100~200 | 70~160 |
| 2.4 | 15~25 | 150~250 | 80~200 |
| 3.2 | 20~35 | 220~350 | 150~270 |
| 4.0 | 35~50 | 350~500 | 220~350 |
| 4.8 | 45~65 | 420~650 | 240~420 |
| 6.4 | 65~100 | 600~900 | 360~560 |

**2. 根据电极材料的不同选择钨极**

目前实际工作中使用较多的钨电极主要有纯钨电极、铈钨电极和钍钨电极等，应根据电极材料的不同进行选择合适的电极。钨电极性能对比见表6-10。

表6-10 钨电极性能对比

| 名称 | 空载电压 | 电子逸出功 | 小电流断弧间隙 | 弧压 | 许用电流 | 放射性计量 | 化学稳定性 | 大电流烧损 | 寿命 | 价格 |
|---|---|---|---|---|---|---|---|---|---|---|
| 纯钨电极 | 高 | 高 | 短 | 较高 | 小 | 无 | 好 | 大 | 短 | 低 |
| 铈钨电极 | 较低 | 较低 | 较长 | 较低 | 较大 | 小 | 好 | 较小 | 较长 | 较高 |
| 钍钨电极 | 低 | 低 | 长 | 低 | 大 | 无 | 较好 | 小 | 长 | 较高 |

**☆考核重点解析**

焊接技术迅速发展，各种新的焊接工艺方法不断涌现，焊接技术的应用范围也越来越广泛。焊条就是涂有药皮的供焊条电弧焊用的熔化电极，焊条作为电极在其熔化后可作为填充金属直接过渡到熔池，与液态的母材熔合后形成焊缝金属。它由药皮和焊芯两部分组成。焊条不但影响电弧的稳定性，而且直接影响到焊缝金属的化学成分和力学性能。为了保证焊缝金属的质量，必须对药皮的作用及类型、焊条的组成、分类、牌号及选用和保管知识有较深刻的了解。焊工应掌握焊丝的分类与选用，熟悉焊接气体的选用和焊接材料的选用原则。

## 复习思考题

1. 焊条药皮在焊接过程中有什么作用？
2. 焊接时，焊芯在焊接过程中起到什么作用？
3. 焊条、焊丝的选用原则有哪些？
4. 焊条受潮对焊接工艺及质量有何影响？
5. 焊丝按焊接方法分为哪些种类？
6. 焊剂的作用有哪些？
7. 气体保护焊专用电极按化学成分分类可分为哪些电极？

# 第7章　电工基本知识

☺理论知识要求

1. 掌握直流电路组成及其基本物理量。
2. 掌握电磁基本知识。
3. 掌握交流电基本概念。
4. 掌握变压器的结构和基本工作原理。
5. 掌握电流表和电压表的使用方法。

## 7.1　直流电的基本知识

### 7.1.1　电路的组成及各部分的作用

**1. 电路的组成**

电流经过的路径称为电路。最简单的电路由电源、负载和导线、开关等元件组成，如图7-1所示。电路的三种基本状态：

（1）通路状态　通路状态是指开关接通，构成闭合回路，电路中有电流通过。

（2）断路状态　断路状态是指开关断开或电路中某处断开，电路中无电流。

（3）短路状态　短路状态是指电路（或电路中的一部分）被短接。如果电路中电源被短路，电路中会形成较大的短路电流，损坏电气设备。

**2. 各部分的作用**

（1）电源　把其他形式的能转换成电能的装置称为电源。例如，发电机能把机械能转换成电能，干电池能把化学能转换成电能。它的作用就是为电路提供能源。

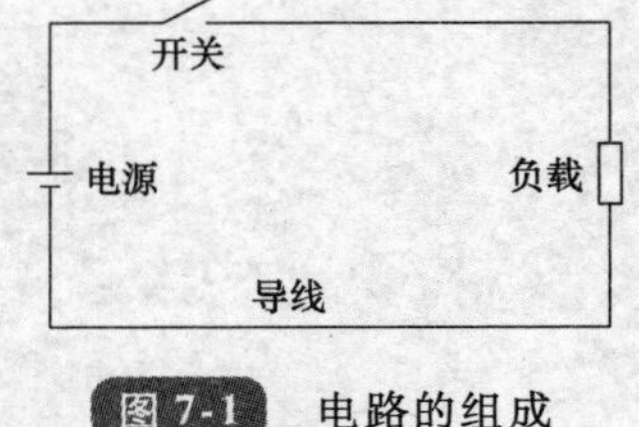


图7-1　电路的组成

（2）负载　把电能转换成其他形式的能的装置称为负载。白炽灯能把电能转换成热能和光能，电动机能把电能转换成机械能，焊机能把电能转换成热能。

（3）开关　开关的主要作用是隔离、转换、接通和断开电路。开关闭合时电路形成通路状态，电路有电流流过，为负载工作提供电能；开关打开时电路断开，电路中没有电流通过。

（4）导线　导线是电能传输的通道。它将电源、负载、开关连接起来，形成一个回路，当开关接通时，导线中有电流流过，将电能传输给负载。其材质主要有铜、铝两种。

## 7.1.2　电路的有关物理量

**1. 电流**

电荷有规则的移动形成电流。按照规定：导体中正电荷的运动方向为电流的方向。并定义：在单位时间内通过导体任一截面的电量为电流强度（简称电流）。在电路中，电流用 $I$ 表示，即

$$I=\frac{Q}{t}$$

式中　$Q$——电量（C）；

$t$——时间（s）；

$I$——电流（A）。

电流分直流（DC）和交流（AC）两种。电流的大小和方向恒定不变的称为直流。电流的大小和方向随时间变化的称为交流。电流的单位是安培（A），简称“安”，也常用毫安（mA）或者微安（μA）作为单位。（1A = 1000mA，1mA = 1000μA）

**2. 电位和电压**

（1）电位　电位表示电荷在电场中某点所具有的电位能的大小。电荷在电路中某点的电位，等于电场力把单位正电荷从该点移送到定为零电位的参考点所做的功。单位是伏特（V），简称“伏”。

（2）电压　为衡量电场力移动电荷做功的本领，引入“电压”这一物理量。电压是电场内任意两点间的电位差。电压的方向规定从高电压到低电压，就是电压降的方向。在电路中，电压用 $U$ 表示。电压的单位也是伏特，也常用毫伏（mV）或者微伏（μV）做单位。（1V = 1000mV，1mV = 1000μV）

**3. 电动势**

电动势是衡量其他形式的能转换成电能的做功能力的物理量。与电压不同，电动势仅在电源内存在；而电压则在电源内部和外部都存在。电动势的方向规定为从负极（低电位）到正极（高电位）是正方向，电动势的正方向是电位上升的方向；而电压的正方向是电位下降的方向。

在电路处于断路状态时，电源的端电压数值与其电动势数值相同，方向相反。在电路中，电动势用 $E$ 表示。电动势的单位和电压的单位相同，也是伏特。

**4. 电阻**

表示对电流有阻碍作用的物理量称作电阻。在电路中，电阻用 $R$ 表示。电阻的单位是欧（Ω），常用的单位还有千欧（kΩ）、兆欧（MΩ）。（1kΩ = 1000Ω，

$1M\Omega = 1000k\Omega$）

在一定温度下（20℃），一段均匀导体的电阻与导体的长度成正比，与导体的横截面积成反比，还与组成导体材料的性质（表征物质导电性能的物理量$\rho$）有关，其关系可用下式表示，即

$$R = \rho \frac{L}{S}$$

式中 $L$——导体长度；

$S$——导体截面积；

$\rho$——导体电阻率，大小取决于材料。

### 7.1.3 欧姆定律

导体中的电流$I$和导体两端的电压$U$成正比，和导体的电阻$R$成反比，即

$$I = \frac{U}{R}$$

这个规律称为欧姆定律。如果知道电压、电流、电阻三个量中的任意两个，就可以根据欧姆定律求出第三个量。欧姆定律又分为部分电路欧姆定律与全电路欧姆定律。

**1. 部分电路的欧姆定律**

部分电路欧姆定律反映了在不含电源的一段电路中，电流与这段电路两端的电压及电阻的关系，如图 7-2 所示。部分电路欧姆定律的内容为：通过电阻的电流$I$与电阻两端电压$U$成正比，与电路的电阻$R$成反比，即

$$I = \frac{U}{R}$$

**2. 全电路欧姆定律**

含有电源和负载的闭合电路称为全电路，如图 7-3 所示。图中虚线框内代表一个电源。电源除了具有电动势$E$外，一般都是有电阻的，这个电阻称为内电阻，用$r_0$表示，当开关 S 闭合时，负载$R$中有电流$I$流过，电动势$E$、内电阻$r_0$、负载电阻$R$和电流$I$之间的联系用公式表示，即

$$I = \frac{E}{R + r_0}$$

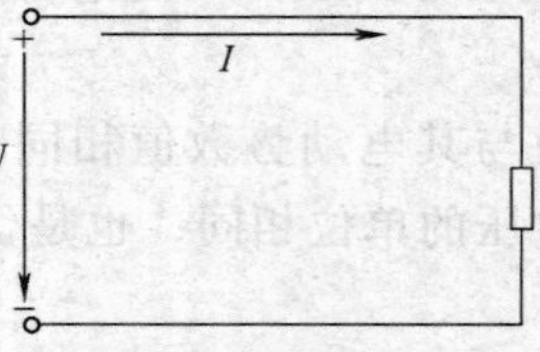

图 7-2 部分电路

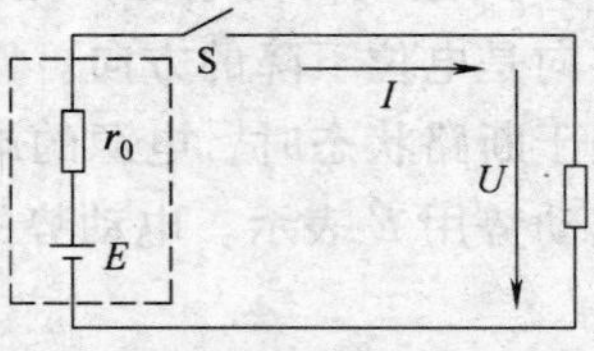

图 7-3 全电路

全电路欧姆定律还可以写为

$$E = IR + Ir_0 = U + U_0$$

式中，$U = IR$ 称为电源的端电压；$U_0 = Ir_0$ 称为电源的内阻压降。

### 7.1.4　电阻的串联与并联

**1. 电阻的串联**

电阻的串联就是将两个或两个以上的电阻头尾依次相连，中间无分支的连接方式。图 7-4 所示为三个电阻的串联电路。电阻串联电路具有以下特点：

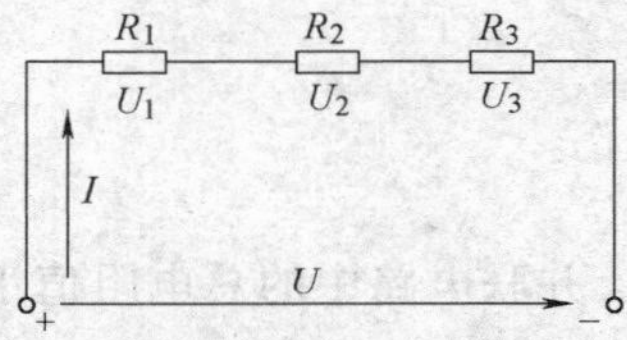

图 7-4　电阻的串联电路

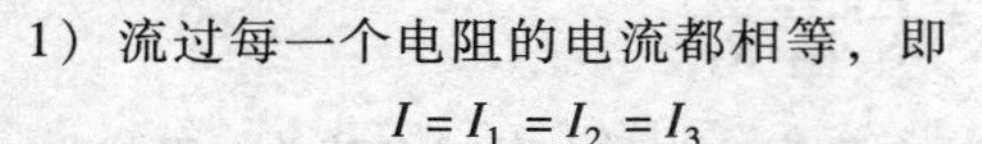

1）流过每一个电阻的电流都相等，即

$$I = I_1 = I_2 = I_3$$

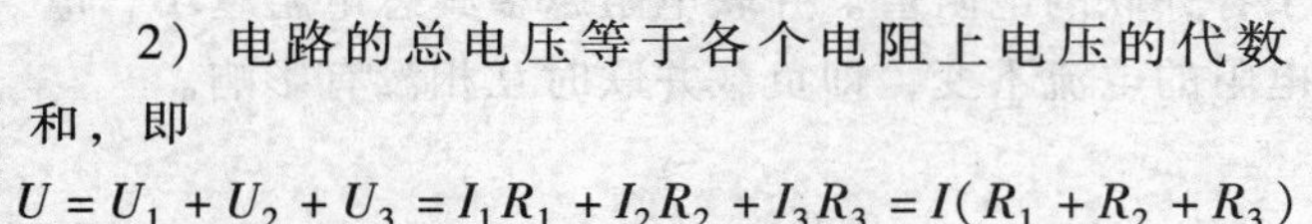

2）电路的总电压等于各个电阻上电压的代数和，即

$$U = U_1 + U_2 + U_3 = I_1R_1 + I_2R_2 + I_3R_3 = I(R_1 + R_2 + R_3)$$

3）电路的等效电阻 $R$ 等于各串联电阻之和，即

$$R = R_1 + R_2 + R_3$$

4）各电阻上分配的电压（$U_n$）与各自电阻（$R_n$）的阻值成正比，即

$$U_n = \frac{R_n}{R}U$$

5）各电阻上消耗的功率之和等于电路所消耗的总功率。

电阻的串联，应用欧姆定律可以列出下式，即

$$I = \frac{U}{R_1 + R_2 + R_3}$$

$$U = I_1R_1 + I_2R_2 + I_3R_3 = I(R_1 + R_2 + R_3) = IR$$

**2. 电阻的并联**

几个电阻的一端连在电路中的一点，另一端也同时连在另一点，使每个电阻两端都承受相同的电压，这种联结方式叫电阻的并联。图 7-5 所示为三个电阻的并联电路，电阻并联电路具有以下特点：

1）电路的总电流等于各支路电流之和，即

$$I = I_1 + I_2 + I_3$$

2）并联电路中各电阻两端电压相等，即

$$U = U_1 = U_2 = U_3$$

3）并联电路等效电阻的倒数等于各并联支路电阻的倒数之和，即

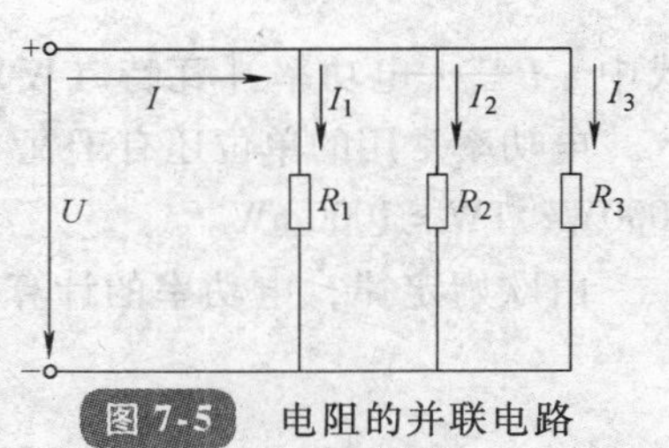

图 7-5　电阻的并联电路

$$\frac{1}{R}=\frac{1}{R_1}+\frac{1}{R_2}+\frac{1}{R_3}$$

对于两只电阻的并联电路，总电阻即为

$$R=\frac{R_1R_2}{R_1+R_2}$$

4）各并联电阻中的电流及电阻所消耗的功率均与各电阻阻值成反比，即

$$I_1:I_2:I_3=P_1:P_2:P_3$$

$$I_1:I_2:I_3=\frac{1}{R_1}:\frac{1}{R_2}:\frac{1}{R_3}$$

并联电路中的总电阻值小于各并联的电阻值。并联电阻越多其总电阻越小，电路中的总电流越大，而流过各电阻的电流不变，即负载并联时互相没有影响。

### 7.1.5　电功和电功率

**1. 电功**

电流流过负载时，负载将电能转换成其他形式能的过程，称为电流做功，简称电功。电功的计算公式为

$$W=UIt$$

式中　$W$——电功（J）；

$U$——电压（V）；

$I$——电流（A）；

$t$——时间（s）。

由欧姆定律，还可以把电功的计算公式写成下面的形式，即

$$W=I^2Rt=\frac{U^2}{R}t$$

电功的常用单位是焦耳（J）。

**2. 电功率**

电流在单位时间内所做的功称为电功率，简称功率。负载的功率等于负载两端的电压与通过负载电流的乘积，即

$$P=UI$$

式中　$P$——电功率［瓦特（W），简称“瓦”］。

电功率常用的单位还有千瓦（kW）、毫瓦（mW），它们之间的关系是：1kW = 1000W，1W = 1000mW。

由欧姆定律，电功率的计算公式还可以写成下面的形式，即

$$P=UI=I^2R=\frac{U^2}{R}$$

## 7.2　电磁基本知识

### 7.2.1　磁场与磁力线

凡具有吸引铁、镍、钴等物质的性质称为磁性。具有磁性的物体称为磁体。磁体两端磁性最强的区域称为磁极。向中间磁性减弱，最中间则不显示磁性。磁铁在可以水平自由转动时，总是指向地球的南北极方向。每个磁体都有两个磁极，指向南极的一端称为磁铁的南极，用 S 表示；指向北极的一端称为磁铁的北极，用 N 表示。

两个磁体之间具有同极性相排斥，异极性相吸引的特点。磁铁之间相互吸引或排斥的力称为磁力。磁体周围存在磁力作用的区域称为磁场。为了形象地描述磁场而引出磁力线的概念。通常规定在磁体外部，磁力线由 N 极指向 S 极；在磁体内部，磁力线由 S 极指向 N 极。这样磁力线在磁体内外形成一条条闭合曲线簇，在曲线上任何一点的切线方向就是小磁针在磁力作用下静止时 N 极所指方向。磁力线如图 7-6 所示。通常以磁力线方向来表示磁场方向；用磁力线的疏密程度表示磁场的强弱程度。磁力线越密，磁场越强；磁力线越疏，磁场越弱。

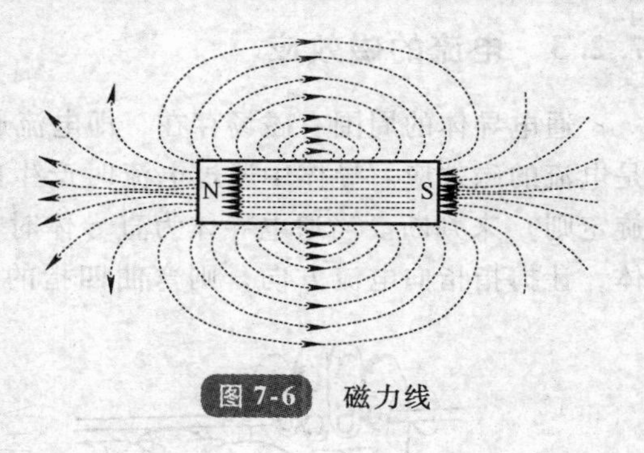


图 7-6　磁力线

### 7.2.2　磁场的基本物理量

**1. 磁通**

通过与磁场方向垂直的某一面积上磁力线的总数，称为通过该面积的磁通量，简称磁通，用符号 $\Phi$ 表示，其单位是 Wb（韦伯）。

**2. 磁感应强度**

垂直通过单位面积的磁力线的数目，称为该点的磁感应强度。用字母 $B$ 表示，单位是 T（特拉斯），简称“特”。在均匀的磁场中，磁感应强度为

$$B = \frac{\Phi}{S}$$

磁感应强度不仅表示了磁场中某点的强弱，还表示出该点磁场的方向，它是一个矢量。某点磁力线的切线方向，就是该点磁感应强度的方向。

**3. 磁导率**

磁导率，又称导磁系数，是用来表征物质导磁性能的物理量，用字母 $\mu$ 表示，

单位是亨/米（H/m）。真空的磁导率 $\mu_0 = 4\pi \times 10^{-7}$ H/m，为常数。某种物质的磁导率 $\mu$ 与真空中磁导率 $\mu_0$ 的比值，称为该物质的相对磁导率，用字母 $\mu_r$ 表示。

$\mu_r = \mu/\mu_0$ 只是一个比值，无单位。根据物质的磁导率不同，可以将物质分为三类，即

1）$\mu_r < 1$ 的物质称为反磁物质，如铜、银等。

2）$\mu_r > 1$ 的物质称为顺磁物质，如空气、锡等。

3）$\mu_r >> 1$ 的物质称为铁磁物质，如铁、镍、钴及其合金等。

**4. 磁场强度**

磁场中某点的磁感应强度 $B$ 与媒介质的磁导率 $\mu$ 的比值，称为该点的磁场强度，用字母 $H$ 表示，即

$$H = \frac{B}{\mu} \qquad (\text{A/m})$$

### 7.2.3 电流的磁效应

通电导体的周围有磁场存在，即电流通过线圈时产生了电流磁场，这种现象就是电流的磁效应。导体中通过电流时产生的磁场方向可用安培定则（又称右手螺旋定则）来判断。当通电导体为直导体时，用图 7-7a 所示方法进行：右手握直导体，让拇指指向电流方向，则弯曲四指的方向为磁场方向。当通电导体为螺旋管

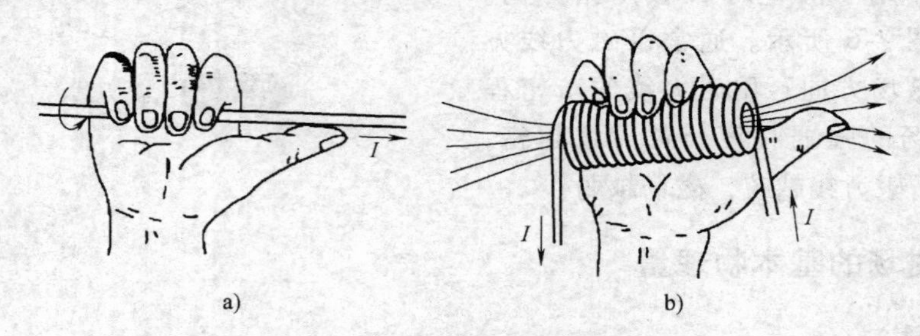


图 7-7 磁场方向判定

a）直导体 b）螺旋管

（载流线圈）时，用图 7-7b 所示方法进行：右手握螺旋管，弯曲四指表示电流方向，拇指所指方向即为磁场方向。

### 7.2.4 磁场对载流导体的作用

通电导体在磁场中会受到磁场的作用力，磁场对载流导体的作用力称为电磁力。这个电磁力 $F$ 的大小与通过导体电流 $I$ 的大小成正比，与导体在磁场中的有效长度 $L$ 以及导体所处位置的磁感应强度 $B$ 成正比，写成数学表达式即为

$$F = BIL$$

当载流导体与磁力线平行时，电流不受磁场力的作用；当载流导体与磁力线垂

直时，磁场对电流的作用力最大；如成一定夹角时，只有垂直分量有作用力产生。通电导体在磁场中受到的电磁力的方向，可用左手定则来判定，如图 7-8 所示。伸开左手，让拇指与四指垂直并在一个平面上，让磁力线垂直穿过掌心，四指指向电流方向，则拇指所指方向就是导体受力方向。

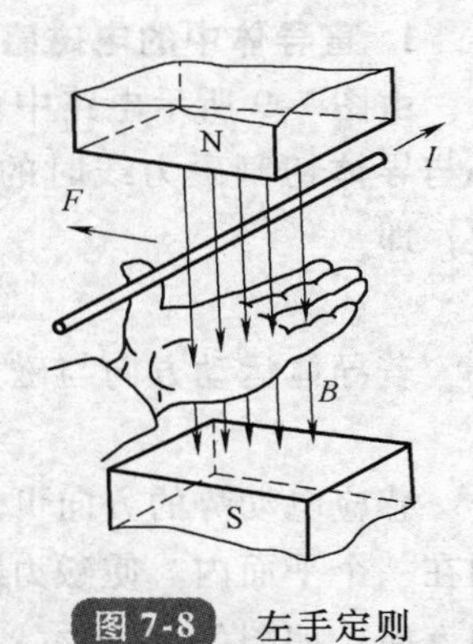

图 7-8 左手定则

在直流电弧焊时，电流流过焊条和工件，产生磁场。由于工件中电流磁场和焊条中电流磁场合成的结果，在电弧两侧磁场强度不同，电弧受到磁场力的作用而偏向一边，这种电弧受磁力作用而发生偏斜的现象，称为“磁偏吹”。

### 7.2.5 电磁感应

电流能产生磁场，磁场对电流也有磁力作用。电磁感应可以实现电磁能量的转换。

如图 7-9 所示，均匀磁场中放置一根导体 AB，两端连接一个检流计 PA，当导体垂直于磁力线做切割运动时，检流计的指针发生偏转，说明此时回路中有电流存在；当导体平行于磁力线方向运动时，检流计指针不发生偏转，说明此时回路中无电流存在。

如图 7-10 所示，在线圈两端接上检流计 PA 构成回路，当磁体插入线圈时，检流计指针发生偏转；磁铁在线圈中不动时，检流计指针不偏转；将磁铁迅速由线圈中拔出时，检流计指针又向另一个方向偏转。

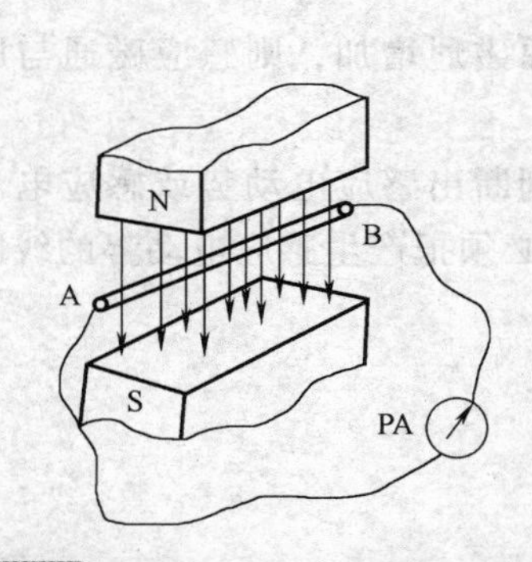

图 7-9 通电直导体的电磁感应现象

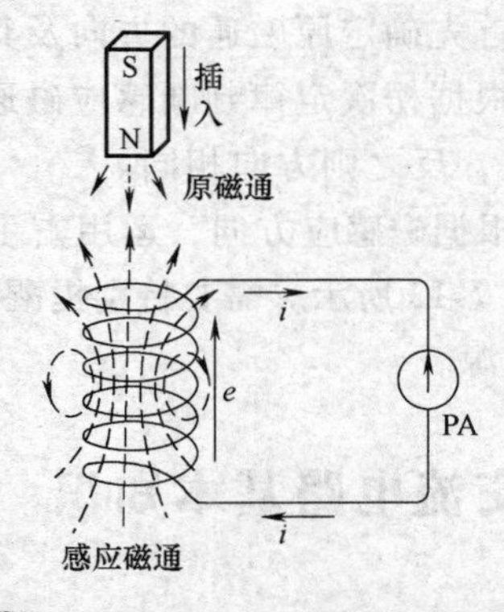

图 7-10 磁铁在线圈中运动的电磁感应现象

上述现象说明：当导体切割磁力线或线圈中磁通发生变化时，在导体或线圈中都会产生感应电动势，其本质都是由于磁通发生变化而引起的。因此，电磁感应的条件是穿越线圈回路中的磁通必须发生变化。

**1. 直导体中的电磁感应**

由图 7-9 所示电路中可以看出，导体与磁场相对运动而产生感应电动势 $e$ 的大小与导体切割磁力线时的速度 $V$、导体有效长度 $l$ 和导体所处的磁感应强度 $B$ 有关，即

$$e = BVl$$

若导体运动方向与磁力线之间的夹角为 $\alpha$，则

$$e = BVl\sin\alpha$$

感应电动势的方向可用右手定则来判定：伸开右手，让拇指与其余四指垂直并同在一个平面内，使磁力线穿过掌心，拇指指向切割方向，四指就指着感应电动势的方向，如图 7-11 所示。

**2. 线圈中的电磁感应**

如图 7-10 所示，当磁铁插入或拔出越快，指针偏转越大。及回路中感应电动势的大小与穿过回路的磁通变化率成正比，这就是法拉第电磁感应定律，设通过线圈的磁通量为 $\Phi$，则 $N$ 匝线圈的感应电动势为

$$e = \left| N\Delta\Phi / \Delta t \right|$$

式中 $e$——在 $\Delta t$ 时间内感应电动势的平均值；

$N$——线圈匝数；

$\Delta\Phi/\Delta t$——磁通变化率平均值。

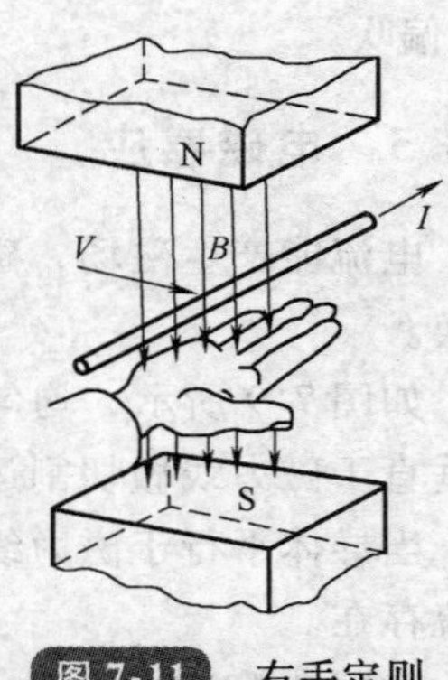

图 7-11 右手定则

线圈中产生的感应电动势方向，可用楞次定律进行判定，楞次定律的内容：感应电流的磁通总是反抗原有磁通的变化。运用其判断感应电动势方向的具体方法是：

1）首先确定原磁通的方向及其变化趋势。

2）根据楞次定律判断感应磁通方向。如果原磁通增加，则感应磁通与原磁通方向相反，反之则方向相同。

3）根据磁感应方向，运用右手掌螺旋定则判断出感应电动势或感应电流的方向，如图 7-12 所示。需要特别提醒的是：判断时必须把产生感应电动势的线圈或导体看作电源。

# 7.3 交流电路基本知识

## 7.3.1 正弦交流电的基本知识

**1. 交流电**

交流电是指其电动势、电压以及电流的大小和方向都随时间按一定规律做周期性的变化。线圈在磁场中运动旋转，旋转方向切割磁力线，产生交变感应电动势，

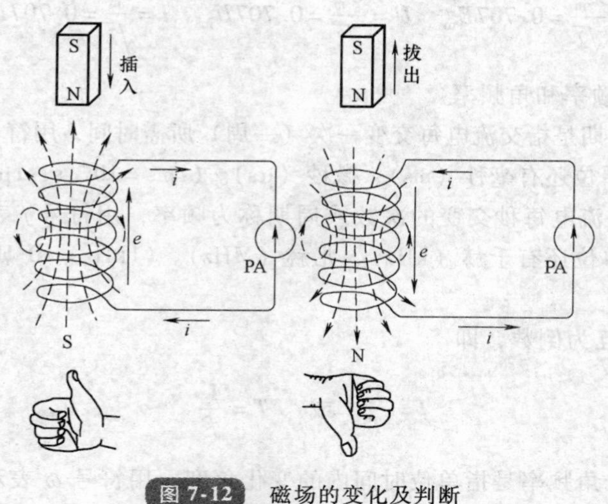

图 7-12　磁场的变化及判断

即交流电。

**2. 正弦交流电**

交流电可分为正弦交流电和非正弦交流电两大类，应用最普遍的是正弦交流电。随时间按正弦规律变化的交流电称为正弦交流电，其波形如图 7-13 所示。

**3. 正弦交流电的三要素**

描述正弦量“大小”的量有瞬时值、最大值和有效值；描述正弦量变化“快慢”的量有周期、频率和角频率；描述正弦量“先后”的量有相位、初相位和相位差。如果已知正弦交流电的最大值、频率和初相位，则该正弦交流电就能唯一确定，所以称它们为正弦交流电的三要素。

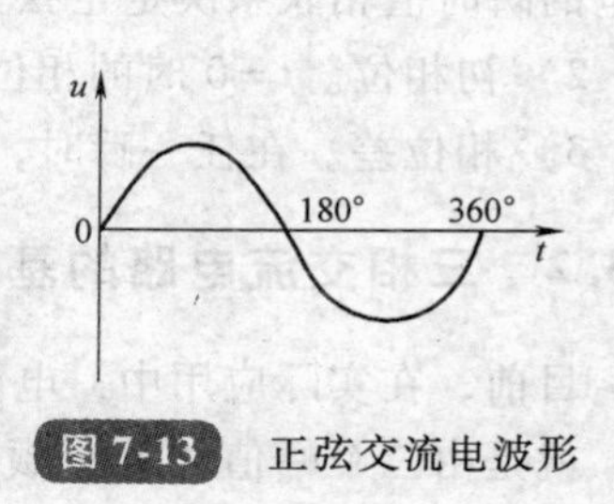

图 7-13　正弦交流电波形

(1) 瞬时值、最大值、有效值

1) 瞬时值。瞬时值是指正弦交流电在任意瞬间的数值，用小写字母表示，分别为 $e$、$u$、$i$。

2) 最大值。最大值是指正弦交流电瞬时值中的最大值，又称幅值或峰值，用大写字母加下标 m 表示，分别为 $E_m$、$U_m$、$I_m$。

3) 有效值。通常所说的电压高低、电流大小或用电器具铭牌上标示的电压或电流指的是有效值。交流电流 $i$ 通过电阻 $R$ 在一个周期 $T$ 内产生的热量与直流电流 $I$ 通过相同电阻 $R$ 在时间 $T$ 内产生的热量相等时，这个直流电流 $I$ 的数值称为交流电流的有效值。用大写字母表示，分别为 $E$、$U$、$I$。

有效值与最大值的关系为

$$E=\frac{E_m}{\sqrt{2}}=0.707E_m \quad U=\frac{U_m}{\sqrt{2}}=0.707U_m \quad I=\frac{I_m}{\sqrt{2}}=0.707I_m$$

（2）周期、频率和角频率

1）周期。周期是指交流电每交变一次（一周）所需时间，用符号 $T$ 表示，单位为秒（s），常用单位还有毫秒（ms）、微秒（μs）。（$1\text{ms}=10^{-3}\text{s}$，$1\mu\text{s}=10^{-6}\text{s}$）

2）频率。交流电每秒交变的次数或周期称为频率，用符号 $f$ 表示，单位为赫兹（Hz），常用单位还有千赫（kHz）、兆赫（MHz）。（$1\text{kHz}=10^3\text{Hz}$，$1\text{MHz}=10^6\text{Hz}$）

频率与周期互为倒数，即

$$f=\frac{1}{T} \quad 或 \quad T=\frac{1}{f}$$

3）角频率。角频率是指单位时间内的变化角度，用符号 $\omega$ 表示，单位为弧度/秒（rad/s）。角频率与周期、频率的关系为

$$\omega=\frac{2\pi}{T}=2\pi f$$

（3）相位、初相位和相位差

1）相位。任意瞬时的电角度（$\omega t+\varphi$），称为正弦交流电的相位，它与正弦交流电的瞬时值相联系决定正弦交流电每一瞬间数值大小，其单位为弧度或度。

2）初相位。$t=0$ 时的相位称为初相位，它是正弦交流电初始值大小的标志。

3）相位差。在任一瞬时，两个同频率正弦交流电的相位之差称为相位差。

### 7.3.2 三相交流电路的基本知识

目前，在实际应用中，电能的产生、输送和分配，普遍采用“三相制”。三相制，就是由三个幅值相等，频率相同，彼此之间相位互差120°电角度的单相电源构成的供电体系。这样的三个电动势称为三相电动势。用输电导线把三相电源和负载连接在一起所构成的电路，称为三相交流电路。

动力方面的应用几乎都采用三相交流电，主要是因为三相交流电比单相交流电有更多的优点，在发电、输配电以及电能转换机械能方面都有明显的优越性。日常生活用电便是取自三相交流电的某一相。

**1. 三相交流电**

三相交流电是由三相交流发电机产生，图7-14a所示是三相交流发电机的原理示意图。

发电机的定子由定子铁芯和三相绕组组成。定子铁芯是用内圆表面冲有凹槽的硅钢片叠成，放置结构完全相同的三相绕组 $U_1U_2$、$V_1V_2$、$W_1W_2$，它们的空间位置互差120°，分别称为U相、V相、W相。$U_1$、$V_1$、$W_1$ 三个绕组的首端；$U_2$、

$V_2$、$W_2$为三个绕组的末端。

转动的磁极称为转子，转子铁心上绕有线圈，通过直流电励磁。合理选择极面的形状和励磁绕组的分布，可以使气隙中的磁感应强度沿圆周做正弦分布。当转子由原动机拖动，以角速度 $\omega$ 顺时针匀速旋转时，三个绕组依次切割旋转磁极的磁力线而产生幅值相等、频率相同、只在相位上相差 120°的三相交变感应电动势，即

$$e_U = E_m \sin\omega t$$

$$e_V = E_m \sin(\omega t - 120°)$$

$$e_W = E_m \sin(\omega t + 120°)$$

其波形如图 7-14b 所示。三相电动势达到最大值的先后次序称为相序。正序为 U→V→W→U；反之则为逆序。

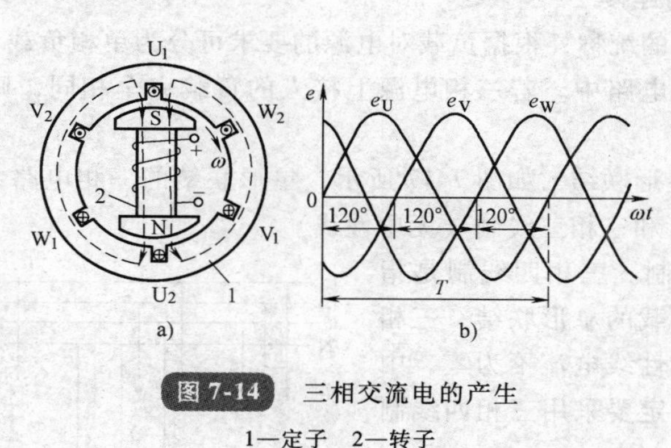


图 7-14　三相交流电的产生

1—定子　2—转子

**2. 三相电源的连接**

交流发电机三相绕组的有星形（Y）和三角形（△）两种联结方式。

(1) 星形（Y）联结　如图 7-15 所示，把三相绕组的首端 $U_1$、$V_1$、$W_1$分别引出的导线称为相线（或端线），俗称火线；三个绕组的末端 $U_2$、$V_2$、$W_2$连接成一公共点，这个公共点称为中性点，简称中点，用 N 表示；从中点引出的导线称为中性线。这种连接法就是电源的星形联结。

电源每相绕组的首端与末端之间的电压，即相线与中性线间的电压，称为相电压，有效值用 $U_P$表示；流过每相绕组的电流称为相电流，有效值用 $I_P$表示；相线与相线之间的电压称为线电压，有效值用 $U_L$表示；流过相线的电流称为线电流，有效值用 $I_L$表示。对称三相电源星形联结时有效值存在下列关系，即

$$U_L = \sqrt{3} U_P$$

$$I_L = I_P$$

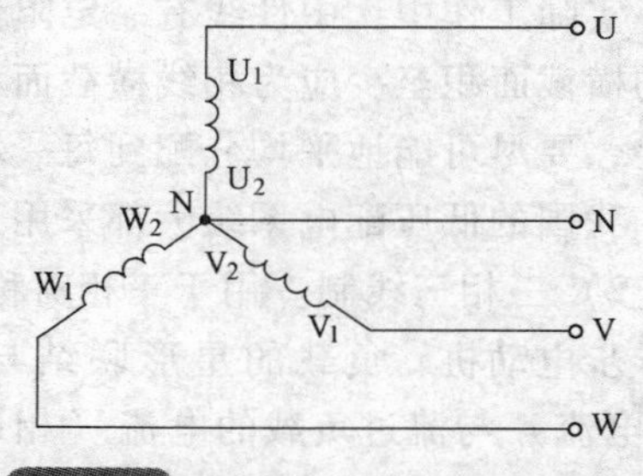


图 7-15　三相电源绕组的星形联结

（2）三角形（△）联结　如图 7-16 所示，把三相绕组 U 相的末端 $U_2$ 与 V 相的首端 $V_1$、V 相的末端 $V_2$ 与 W 相的首端 $W_1$、W 相的末端 $W_2$ 与 U 相的首端 $U_1$ 相连接，并从各连接点引出导线的连接方式即为三相电源的三角形联结。

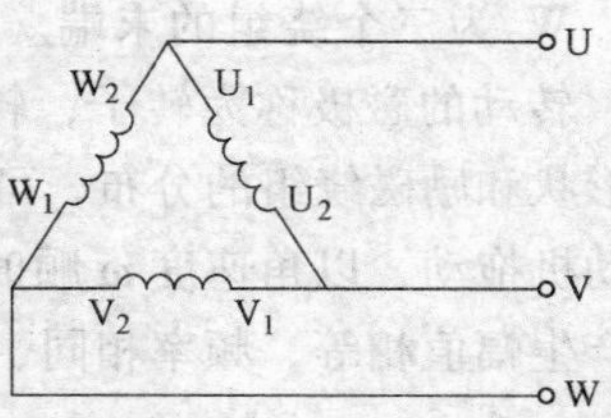

图 7-16　三相电源绕组的三角形联结

对称三相电源星形联结时有效值存在下列关系，即

$$U_L = U_P$$

$$I_L = \sqrt{3} I_P$$

**3. 三相负载的连接**

负载是用电器的统称，根据负载对电源的要求可分为单相负载和三相负载。负载均可连接在三相电路中。若三相电源上接入的负载完全相同，则称为三相对称负载。

（1）负载的星形联结　如图 7-17 所示，星形联结的三相电路，可分为三相四线制（有中性线）和三相三线制（无中性线）。

1）三相四线制。三相四线制是指用于三相不对称负载的星形联结。三相负载不对称时，中性线电流不为零，中性线不能省去，一定要采用三相四线制联结。

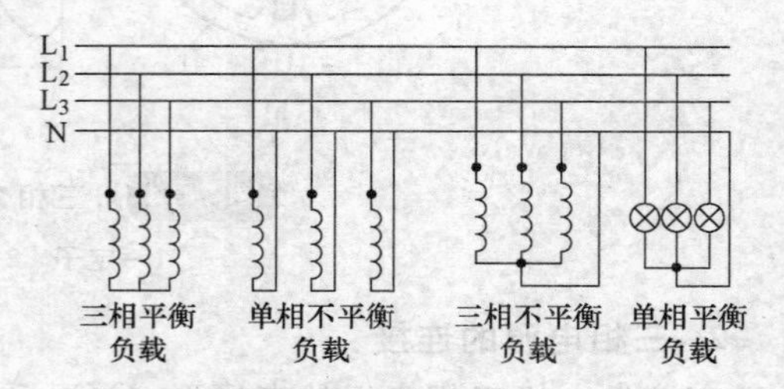

图 7-17　负载的星形联结

中性线的存在，保证了各相负载两端的相电压对称，三相负载都能独立正常工作，各相负载变化时不会影响到其他相。如果中性线断路，中性线电流被切断，各相负载两端的电压会根据各相负载阻抗值的大小而重新分配，有的相可能低于额定电压使负载不能正常工作，有的相可能高于额定电压导致负载烧损，这是不允许的。故中性线必须牢固，决不能断开，也不允许在中性线上装接熔断器、开关等装置。

实际工作中，中性线有一定阻值，接不对称负载时会流过较大电流，因此中性线的横截面积至少应为相线横截面积的 1/3。同时，若有多个单相负载接到三相电源上，要尽可能地平均分配到每一相上，使三相电路尽可能对称。

我国的低压配电系统大都采用三相四线制，相电压为 220V，线电压为 380V。

2）三相三线制。用于三相对称负载的星形联结。各相负载的阻抗相同，如三相异步电动机，负载的星形联结与三相电源的星形联结相同。流过相线的电流（线电流）与流过负载的电流（相电流）相等，线电压有效值是相电压有效值的 $\sqrt{3}$ 倍。

（2）负载的三角形联结　如图 7-18 所示，作为三角形联结的负载一般为三相对

称负载，如三相电炉、三相异步电动机等，联结方式与三相电源的三角形联结相同。三角形联结时，负载的线电压与相电压相等，线电流有效值是相电流有效值的$\sqrt{3}$倍。

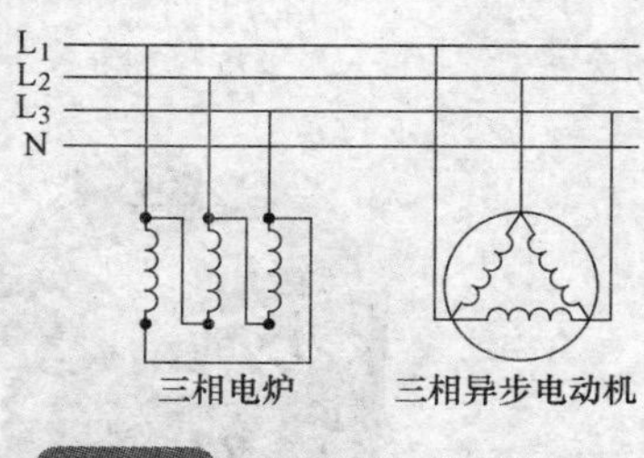

图7-18　负载的三角形联结

三相负载的连接方式应由负载的额定电压而定。若负载所需电压是三相电源的相电压，负载应作星形联结；若负载所需电压是三相电源的线电压，负载应作三角形联结。

## 7.4　变压器的基础知识

### 7.4.1　变压器的用途与分类

**1. 变压器的用途**

变压器是利用电磁感应原理将某一电压值的交流电压转换为同频率的另一电压值的交流电压的传递电能的静止电气设备。变压器不但可以满足高压输电、低压配电等需要，还可用来改变交变电压、改变交变电流、变换阻抗和变换相位，应用十分广泛。

**2. 变压器的分类**

变压器的种类很多，可按其用途、结构、相数和冷却方式等进行分类。

1）按用途可分为电力变压器（输配电系统中的升压变压器、降压变压器等）、仪用互感器（电压互感器、电流互感器）和特种变压器（电炉变压器、电焊变压器和整流变压器等）。

2）按铁心结构可分为心式变压器和壳式变压器。

3）按相数可分为单相变压器、三相变压器和多相变压器。

4）按绕组数目可分为双绕组变压器、三绕组变压器、多绕组变压器和自耦变压器。

5）按冷却介质和冷却方式可分为油浸式变压器、干式变压器和充气式变压器。

6）按容量大小可分为小型变压器、中型变压器、大型变压器和特大型变压器。

### 7.4.2　变压器的结构

变压器的主要部件是铁心和绕组，它们构成了变压器的器身。除此之外，还有油箱和其他附件。变压器外形如图7-19所示。

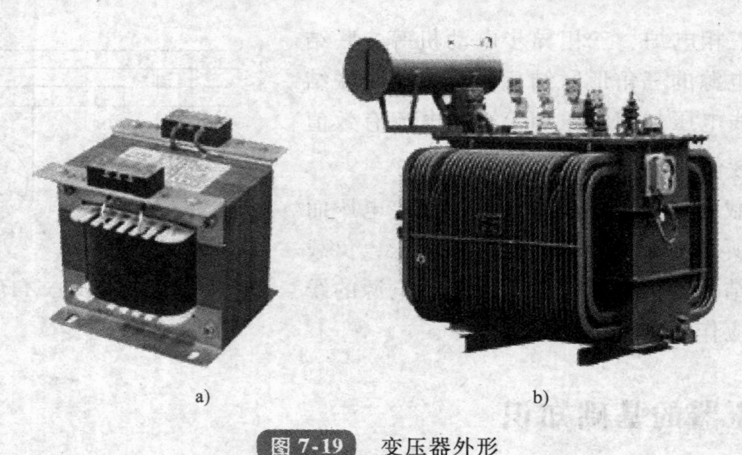

a)　　b)

图 7-19　变压器外形

a）干式单相变压器　b）油浸式电力变压器

**1. 铁心**

铁心是变压器的磁路部分，又起支撑绕组的作用。为了提高铁心的导磁能力，减少铁心内部的涡流损耗和磁滞损耗，铁心一般用 0.35mm 或 0.5mm 厚的表面绝缘的冷轧硅钢片叠成。变压器根据铁心的位置不同，可分成芯式和壳式两类，如图 7-20 所示。

**2. 绕组**

绕组是变压器的电路部分，小型变压器一般采用漆包圆铜线绕制，容量稍大的变压器则用扁铜线或扁铝线绕制。变压器中接电源的绕组称一次侧；接负载的绕组称为二次侧。绕组的作用是在通过交变电流时，产生交变磁通和感应电动势，通过电磁感应作用，一次侧的电能就可传到二次侧。绕组按绕制的方式不同，可将其分为同心绕组和交叠绕组两种类型。

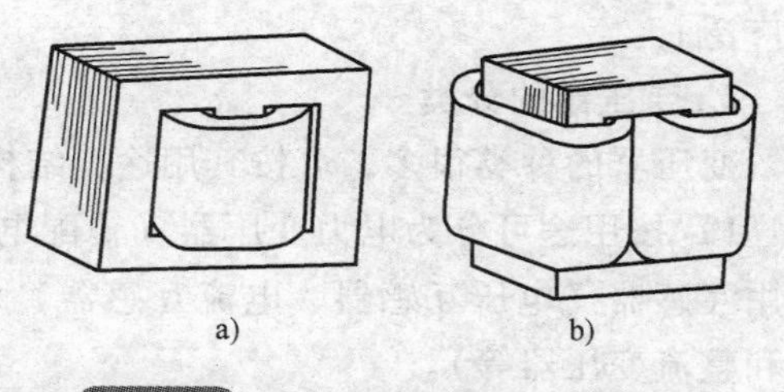

a)　　b)

图 7-20　芯式变压器和壳式变压器

a）芯式　b）壳式

**3. 油箱和其他附件**

油箱既是变压器的外壳，又是变压器油的容器，里面安装整个器身，它既保护铁心和绕组不受潮，又有绝缘和散热的作用。较大容量的变压器一般还有储油柜、安全气道、气体继电器、绝缘套管、分接开关和测温装置等附件。

### 7.4.3　变压器的铭牌数据

变压器铭牌上标注着型号、额定值数据、相数、接线方式及冷却方式等，是用户了解和使用变压器的依据。变压器的额定值主要有：

**1. 额定容量 $S_N$**

额定容量是指变压器在额定状态下副边的视在功率，即设计功率，通常称为容量，在三相变压器中，$S_N$是指三相总容量，单位为伏安（V·A）或千伏安（kV·A）。在实际使用中，负荷应为额定容量的75%~90%。

**2. 额定电压 $U_{1N}/U_{2N}$**

$U_{1N}$是指变压器正常工作时加在一次侧的电压，是根据变压器的绝缘等级和发热条件规定的。$U_{2N}$是指一次侧加 $U_{1N}$，变压器空载时二次侧输出的电压值。在三相变压器中，额定电压是指线电压，单位是 V 或 kV。

**3. 额定电流 $I_{1N}/I_{2N}$**

额定电流是指变压器正常运行时，发热量不超过允许值的满载电流值，可以根据额定容量和额定电压计算出额定电流。

对于单相变压器：一次侧，$I_{1N}=\dfrac{S_N}{U_{1N}}$；二次侧，$I_{2N}=\dfrac{S_N}{U_{2N}}$

对于三相变压器：　一次侧，$I_{1N}=\dfrac{S_N}{\sqrt{3}U_{1N}}$；二次侧，$I_{2N}=\dfrac{S_N}{\sqrt{3}U_{2N}}$

应注意的是，三相变压器的 $I_{1N}$和 $I_{2N}$均指的是线电流。

## 7.4.4 变压器的工作原理

变压器中与电源连接的绕组称为一次绕组；与负载连接的绕组称为二次绕组。

图7-21所示为变压器的原理示意图。变压器的一次侧加上交变电压 $U_1$后，在绕组中便产生交变电流 $I_1$和交变磁通 $\Phi_m$，通过铁心的磁通 $\Phi$ 为主磁通。由于一次、二次绕组套在同一铁心柱上，$\Phi$ 同时穿过一次、二次绕组，根据电磁感应原理，在一次侧中产生电动势 $E_1$，在二次侧中产生电动势 $E_2$，其大小分别正比于一次、二次绕组的匝数。$E_1$和 $E_2$大小分别为

$$E_1=4.44f\Phi_m N_1$$

$$E_2=4.44f\Phi_m N_2$$

式中　$f$——电源频率（Hz）；

$N_1$——一次绕组匝数；

$N_2$——二次绕组匝数。

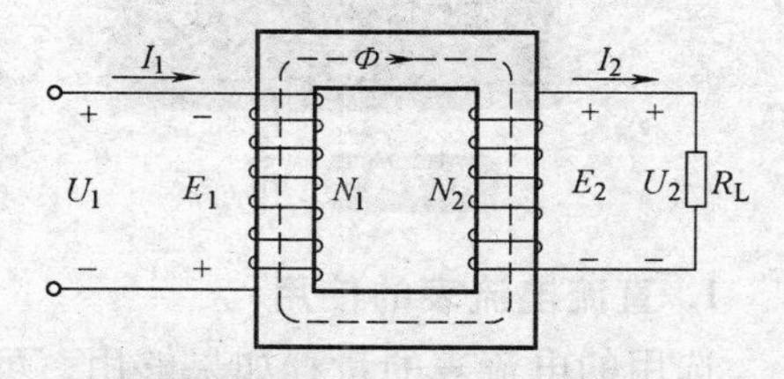

图7-21　变压器原理示意图

在二次侧中有了电动势 $E_2$，便在输出端形成电压 $U_2$，接上负载 $R_L$后，产生交变电流 $I_2$，向负载供电，实现了电能的传递。只要改变一次、二次绕组的匝数，就可以改变一次、二次绕组感应电动势的大小，从而达到改变电压、电流的目的，这就是变压器的变电压、变电流作用。在电力系统中实现升压输电、降压配电的目的。

变压器是根据电磁感应原理而工作的，它只能改变交流电压，而不能改变直流电压。因为直流电的大小和方向不随时间变化，在铁心内产生的磁通也是恒定不变

的，因而就不能在变压器的二次侧中感应出电动势，所以变压器对直流电不起变换作用。

变压器变电压、变电流的公式分别为

$$\frac{U_{1N}}{U_{2N}} \approx \frac{E_1}{E_2} = \frac{N_1}{N_2} = K$$

$$\frac{U_{2N}}{U_{1N}} \approx \frac{I_{1N}}{I_{2N}} = \frac{1}{K}$$

式中　$K$——一次、二次绕组变压比，也称匝数比。

## 7.5　电压表和电流表的使用

### 7.5.1　电流表的使用

用来测量电路中电流大小的仪表叫电流表，也叫安培表，用符号“Ⓐ”表示，如图 7-22 所示。电流表分为测量直流电流的直流电流表和测量交流电流的交流电流表。常用直流电流表是磁电系仪表；交流电流表是电磁系仪表。在表盘上用符号“—”表示直流仪表；用符号“～”表示交流单相；用符号“3～”或“≡”表示三相交流仪表；用符号“≃”表示交直流两用仪表。

使用时，必须让电流表与被测电路相串联，如图 7-23 所示。且要求电流表的内阻尽可能小。

图 7-22　电流表

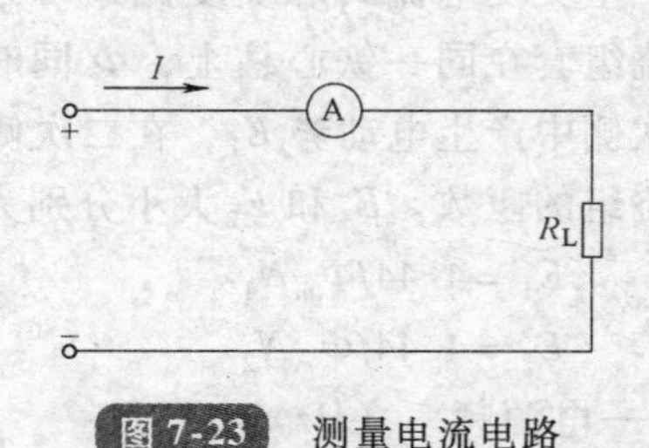


图 7-23　测量电流电路

**1. 直流电流表的使用**

选用的电流表的量程如果够用，可以直接把表串联在被测电路中；若被测电流很大，表的量程不够用时，则应用分流器以扩大电流表的量程。分流器应串联在电路中，电流表并联在分流器上，连接要紧密，尽量减小连接点的电阻，以提高测量的精度。

**2. 交流电流表的使用**

选用交流电流表直接测量电流，电流表应串联在被测电路中。使用交流电流表时，为扩大量程要配用电流互感器，如图 7-24 所示。测量时，被测电路作为一次

绕组，电流表接在互感器二次绕组上，电流表指示电流值乘上互感器的电流比就是实测电流值。若用在高压电路测量，互感器的二次绕组和外壳应接地，以保证安全。

此外还有钳形电流表，它是一种专门用于在不断开被测电路的情况下测量电流的手提式仪表，如图7-25所示。压住扳手，钳形电流表钳口张开，然后将被测电路电缆卡入钳口，松开扳手，钳口闭合，钳表便指示出被测电流的大小。钳表的准确度不高，但它使用方便，所以在工程测量中应用较多。

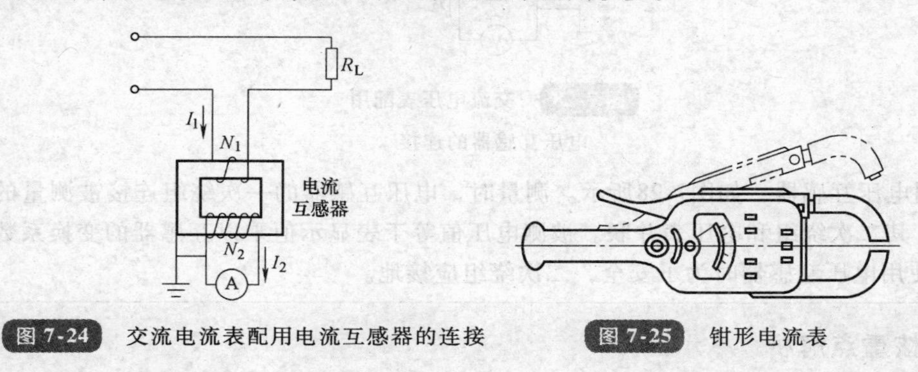


图7-24 交流电流表配用电流互感器的连接

图7-25 钳形电流表

## 7.5.2 电压表的使用

用来测量电路中两点间电压的仪表称为电压表，也称伏特表，用符号“Ⓥ”表示，如图7-26所示。电压表也分为直流电压表和交流电压表。常用直流电压表是磁电系仪表；交流电压表是电磁系仪表。使用时必须让电压表与被测电压两端相并联，如图7-27所示。且要求电压表内阻尽可能大。

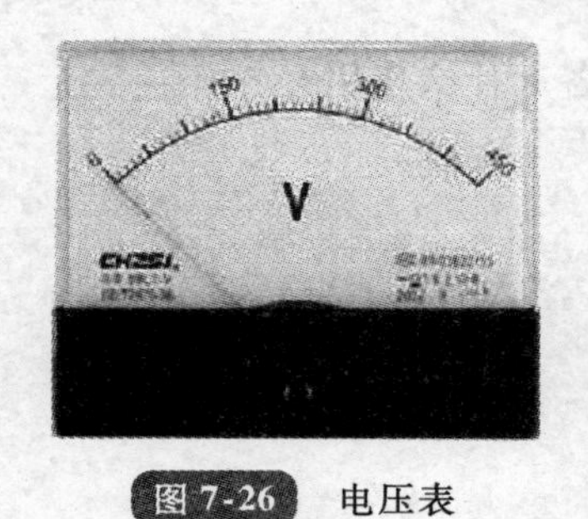


图7-26 电压表

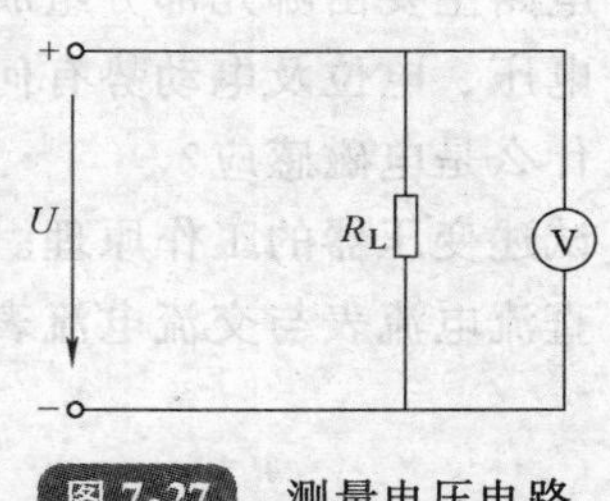


图7-27 测量电压电路

### 1. 直流电压表的使用

选用的直流电压表的量程若够用，可直接把表并联在被测电路两端。直流电压表量程由表内串联的倍压电阻决定，若串联不同的倍压电阻可组成多档电压表，扩大量程。使用直流电压表时必须注意极性选择避免出现指针反偏。

### 2. 交流电压表的使用

用交流电压表直接测量，电压表应并联在被测电路两端。扩大交流电压表量程

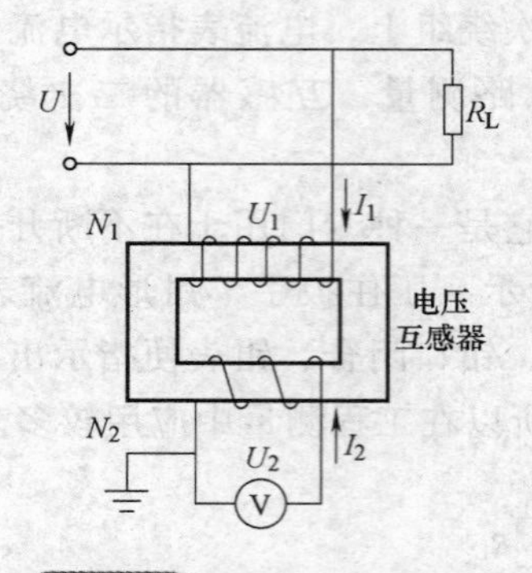


图 7-28　交流电压表配用电压互感器的连接

应配用电压互感器，如图7-28所示。测量时，电压互感器的一次绕组连接被测量的电路，其二次绕组和电压表并联。被测电压值等于表显示值乘以互感器的变换系数 $K_V$。使用电压互感器时为了安全，二次绕组应接地。

**☆考核重点解析**

焊工必须对常用电工基本知识的掌握，了解直流电路组成及其基本物理量及对电磁基本知识，熟悉直流电流表的使用和直流电压表的使用。焊工应掌握交流电基本概念和变压器的结构和基本工作原理、电流表和电压表的使用方法，熟悉交流电流表的使用和交流电压表的使用。

## 复习思考题

1. 电路主要由哪几部分组成？它们在电路中各起什么作用？
2. 电压、电位及电动势有何异同？
3. 什么是电磁感应？
4. 试述变压器的工作原理。
5. 直流电流表与交流电流表应如何使用？

# 第 8 章　焊机基本知识

☺理论知识要求

1. 掌握焊接对弧焊电源的基本要求。
2. 掌握焊机的种类及型号常识。
3. 掌握焊机铭牌常识。
4. 掌握常用焊机的工作原理、选择、应用和日常维护常识。

焊机即弧焊电源。在电弧焊中，焊接电弧是焊接回路中的负载，焊机则是为电弧负载提供电能并保证焊接工艺过程稳定的装置。电弧与一般的电阻负载不同，它在焊接过程中是时刻变化的，是一个动态的负载。因此弧焊电源除了具有一般电力电源的特点，如结构简单、制造容易、节省电能、安全可靠以及维护容易等外，还必须具有适应电弧负载的特性，如引弧容易、电弧稳定可调以及保证焊接规范等。所以，弧焊电源性能的好坏，不仅影响电弧燃烧过程的稳定性，而且还影响焊接过程的稳定性，关系着焊接质量。

## 8.1　对弧焊电源的基本要求

保证获得优质焊接接头的主要因素之一是电弧能否稳定燃烧，而决定电弧稳定燃烧的首要因素是弧焊电源。因此，弧焊电源应具有以下基本要求。

### 8.1.1　对弧焊电源外特性的要求

**1. 弧焊电源外特性的概念**

电弧的稳定燃烧，一般是指在给定的电弧电压和电流时，电弧长时间内连续燃烧而不熄灭的状态。

在其他参数不变的情况下，弧焊电源输出电压与输出电流之间的关系，称为弧焊电源的外特性。它可用如下关系式表示，即

$$U=f(I)$$

式中　$U$——弧焊电源的输出电压（V）；

　　$I$——弧焊电源的输出电流（A）。

弧焊电源的外特性也称弧焊电源的伏安特性或静特性。弧焊电源的外特性可由曲线来表示，这条曲线称为弧焊电源的外特性曲线，如图 8-1 所示。弧焊电源的外特性基本上有三种类型：一是下降外特性，即随着输出电流的增加，输出电压降

低；二是平外特性，即输出电流变化时，输出电压基本不变；三是上升外特性，即随着输出电流增大，输出电压随之上升。

**2. 弧焊电源外特性曲线形状的选择**

（1）焊条电弧焊　在焊条电弧焊的焊接回路中，弧焊电源与电弧构成供电用电系统。为了保证焊接电弧稳定燃烧和焊接参数稳定，电源外特性曲线与电弧静特性曲线必须相交。因为在交点，电源供给的电压和电流与电弧燃烧所需要的电压和电流相等，电弧才能燃烧。由于焊条电弧焊电弧静特性曲线的工作阶段在平特性区，所以只有下降外特性曲线才与其有交点，如图 8-1 中的 *A* 点，此时电弧可以在电压 $U_A$ 和焊接电流 $I_A$ 的条件下稳定燃烧。因此，具有下降外特性曲线的电源能满足焊条电弧焊电弧的稳定燃烧。

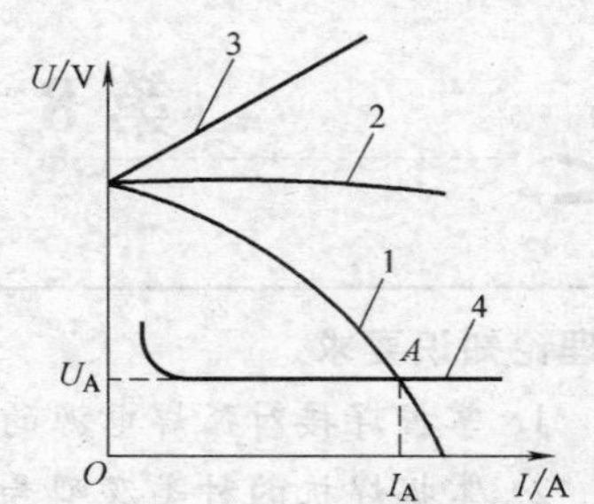


图 8-1　弧焊电源外特性曲线

1—下降外特性　2—平外特性

3—上升外特性　4—电弧静特性

图 8-2 所示为具有不同下降度的弧焊电源外特性曲线对焊接电流的影响情况。从图中可以看出，当弧长变化相同时，陡降外特性曲线 1 引起的电流偏差 $\Delta I_1$ 明显小于缓降外特性曲线 2 引起的电流偏差 $\Delta I_2$。因此当电弧长度变化时，陡降外特性电源引起的电流偏差小，电弧较稳定，缓降外特性电源引起的电流偏差大，不利于焊接参数的稳定。因此，焊条电弧焊应采用陡降外特性电源。

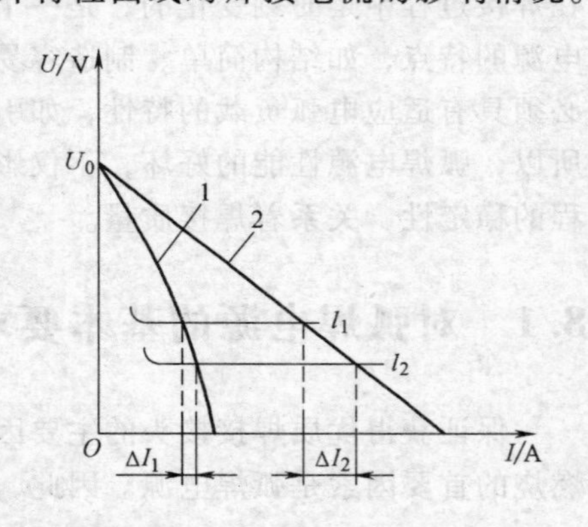


图 8-2　不同下降度的外特性曲线对焊接电流的影响

（2）钨极氩弧焊、等离子弧焊　钨极氩弧焊、等离子弧焊的电弧静特性曲线工作在平特性区，与焊条电弧焊相似，它们应采用具有下降的外特性电源。由于影响它们稳定燃烧的主要参数是焊接电流，虽然弧长的变化不如焊条电弧焊那么大，但为了尽量减少由外界因素干扰引起的电流偏差，故应采用具有陡降外特性的电源，所以一般焊条电弧焊电源均可作为钨极氩弧焊、等离子弧焊电源使用。

（3）$CO_2$ 气体保护电弧焊、熔化极活性气体保护电弧焊（MAG 焊）以及熔化极氩气保护电弧焊　这些焊接方法由于电流密度较大，电弧静特性曲线工作在上升特性区，按照焊条电弧焊同样的分析方法可知，采用平外特性、下降外特性电源均能保证电弧稳定燃烧。由于这些焊接方法采用等速送丝式控制系统，当弧长发生变化时，采用平外特性电源引起的电流偏差较大，电弧自身调节作用强，自动恢复速度快。所以 $CO_2$ 气体保护电弧焊、MAG 焊以及熔化极氩气保护电弧焊一般采用平外特性电源。

（4）埋弧焊　由于埋弧焊电弧静特性曲线一般工作在平特性区，所以按照焊

条电弧焊同样的分析方法可知，下降的外特性曲线电源能满足焊接电弧的稳定燃烧。对于等速送丝式埋弧焊，当电弧长度变化时，由于缓降的外特性曲线引起的电流偏差大，电弧自身调节作用强，所以要求采用缓降外特性电源；对于电弧电压自动调节的变速送丝式埋弧焊，当弧长变化时，陡降外特性电源引起的电流偏差小，有利于焊接参数稳定，所以应采用具有陡降外特性的电源。

### 8.1.2　对弧焊电源空载电压的要求

当弧焊电源通电而焊接回路为开路时，弧焊电源输出端电压称为空载电压。空载电压的确定应遵循以下几项原则：

1）为保证引弧容易，需要较高的空载电压。

2）从保证焊工人身安全的角度出发，空载电压低些为好。

3）从降低制造成本的角度，应采用较低的空载电压。因为弧焊电源的容量与焊接电流和焊接电压的乘积成正比。

因此，在确保引弧容易、电弧稳定的前提下，应尽量降低空载电压，一般不大于100V。常用交、直流弧焊电源的空载电压为：交流弧焊电源，焊条电弧焊 $U_0=55\sim70\text{V}$，埋弧焊 $U_0=70\sim90\text{V}$；直流弧焊电源：焊条电弧焊 $U_0=45\sim70\text{V}$，埋弧焊 $U_0=60\sim90\text{V}$。

### 8.1.3　对弧焊电源稳态短路电流的要求

弧焊电源稳态短路电流是弧焊电源所能稳定提供的最大电流，即输出端短路（电弧电压 $U_h=0$）时的电流。在引弧和金属熔滴过渡时，经常发生短路。若稳态短路电流太大，焊条过热，易引起药皮脱落，并增加熔滴过渡时的飞溅；若稳态短路电流太小，则会因电磁力不足而使引弧和焊条熔滴过渡产生困难。因此，对于下降外特性的弧焊电源，一般要求稳态短路电流为

$$I_{wd}=(1.25\sim2.0)I_h$$

式中　$I_{wd}$——稳态短路电流（A）；

$I_h$——焊接电流（A）。

### 8.1.4　对弧焊电源调节特性的要求

在焊接中，根据焊接材料的性质，厚度，焊接接头的形式、位置及焊条、焊丝的直径等不同，需要选择不同的焊接电流。这就要求弧焊电源能在一定范围内对焊接电流做均匀、灵活的调节，以便保证焊接接头的质量。

弧焊电源外特性曲线与电弧静特性曲线的交点，即是电弧稳定燃烧点。因此，为了获得一定范围所需的焊接电流，就必须要求弧焊电源具有可以均匀改变的外特性曲线组，以使之能与电弧静特性曲线相交，得到一系列的稳定工作点，从而获得对应的焊接电流，这就是弧焊电源的调节特性，如图8-3所示。焊条电弧焊的焊接

电流变化范围一般在 100～400A 之间。

### 8.1.5 对弧焊电源动特性的要求

弧焊电源的动特性是指弧焊电源对焊接电弧的动态负载所输出的电流、电压与时间的关系，它表征弧焊电源对动态负载瞬间变化的反应能力。动特性合适时，引弧容易、电弧稳定、飞溅小且焊缝成形良好。弧焊电源的动特性是衡量弧焊电源质量的一个重要指标。

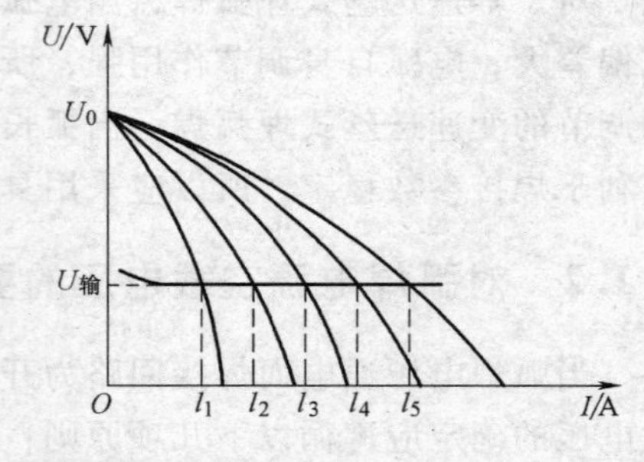


图 8-3 焊条电弧焊电源的调节特性

## 8.2 焊机的分类及型号

### 8.2.1 焊机的分类、特点及应用

焊机按结构原理可以分为四大类型：交流焊机、直流焊机、脉冲焊机和逆变焊机。按电流性质可以分为两大类型：交流电源和直流电源。

**1. 交流焊机**

交流焊机一般指的是弧焊变压器，它的作用是把网路电压的交流电变成适宜于电弧焊的低压交流电。它具有结构简单、易造易修、成本低、磁偏吹小、噪声小及效率高等优点，但电弧稳定性较差，功率因数较低。它一般用于焊条电弧焊、埋弧焊和钨极氩弧焊等方法。

**2. 直流焊机**

直流焊机又分成直流发电焊机和整流器直流焊机两类。

（1）直流发电焊机　直流发电焊机由直流发电机和原动机（电动机、柴油机、汽油机）组成。其特点是坚固耐用，电弧燃烧稳定，但损耗较大，效率低、噪声大、成本高、质量大及维修难，属于国家规定的淘汰产品。

（2）整流式直流焊机　整流式直流焊机是把交流电经降压整流后获得直流电的电气设备。它具有制造方便、价格较低、空载损耗小和噪声小等优点，且大多数可以远距离调节焊接参数，能自动补偿电网电压波动对输出电压、电流的影响。可以作为各种焊接方法的弧焊电源。

**3. 逆变焊机**

把单相或三相交流电经整流后，由逆变器转变为几千至几万赫兹的中频交流电，经降压后输出交流电或直流电。它具有高效、节能、质量轻、体积小、功率因素高和焊接性好等优点，可用于各种焊接方法，是一种最优发展前途的新型弧焊电源。

**4. 脉冲焊机**

脉冲焊机提供的电流是周期性脉冲式的。它具有效率高、热输入较小、可在较大范围内调节热输入等优点。它特别适合于对热输入较敏感的高合金材料、薄板和全位置焊接。

## 8.2.2　焊机的型号

**1. 焊机的型号编制**

焊机的型号是根据 GB/T 10249—2010《电焊机型号编制方法》制定的。焊机型号采用汉语拼音字母和阿拉伯数字表示。型号的编排次序及含义如下：

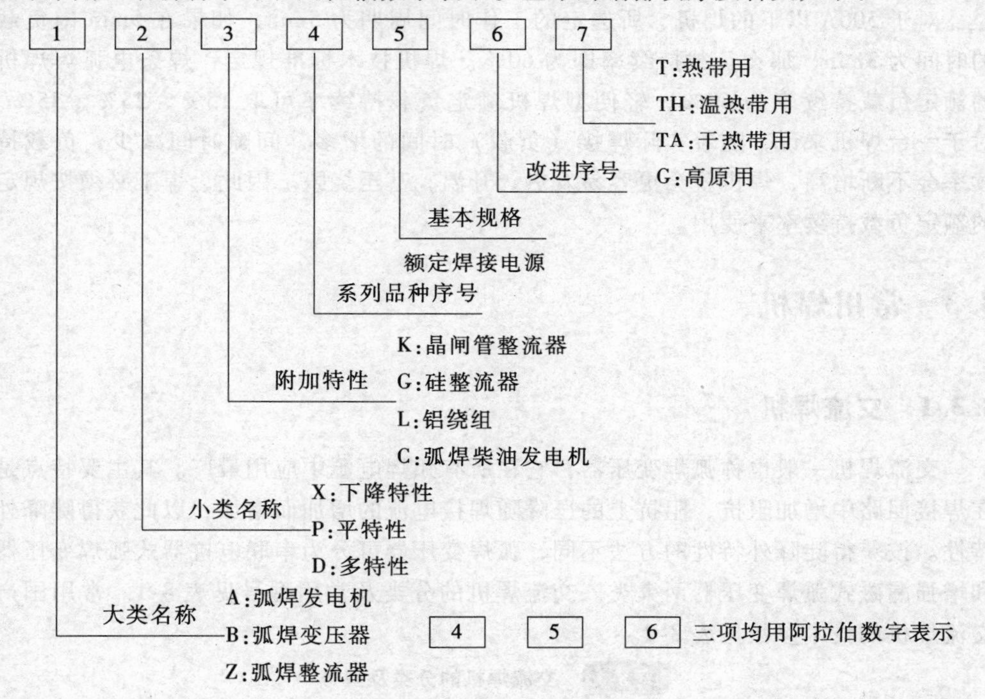


注：第四项系列产品序号中，同小类中区别不同系列以数字表示。例如，弧焊变压器类以“1”表示动铁系列，“3”表示动圈系列；弧焊整流器中以“1”表示动铁系列，“3”表示动圈系列，“5”表示晶闸管系列，“7”表示逆变系列。

例如，BX3-300：产品系列序号为 3，具有下降外特性的弧焊变压器，额定焊接电流为 300A。ZX5-400：具有下降外特性的晶闸管整流直流焊机，额定焊接电流为 400A。

**2. 焊机铭牌**

（1）铭牌的作用　铭牌标明了焊机的名称、型号及各项主要技术参数；绝缘等级、适用标准，可供安装、使用和维护等工作参照。铭牌还标明了制造厂、生产年月和产品编号等。铭牌也是产品符合有关标准的合格证。

（2）铭牌中的主要参数

1）额定值。额定值即是对焊机规定的使用限额，如额定电压、额定电流和额定功率等。按额定值使用焊机，应是最经济合理、安全可靠的，既充分利用了设备，又保证了设备的正常使用寿命。超过额定值工作称为过载，严重过载将会损坏设备。

2）负载持续率。负载持续率是指焊机负载的时间与整个工作时间周期的百分率。可用以下公式表示，即

$$负载持续率=\frac{在选定的工作时间周期内焊机的负载时间}{在选定的工作时间周期}\times 100\%$$

对于500A以下的焊机，所选定的工作时间周期为5min，如果在5min内负载的时间为3min，那么负载持续率即为60%。焊机技术标准规定，焊条电弧焊焊机的额定负载持续率为60%，轻便型焊机额定负载持续率可取15%、25%、35%。对于一台焊机来说，随着实际焊接（负载）时间的增多，间隙时间减少，负载持续率会不断增高，焊机就会更容易发热、升温，甚至烧毁。因此，焊工必须按规定的额定负载持续率来使用。

## 8.3 常用焊机

### 8.3.1 交流焊机

交流焊机一般也称弧焊变压器，它在所有弧焊电源中应用最广。其主要特点是在焊接回路中增加阻抗，阻抗上的压降随焊接电流的增加而增加，以此获得陡降外特性。按获得陡降外特性的方法不同，弧焊变压器可分为串联电抗器式弧焊变压器和增强漏磁式弧焊变压器两大类。交流焊机的分类及常用型号见表8-1。常用国产交流焊机的技术参数见表8-2。

表8-1 交流焊机的分类及型号

| 类　型 | 结构形式 | 国产常用型号 |
|---|---|---|
| 串联电抗器式 | 分体式 | BP-3×500　BN-300　BN-500 |
| | 同体式 | BX-500　BX2-500　BX2-1000 |
| 增强漏磁式 | 动铁心式 | BX1-135　BX1-300　BX1-500 |
| | 动圈式 | BX3-300　BX3-500　BX3-1-300　BX3-1-500 |
| | 抽头式 | BX6-120-1　BX6-160　BX6-120 |

#### 1. 动圈式交流焊机

动圈式交流焊机采用的是增强漏磁式弧焊变压器，国产焊机产品属BX3系列，如BX3-300型、BX3-500型等，主要用于焊条电弧焊，BX3-1-300型、BX3-1-500

型等主要用于氩弧焊，后者的空载电压分别比前者略高。现以 BX3-300 型交流焊机，为例进行说明，如图 8-4 所示。

表 8-2 常用国产交流焊机技术参数

| 产品型号 | 额定输容量/kW | 一次侧电压/V | 工作电压/V | 空载电压/V | 额定焊接电流/A | 焊接电流调节范围/A | 负载持续率(%) | 外形尺寸/mm | | |
|---|---|---|---|---|---|---|---|---|---|---|
| | | | | | | | | 长 | 宽 | 高 |
| BX-300 | 24.5 | 380 | 32 | 78 | 300 | 75 ~ 400 | 60 | 640 | 475 | 772 |
| BX-300 | 20.5 | 380 | 30 | 60 或 70 | 300 | 40 ~ 400 | 60 | 520 | 525 | 800 |
| BX-500 | 32 | 380 | 30 | 60 | 500 | 150 ~ 700 | 65 | 810 | 410 | 860 |
| BX-120-1 | 6 | 380 | 24.8 | 50 | 120 | 45 ~ 160 | 20 | 400 | 252 | 193 |

1）构造。BX3-300 型交流焊机的结构如图 8-5 所示。它有一个高而窄的口字形铁心。变压器的一次绕组分成两部分，固定在口字形铁心两心柱的底部。二次绕组也分成两部分，装在两铁心柱的上部并固定于可动的支架上，通过丝杠连接，转动手柄可使二次绕组上下移动，以改变一、二次绕组间的距离，从而调节焊接电流的大小。一、二次绕组可以分别接成串联（接法Ⅰ）或并联（接法Ⅱ），使之得到较大的电流调节范围。

图 8-4 BX3-300 型交流焊机

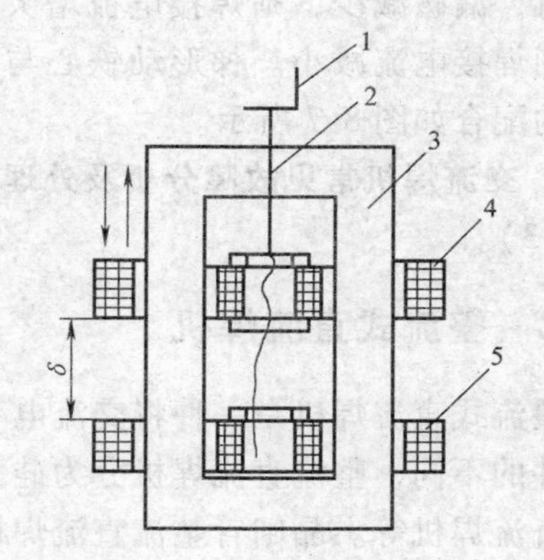


图 8-5 BX3-300 型交流电焊机结构

1—手柄 2—调节丝杠 3—铁心
4—二次绕组（可动） 5——次绕组

2）电流调节。焊接电流的调节有两种方法，即粗调节和细调节。粗调节是通过改变一、二次绕组的接线方法（接法Ⅰ或接法Ⅱ），即通过改变一、二次绕组的匝数进行调节。当接成接法Ⅰ时，空载电压为 75V，焊接电流调节范围为 40 ~ 125A；当接成接法Ⅱ时，空载电压为 60V，焊接电流调节范围为 115 ~ 400A。细调节是通过手柄来改变一、二次绕组的距离进行。一、二次绕组距离越大，漏磁增加，焊接电流就减小；反之，则焊接电流增大。

**2. 动铁心式交流焊机**

变压器由一个口字形固定铁心和一个活动铁心组成，活动铁心构成了一个磁分路，以增强漏磁，使焊机获得陡降外特性。

国产动铁心式交流焊机目前有BX1系列，常用的BX1-300型交流焊机结构如图8-6所示。它是梯形动铁心式的弧焊变压器，它的一次和二次绕组各自分成两半分别绕在变压器固定铁心上，一次绕组两部分串联连接电源，二次绕组两部分并联连接焊接回路。

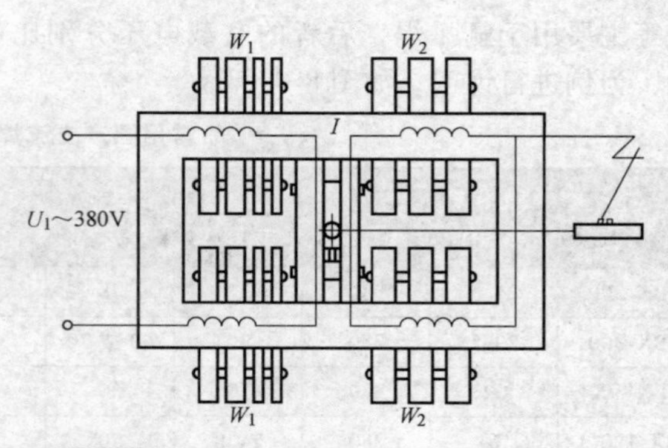


图 8-6 动铁心式弧焊变压器的结构原理图

BX1-300型焊机的焊接电流调节方便，仅需移动铁心就可满足电流调节要求，其调节范围为75～400A，调节范围广。当活动铁心由里向外移动而离开固定铁心时，漏磁减少，则焊接电流增大；反之，则焊接电流减小。梯形动铁心与固定铁心的配合如图8-7所示。

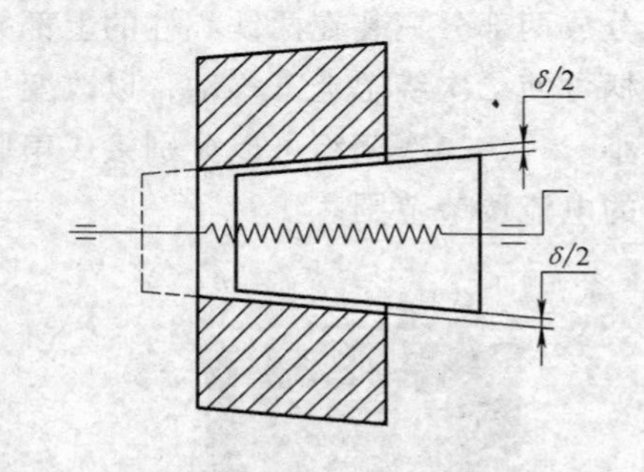


图 8-7 梯形动铁心与固定铁心的配合

**3. 交流焊机常见故障分析及处理方法**（表8-3）。

## 8.3.2 整流式直流焊机

整流式直流焊机是一种将交流电变压、整流转换成直流电的弧焊电源。根据整流元件的不同，整流直流焊机分为硅整流直流焊机、晶闸管整流直流焊机和晶体管整流直流焊机等。晶闸管整流直流焊机以其优异的性能已逐步代替了直流发电焊机和硅整流直流焊机，是目前应用最广泛的直流弧焊电源。

**1. 晶闸管整流直流焊机的原理及组成**

晶闸管整流直流焊机是一种电子控制的弧焊电源，它是利用晶闸管来整流，以获得所需的外特性并调节电流、电压的。其原理如图8-8所示。常用国产晶闸管整流直流焊机技术参数见表8-4。

ZX5-400型晶闸管整流直流焊机采用全集成电路控制电路、三相全桥式整流电源，外形如图8-9所示。它主要由三相主变压器、晶闸管组、直流电抗器、控制电路和电源控制开关等部件组成。

**2. 晶闸管整流直流焊机的特点**

1）动特性好，电弧稳定，熔池平静，飞溅小，焊缝成形好，有利于全位置

焊接。

表 8-3　交流焊机常见故障分析及处理方法

| 故障现象 | 可能产生的原因 | 处理方法 |
| --- | --- | --- |
| 焊接过热 | 1. 弧焊变压器过载<br>2. 变压器线圈短路<br>3. 铁心螺杆绝缘损坏 | 1. 减小使用的焊接电流<br>2. 排除短路现象<br>3. 恢复绝缘 |
| 焊接过程中电流忽大忽小 | 1. 焊接电缆与焊件接触不良<br>2. 可动铁心随焊机的振动而移动 | 1. 使焊接电缆与焊件接触良好<br>2. 设法阻止可动铁心的移动 |
| 可动铁心在焊接过程中发出强烈的嗡嗡声 | 1. 可动铁心的制动螺钉或弹簧太松<br>2. 铁心活动部分的移动机构损坏 | 1. 旋紧螺钉，调整弹簧的拉力<br>2. 检查修理移动机构 |
| 外壳带电 | 1. 一次绕组或二次绕组碰外壳<br>2. 电源线误碰外壳、焊接电缆误碰外壳<br>3. 未接接地线或接地线接触不良 | 1. 检查并清除接外壳处<br>2. 排除碰外壳现象<br>3. 接妥接地线 |
| 焊接电流过小 | 1. 焊接电缆过长，压降太大<br>2. 焊接电缆卷成盘形，电感很大<br>3. 电缆接线柱或焊件与电缆接触不良 | 1. 缩短电缆长度或加大电缆直径<br>2. 将电缆放开，不呈盘形<br>3. 使接头处接触良好 |

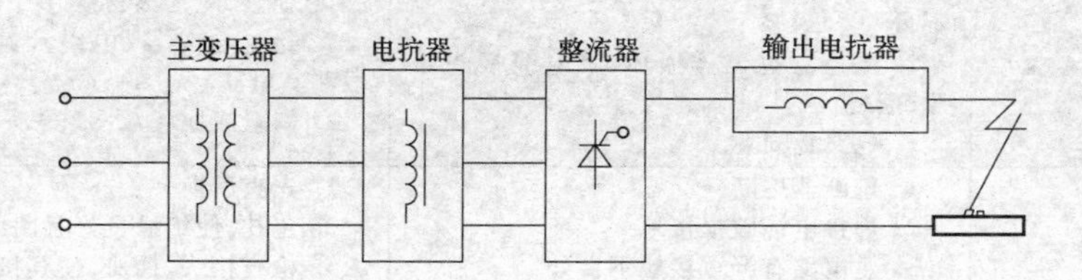


图 8-8　晶闸管整流直流焊机原理图

表 8-4　常用国产晶闸管整流直流焊机技术参数

| 产品型号 | 额定输入容量/kW | 一次电压/V | 工作电压/V | 额定焊接电流/A | 焊接电流调节范围/A | 负载持续率/% | 质量/kg | 主要用途 |
| --- | --- | --- | --- | --- | --- | --- | --- | --- |
| ZX5-250 | 14 | 380 | 21 ~ 30 | 250 | 25 ~ 250 | 60 | 150 | 适用于焊条电弧焊及氩弧焊 |
| ZX5-400 | 24 | 380 | 21 ~ 36 | 400 | 40 ~ 400 | 60 | 200 | |
| ZX5-630 | 48 | 380 | 44 | 630 | 130 ~ 630 | 60 | 260 | |

2）具有推力电流装置，施焊时可保证引弧容易且焊条不易粘住熔池，操作方便，可远距离调节电流。

3）装有连弧操作和灭弧操作选择装置：当选择连弧操作时，可以保证电弧拉长，不易熄弧；当选择灭弧操作时，配以适当的推力电流可以保证焊条一接触焊件就引燃电弧，电弧拉到一定长度就熄弧，并且灭弧的长度可调节。

4）电源控制板全部采用集成电路元件，出现故障时，只需更换备用板，焊机就能正常使用，维修很方便。

**3. 晶闸管整流直流焊机常见故障分析及处理方法**

晶闸管整流直流焊机常见故障分析及处理方法见表8-5。

图8-9 ZX5-400型晶闸管整流直流焊机

## 8.3.3 逆变焊机

将直流电变换成交流电称为逆变，实现这种变换的装置称为逆变器。为焊接电弧提供电能，并具有弧焊方法所要求性能的逆变器，即为逆变焊机或称为弧焊逆变器。目前，各类逆变焊机已应用于多种焊接方法，逐步成为焊机更新换代的重要产品。

表8-5 晶闸管整流直流焊机常见故障分析及处理方法

| 故障现象 | 可能产生的原因 | 处理方法 |
| --- | --- | --- |
| 无空载电压 | 1. 控制箱焊接电缆或地线接头接触不良<br>2. 遥控盒电位器损坏，其电缆接头松脱、断线<br>3. 电路板损坏 | 1. 旋紧，使其接触良好<br>2. 检查电位器、电缆及其接头，可分段测其电压<br>3. 修复或换板 |
| 焊接电流调节失灵 | 1. 熔断器熔断<br>2. 焊接电缆破损接地<br>3. 主电路有严重接触不良处<br>4. 近/远控制开关损坏<br>5. 调节电位器损坏，电缆线接头松脱、断线<br>6. 有关信号电路断线、元件损坏<br>7. 晶闸管损坏<br>8. 电路板损坏 | 1. 先查后换<br>2. 包扎，使绝缘良好且耐磨<br>3. 检查接头、插头，使其接触良好<br>4. 修理或更换<br>5. 检查电位器、电缆及其接头，可分段测其电压<br>6. 检查元件及线路，修理或更换<br>7. 检测晶闸管及触发线路<br>8. 修复或换板 |
| 焊接电压、电流不稳 | 1. 控制电路或主电路某处接触不良<br>2. 分流器到控制板的引线松动<br>3. 滤波电抗器匝间短路 | 1. 检查电路各处接触情况及熔断器，使其接触良好<br>2. 使其接触良好<br>3. 消除短路处 |
| 焊接过程中，电流忽然变小、电压降低或无输出电流 | 1. 风扇不转或焊机长期过载，使机内温升太高，从而使温度继电器动作<br>2. 熔断器熔断<br>3. 晶闸管损坏或不导通 | 1. 检修风机，按负载持续率使用焊机<br>2. 检查后更换<br>3. 检测晶闸管及触发电路 |

**1. 逆变焊机的原理及组成**

逆变焊机原理如图8-10所示。逆变焊机通常采用三相交流电供电，经整流和滤波后变成直流电，然后借助大功率电子开关元件（晶闸管、晶体管、场效应管

或绝缘栅双极晶体管 IGBT)，将其逆变成几千到几万赫兹的中频交流电，经中频变压器降至适合焊接的几十伏电压，再经整流器整流和滤波器滤波，则可输出适合焊接的直流电。弧焊逆变器的基本原理可以归纳为

工频交流→ 整流滤波→直流→逆变→中频交流→降压→低压直流

逆变焊机主要由输入整流器、电抗器、逆变器、中频变压器、输出整流器、电抗器及电子控制电路等部件组成。国产 ZX7-400 型逆变焊机外形如图 8-11 所示。

常用国产逆变焊机的技术参数见表 8-6。

表 8-6　常用国产逆变焊机的技术参数

| 产品型号 | 额定输入容量/kW | 一次侧电压/V | 工作电压/V | 额定焊接电流/A | 焊接电流调节范围/A | 负载持续率/% | 质量/kg | 主要用途 |
|---|---|---|---|---|---|---|---|---|
| ZX7-250 | 9.2 | 380 | 30 | 250 | 50～250 | 60 | 35 | 用于焊条电弧焊或氩弧焊 |
| ZX7-400 | 14 | 380 | 36 | 400 | 50～400 | 60 | 70 | |

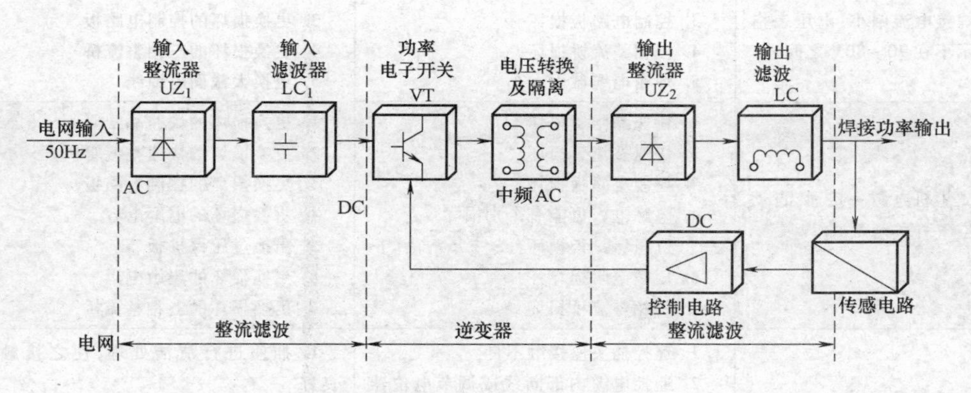


图 8-10　逆变焊机原理图

**2. 逆变焊机的特点**

1）高效节能。逆变焊机的效率可达 80%～90%，空载损耗极小，一般只有数十瓦至一百余瓦，节能效果显著。

2）质量轻、体积小。中频变压器的质量仅为传统弧焊电源降压变压器的几十分之一，整机质量仅为传统弧焊电源的 1/10～1/5。

3）具有良好的动特性和弧焊工艺性能，如引弧容易、电弧稳定、焊缝成形美观以及飞溅少等。

4）调节速度快。所有焊接参数均可无级调整。

5）具有多种外特性，能适应各种弧焊方法，并适合于与机器人结合组成自动焊接生产线。

图 8-11　ZX7-400 型逆变焊机

### 3. 逆变焊机常见故障分析及处理方法

逆变焊机常见故障分析及处理方法见表8-7。

表8-7　逆变焊机常见故障分析及处理方法

| 故障现象 | 可能产生的原因 | 处理方法 |
| --- | --- | --- |
| 开机后指示灯不亮，风机不转 | 1. 电源断相<br>2. 自动空气开关损坏<br>3. 指示灯接触不良或损坏 | 1. 解决电源断相<br>2. 更换自动空气开关<br>3. 清理指示灯接触面或更换指示灯 |
| 开机后电源指示灯不亮，电压表指示70～80V，风机和焊机工作正常 | 电源指示灯接触不良或损坏 | 1. 清理指示灯接触面<br>2. 更换损坏的指示灯 |
| 开机后焊机无空载电压输出 | 1. 电压表损坏<br>2. 快速晶闸管损坏<br>3. 控制电路板损坏 | 1. 更换电压表<br>2. 更换损坏的快速晶闸管<br>3. 更换控制电路板 |
| 开机后焊机能工作，但焊接电流偏小，电压表指示不在70～80V之间 | 1. 三相电源断相<br>2. 换向电容可能有个别损坏<br>3. 控制电路板损坏<br>4. 三相整流桥损坏<br>5. 焊钳电缆截面太小 | 1. 恢复断相电源<br>2. 更换损坏的换向电容<br>3. 更换损坏的控制电路板<br>4. 更换损坏的三相整流桥<br>5. 更换大截面电缆线 |
| 焊机电源一接通，自动空气开关就跳闸 | 1. 快速晶闸管损坏<br>2. 快速整流管损坏<br>3. 控制电路板损坏<br>4. 电解电容可能有个别损坏<br>5. 过压保护板损坏<br>6. 压敏电阻损坏<br>7. 三相整流桥损坏 | 1. 更换损坏的快速晶闸管<br>2. 更换损坏的快速整流管<br>3. 更换损坏的控制电路板<br>4. 更换损坏的电解电容<br>5. 更换过压保护板<br>6. 更换损坏的压敏电阻<br>7. 更换损坏的三相整流桥 |
| 控制失灵 | 1. 遥控插头座接触不良<br>2. 遥控电缆内部断线或调节电位器损坏<br>3. 遥控开关设置于遥控位上 | 1. 插座进行清洁处理，使之接触良好<br>2. 更换导线或更换电位器<br>3. 将遥控选择开关置于遥控位上 |
| 焊接过程中出现连续断弧现象 | 1. 输出电流偏小<br>2. 输出极性接反<br>3. 焊条牌号选择不对<br>4. 电抗器有匝间短路或绝缘不良的现象 | 1. 增大输出电流<br>2. 改接电焊机输出极性<br>3. 更换焊条<br>4. 检查及维修电抗器匝间短路或绝缘不良的现象 |

## 8.4　焊机的选用及使用注意事项

### 8.4.1　焊机的选用

#### 1. 焊机电源性质的选择

焊条电弧焊时，根据焊条药皮种类和性质选择焊机电源性质。凡低氢型焊条如

E5015 可选用直流电源；而 E5016 则选择交流电源；对于酸性焊条应选用交流电源。埋弧焊时，若采用碱性焊剂，应选用直流电源；采用酸性焊剂时，若条件许可，也应选用直流电源。

钨极氩弧焊时，要根据被焊材料的种类来选择焊机电源性质。焊接铝、镁及其合金时，需采用交流电源；焊接其他材料时，最好采用直流电源。$CO_2$ 焊、MAG 焊则应选用直流电源，有条件的可以选择逆变电源。而熔化极氩弧焊应选用逆变脉冲电源。

**2. 焊机容量的选择**

按照所需要的焊接电流大小，对照焊机型号后的数字选择即可。但是如果使用负载持续率较高，如碳弧气刨，则应选择使用容量较大的焊机。

**3. 电源特性的选择**

焊条电弧焊、手工钨极氩弧焊和自动埋弧焊都应选用下降特性电源。$CO_2$ 焊、MAG 焊一般选择平外特性电源，其他焊接方法则应根据负载特性选择相应的电源。

## 8.4.2　焊机的使用注意事项

1）新的或长期未用的焊机，常由于受潮使绕组间、绕组与机壳间的绝缘电阻大幅度降低，在开始使用时容易发生短路和接地，造成设备和人身事故。因此在使用前应用摇表检查其绝缘电阻是否合格。

2）启动新焊机前，应检查电气系统接触是否良好；电源接入网路时，网路电压必须与其一次电压相符；焊机外壳必须接地或接零。确认正常后，可在空载下启动试运行，证明无电气隐患时，方可在负载情况下试运行，最后才能投入正常运行。

3）改变极性和调节电流必须在空载或切断电源的情况下进行。

4）焊机应放在通风良好而又干燥的地方，不应靠近高热地区，并保持平稳。

5）严格按焊机的额定焊接电流和负载持续率使用，不要使其在过载状态下运行。

## 8.4.3　焊机的日常维护

1）检查焊机输出接线连接处应可靠绝缘，接线规范、牢固。接线处电缆裸露长度小于 10mm，并且出线方向向下接近垂直，与水平夹角必须大于 70°。

2）检查电缆连接处的螺钉是否紧固，平垫、弹垫是否齐全，有无生锈氧化等不良现象。

3）检查焊机电源线、输出电缆与焊机的接线处屏护罩是否完好，机壳接地是否牢靠、规范。

4）检查焊机输出电缆与母材接触是否良好、规范。

5）检查焊机外观是否良好、有无严重变形，焊机车轮是否齐全转动灵活，冷却风扇转动是否灵活、正常。

6）检查焊机电源开关、电源指示灯及调节手柄旋钮是否保持完好，电流表，电压表指针是否灵活、准确，表面是否清楚无裂纹，是否表盖完好且开关自如。

7）检查焊钳有无破损、上下罩壳是否松动影响绝缘，罩壳紧固螺钉是否松动、与电缆连接牢固导电良好。

8）每周应彻底清洁设备表面油污一次。每半年应对焊机内部用不含水分的压缩空气清除一次内部的粉尘（一定要切断电源后再清扫）。

**☆考核重点解析**

焊机即弧焊电源。在电弧焊中，焊接电弧是焊接回路中的负载，焊机则是为电弧负载提供电能并保证焊接工艺过程稳定的装置。电弧与一般的电阻负载不同，焊接过程中是时刻变化的，是一个动态的负载。焊工应了解弧焊电源具有与一般电力电源不同的特点，掌握焊接对弧焊电源的基本要求及焊机的种类及型号常识，熟悉焊机铭牌常识，牢记逆变焊机的选用特点、常见故障分析及处理方法以及常用焊机的工作原理、选择、应用和日常维护常识。

## 复习思考题

1. 什么是弧焊电源的外特性曲线？是不是所有焊接方法都采用下降的外特性曲线？举例说明。
2. 对弧焊电源的空载电压有哪些基本要求？
3. 什么是负载持续率？为什么必须按照规定的额定负载持续率来使用焊机？
4. 分别说明 BX3—300、ZX5—400 焊机型号的意义。
5. 逆变焊机有何优点？简要叙述它的基本工作原理。

# 第9章　冷加工基础知识

☺理论知识要求

1. 掌握钳工基础知识。

2. 掌握钣金工基础知识。

## 9.1　钳工基础知识

### 9.1.1　平面划线

根据图样和实物的要求，在毛坯或半成品上以及在被加工的材料上，划出加工界线、加工图形的过程称为划线。

**1. 划线工具**

（1）基准工具　基准工具有划线平板、方箱、V形铁、三角铁及各种分度头等。

（2）直接划线工具　直接划线工具有划针、划线盘、圆规、样冲、各种角尺及锤子等。

（3）测量工具　测量工具有钢直尺、游标卡尺、高度尺及游标万能角度尺等。

**2. 划线前的准备工作**

划线前，首先将毛坯件上的氧化皮、浇冒口、残留污垢以及已加工工件的毛刺、切屑等清除干净，然后涂色。铸铁和锻件毛坯表面涂石灰水，已加工表面划线前涂蓝油，精密工件表面涂硫酸铜溶液，使线条明显清晰，最后进行划线。

无论在何种材料工件上涂色，涂料要尽量刷在要划线的部位，并要刷得薄而均匀。

**3. 划线基准的选择**

在划线时用来确定零件各部位尺寸、几何形状及相对位置的依据称为划线基准。划线基准的选择，一般应遵循以下原则：

1）以两条对称中心线为基准。

2）以两条互相垂直的线（或平行线）为基准。

3）以一个平面和一条中心线为基准。

**4. 平面划线法**

可根据零件尺寸和形状的要求，先加工一块平面划线样板，然后以划线样板为基准，在零件表面上仿划出零件的加工界线。

### 9.1.2 錾削

用锤子敲击錾子对金属进行切削加工的方法称为錾削。錾削一般用于不便于机械加工的场合，其工作内容有除去毛刺、分离材料和錾槽等，有时也用于较小表面的粗加工。

**1. 錾子的种类**

錾削所用的錾子是按不同加工的内容来选择的，常用的錾子有扁錾、狭錾和油槽錾，如图 9-1 所示。

扁錾用来錾削平面，錾切工件的毛边、尖棱和切断材料等。狭錾主要用于錾削键槽。油槽錾主要用于錾削润滑油槽。

**2. 錾削方法**

錾削要注意姿势，左手自如地握着錾子，不要握得过紧，一面敲击时掌心承受的震动过大，錾子的握法如图 9-2 所示。大面积錾削、錾槽时采用正握法；剔毛刺、侧面錾切及使用较短小的錾子时用反握法；錾切材料时用正握法。

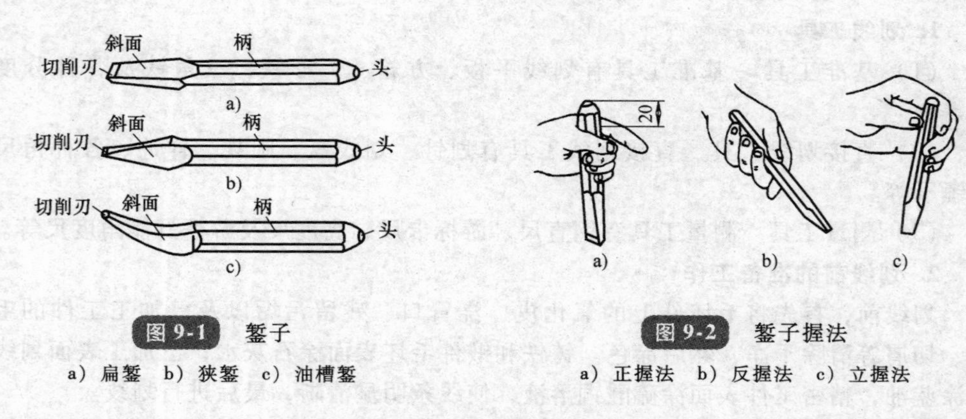


图 9-1 錾子
a）扁錾 b）狭錾 c）油槽錾

图 9-2 錾子握法
a）正握法 b）反握法 c）立握法

錾削时，要注意操作，錾削将近尽头时，要调头换个方向（从末端向里錾），以免工件边缘断裂。錾削时应注意：

1）錾子刃要磨锋利，过钝的錾子不但工作时费力，錾出的表面不平整，而且容易打滑，引起手部创伤事故。

2）錾子头部有明显的毛刺时，要及时磨掉，避免伤手。

3）发现锤子木柄有松动或损坏，要立即装牢或更换，以免锤头脱落，飞击伤人。

4）要防止錾削的碎屑飞溅伤人，必要时刻戴防护眼镜。

5）錾子头部不应沾油，以防打滑。

6）錾削疲劳时要适当休息片刻，以防手臂过度疲劳而击偏伤手。

### 9.1.3　锯削

锯削是用手工割锯将金属物（或坯料）分割、开缝和锯出狭槽的加工方法。手锯由钢锯架和手用钢锯条所组成。钢锯条安装时，锯齿的齿尖要朝前，如图9-3所示。安装时不应装得歪斜，其拉紧程度以工作时锯条不致弯曲为度。

**1. 锯条锯齿类型的选择**

锯条有粗齿锯条和细齿锯条之分。一般来说，锯削软金属的工件时用粗齿条；锯削硬金属的工件及薄板和薄壁管子时用细齿锯条。当选择粗、细锯齿时，还应保证在锯削截面上至少要有三个以上的锯齿同时参加锯削。

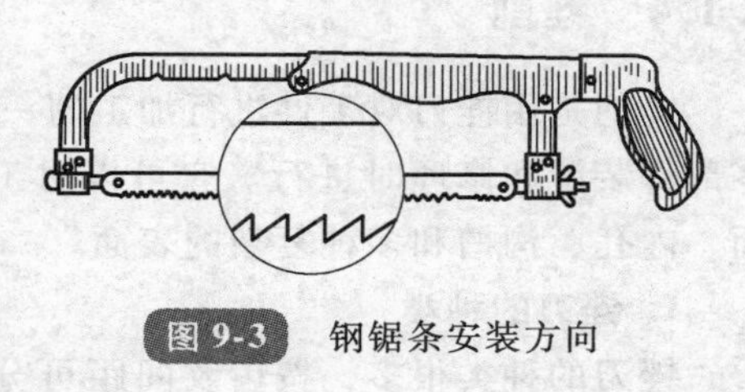

图9-3　钢锯条安装方向

**2. 锯削的方法**

（1）操作　起锯是锯削的开始，直接影响着锯削的质量。起锯有近边起锯和远边起锯两种方法，如图9-4所示。

一般情况下都采用从工件前端起锯，起锯时锯条与工件的角度约为15°，角度不可过大，否则锯齿容易钩住工件的棱边，使锯条崩断。当锯缝质量要求较高时，可用三角锉在起锯部位锉出一个细槽，或用左手拇指靠住钢锯条，在起锯处慢慢起锯，锯削出深为2～3mm的引导槽即可。

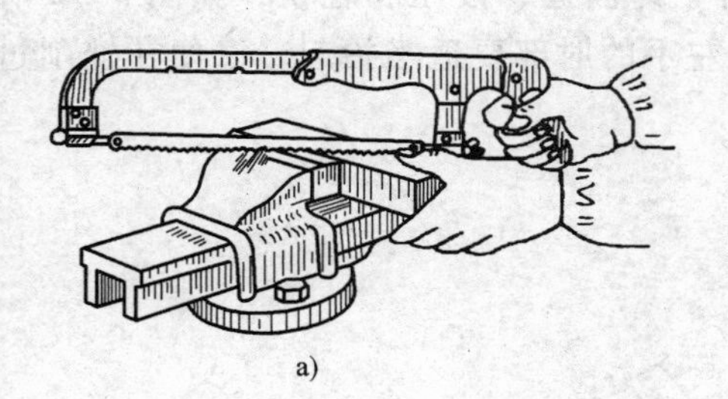

a)

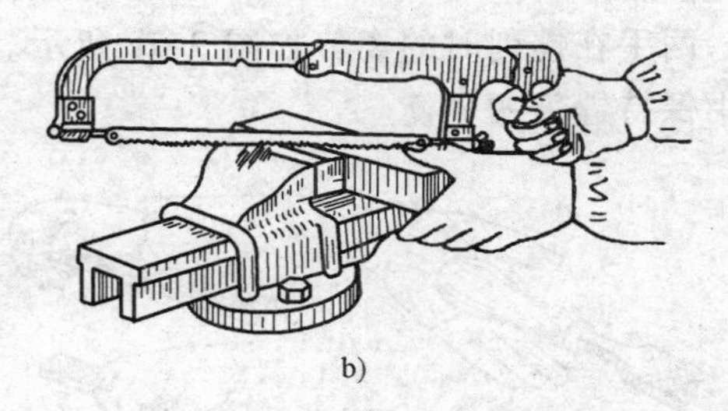

b)

图9-4　握锯、起锯的方法和角度

a）近边起锯　b）远边起锯

（2）注意事项

1）工作时，用右手握持架柄，拇指在上，用左手轻握锯架前端；弓锯在前进行程中应加压力，回行中不用压力，并将其稍稍抬起。

2）工件快要锯断时压力要减小，不要突然用大力锯削，以防锯条折断时从弓锯上弹出伤人。

3）工件被锯下的部分要防止跌落在脚上。

4）锯缝歪斜纠偏，应在新的部位重新开锯，且勿在原锯口强行纠正而使锯条折断。

5）起锯钢件时，应在钢锯条和锯缝内加少许机油进行润滑和冷却，以减少锯齿的磨损。

### 9.1.4 锉削

锉削是用锉刀对工件进行加工的一种方法。锉削通常在錾削、锯削之后，或在零部件装配和修理时进行。它可以对工件进行粗、精加工，可以加工工件的外表面、内孔、沟槽和多种复杂的表面。

**1. 锉刀的种类**

锉刀的种类很多，按齿纹间距可分为粗锉、中锉、细锉和油光锉；按用途来分，有钳工锉、特种锉和整形锉三大类。

钳工锉按其断面形状的不同，分为平锉（扁锉）、方锉、三角锉、半圆锉和圆锉等五种，又称为普通锉。特种锉是加工特殊表面用的，其断面形状应与加工表面的选择相适应。整形锉用于修整工件上小而精细的部位，其断面形状多种多样，又称为什锦锉。

**2. 锉削方法**

根据锉刀尺寸的大小，锉削时握法有所不同。对于大尺寸锉刀（长度 250mm 以上），用右手握锉刀柄，柄端顶着掌心，大拇指放在柄的上方，其余手指满握锉刀柄，如图 9-5a 所示。左手的握法有三种，即满握、按压和轻扶，如图 9-5b 所示。两手在锉削时的姿势如图 9-5c 所示。左手的肘部要适当抬起，以便在锉削过程中保持锉刀的平衡。

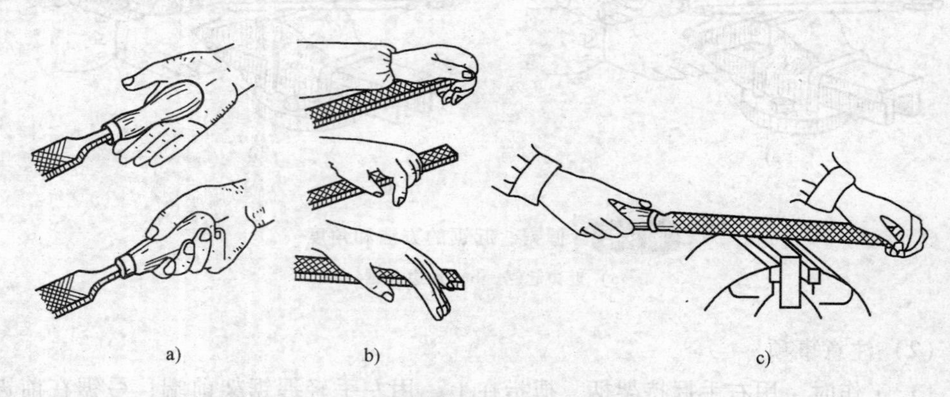


图 9-5 锉刀的握法

锉削分平面锉削和曲面锉削。平面锉削有顺向锉、交叉锉和推锉三种方法。顺向锉适用于平面最后锉光和锉平，以获得较为整齐美观的锉痕；交叉锉适用于大平面和较大余量的锉削；推锉适用于狭长平面以及加工余量不大的锉削。

锉削时，推力的大小主要用右手控制，压力的大小由两手控制。两手加于锉刀上的压力应随锉刀的运动而改变，随着锉刀的推进，右手逐渐增大压力，左手逐渐减小压力，否则工件两端会出现塌边现象。当锉刀拉回来时，应稍微抬起，脱离工件，以防磨钝锉齿，避免屑粒划伤工件表面。

锉好的平面应用钢直尺或刀口形直尺以透光法来检查其平整程度。

**3. 锉削注意事项**

1）清除切屑工作要用毛刷进行。

2）有氧化皮、硬皮和砂粒的铸件，必须在砂轮上磨掉或先用锉刀的前端或边齿来加工，之后才可以用旧锉刀锉削。

3）锉削时，要保证平稳的锉削姿势，戴上防护手套。

4）每次用完锉刀后，要用锉刷把残留的铁屑刷去，以免生锈。

5）不用手指触摸锉削表面，因为手指上的油污会使锉刀打滑。

6）锉刀很脆，不能当撬棒、锤子使用。

## 9.2　钣金工的基础知识

### 9.2.1　钢材矫正

钢板和型钢受轧制、下料和存放不妥等因素的影响，会产生变形或表面产生锈蚀、氧化皮等。因此，必须对变形钢材进行矫正及预处理，才能进行后续工序的加工。这对保证产品质量、缩短生产周期相当重要。

**1. 钢材变形的原因**

（1）轧钢过程中引起的变形　钢材轧制时，如果轧辊弯曲，轧辊间隙不一致等，会使板料在宽度方向的压缩不均匀。延伸得较多的部分受延伸较少部分的拘束而产生压缩应力，而延伸较少部分产生拉应力。因此，延伸得较多部分在压缩应力作用下可能产生失稳而导致变形。

（2）钢材因运输和不正确堆放产生的变形　焊接结构使用的钢材，均是较长、较大的钢板和型材，如果吊装、运输或存放不当，钢材就会因自重而产生弯曲、扭曲和局部变形。

（3）钢材在下料过程中引起的变形　钢材下料一般要经过气割、剪切、冲裁以及等离子切割等工序。气割、等离子切割过程是对钢材局部进行加热而使其分离的过程。这种不均匀加热必然会产生残余应力，导致钢材产生变形。尤其是气割窄而长的钢板时，最外一条钢板弯曲得最明显。

综上所述，造成钢材变形的原因是多方面的。当钢材的变形大于技术规定或大于表 9-1 中的允许偏差时，划线前必须进行矫正。

金属材料矫正后的允许变形值和所制造的产品精度有关，一般钢结构制造的通用技术条件规定，轧制钢材下料前的允许偏差值见表 9-1。

表 9-1 一般轧制钢材下料前的允许偏差值

| 偏差名称 | 简图 | 允许值/mm |
| --- | --- | --- |
| 钢板、扁钢的局部挠度 | | $\delta \geqslant 14, f \leqslant 1$<br>$\delta < 14, f \leqslant 1.5$ |
| 角钢、槽钢、工字钢、管子的挠度 | | $f \leqslant L/1000 \leqslant 5$ |
| 角钢两边的不垂直度 | | $\Delta \leqslant b/100$ |
| 工字钢、槽钢翼缘的倾斜度 | | $\Delta \leqslant b/80$ |

**2. 钢材的矫正原理**

钢材在厚度方向上可以假设是由多层纤维组成的，钢材平直时，各层纤维长度都相等，即$ab = cd$，如图 9-6a 所示；钢材弯曲后，各层纤维长度不一致，即 $a'b' \neq c'd'$，如图 9-6b 所示。可见，钢材的变形就是其中一部分纤维与另一部分纤维长短不一致造成的。

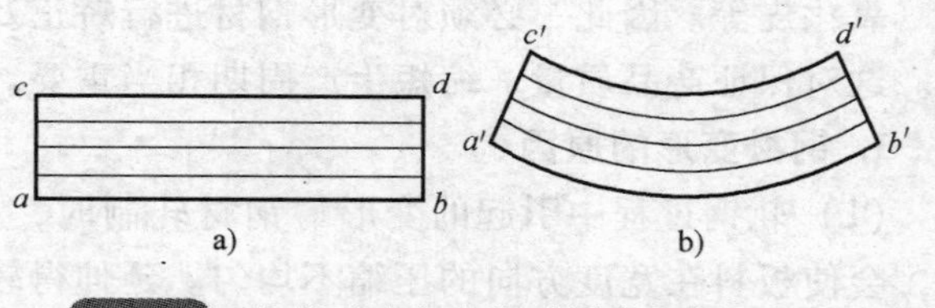


图 9-6 钢材平直和弯曲时纤维长度的变化

a）平直 b）弯曲

矫正是通过采用加压或加热的方式进行的，其过程是把已伸长的纤维缩短，把缩短的纤维拉长，最终使钢板厚度方向的纤维长度趋于一致。

**3. 钢材矫正的方法**

矫正钢材变形的方法很多，按钢材的加热温度不同，分为冷矫正和热矫正。冷矫正用于塑性好或变形不大的钢材；热矫正用于弯曲变形过大、塑性较差的钢材，热矫正的加热温度通常为 700～900℃。按外力的性质不同，又分成手工矫正、机械矫正、火焰矫正和高频热点矫正四种。矫正方法的采用，与工件的形状、材料的性能、工件的变形程度及制造厂拥有的设备有关。

(1) 手工矫正　手工矫正是采用手工工具，对已变形的钢材施加外力，以达到矫正变形的目的。手工矫正由于矫正力小、劳动强度大、效率低，常用于矫正尺寸较小的薄板钢材。手工矫正的方法根据刚度大小和变形情况不同，分为反向变形法和锤展伸长法。

(2) 机械矫正　机械矫正是通过机械动力或液压力对材料不平直处给予拉伸、压缩或弯曲作用而实现矫正的。

机械矫正使用的设备有专用设备和通用设备。专用设备有钢板矫正机、圆钢与钢管矫正机、型钢矫正机以及型钢撑直机等；通用设备指一般的压力机、平板机等。

1) 钢板的矫正。钢板的矫正主要是在钢板矫正机上进行的。当钢板通过多对呈交错布置的轴辊时，钢板发生多次反复弯曲，使各层纤维长度趋于一致，从而达到矫正的目的。

钢板矫正机有多种形式，通常5~11辊用于矫正中厚板；11~29辊多用于矫正薄板。

2) 型钢的矫正。矫直型钢通常用型材矫正机，型材矫正机有多辊型钢矫正机、型钢撑直机和压力机。

多辊型钢矫正机与钢板矫正机原理相同，矫正时，型钢通过上下两列辊轮之间反复弯曲，使型钢中原来各层纤维不相等的变形变为相等，以达到矫正的目的。

型钢撑直机是利用反变形的原理来矫正型钢的。型钢撑直机主要用于矫正角钢、槽钢和工字钢等，也可以用来矫正弯曲变形。

压力机可矫正钢板和型钢的变形，但会产生一定的回弹，故矫正时应使型材产生适量的反变形。

(3) 火焰矫正　火焰矫正是采用火焰对钢材伸长部位进行局部加热，利用钢材热胀冷缩的特性，使加热部分的纤维在四周较低温度部分的阻碍下膨胀，产生压缩塑性变形，冷却后纤维缩短，使纤维长度趋于一致，从而使变形得以矫正。火焰矫正操作方便灵活，应用比较广泛。

(4) 高频热点矫正　高频热点矫正是在火焰矫正的基础上发展起来的一种新工艺，它可以矫正任何钢材的变形，尤其对尺寸较大、形状复杂的焊件，效果更显著。其原理是：通入高频交流电的感应线圈产生交变磁场，当感应线圈靠近钢材时，钢材内部产生感应电流（即涡流），使钢材局部的温度立即升高，从而进行加热矫正。加热的位置与火焰矫正时相同，加热区域的大小取决于感应线圈的形状和尺寸。感应线圈一般不宜过大，否则加热慢，加热区域大，会影响加热矫正的效果。一般加热时间为4~5s，温度约800℃。感应线圈采用纯铜管制成宽5~20mm、长20~40mm的矩形，铜管内通水冷却。

高频热点矫正与火焰矫正相比，不但效果显著，生产率高，而且操作简便。

**4. 矫正方法的选择**

钢材的矫正一般在冷态下进行，手工矫正和机械矫正都是冷态矫正。手工矫正和机械矫正有时会使金属产生冷作硬化，并且会引起附加应力。一般尺寸较小、变形小的零件可以采用。对于变形大、结构较大的零件应采用火焰矫正法。

为了避免过度消耗钢材的塑性，冷态矫正的最大变形量要有一定的限制。对于Q235A 钢在冷矫正时变形量最大为 1%，型钢允许冷态矫正量见表 9-2。

**表 9-2 型钢允许冷态矫正量**

| 顺序号 | 型钢 | 简图 | 有关轴线 | 一般矫正量 | | 弯曲时校正量 | |
|---|---|---|---|---|---|---|---|
| | | | | $\rho$ | $f$ | $\rho$ | $f$ |
| 1 | 宽扁钢、扁钢 | 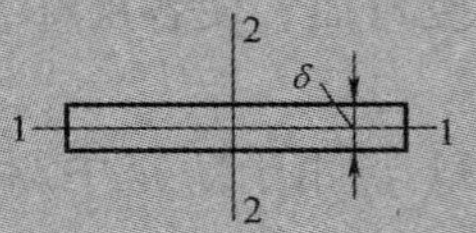 | 1—1 | $50\delta$ | $l^2/400\delta$ | $25\delta$ | $l^2/200\delta$ |
| 2 | 角钢 | 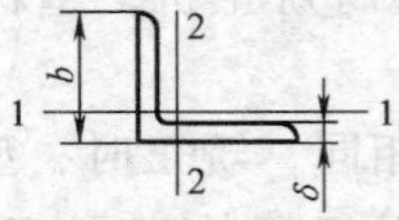 | 1—1 | $90b$ | $l^2/720b$ | $45b$ | $l^2/360b$ |
| 3 | 槽钢 | 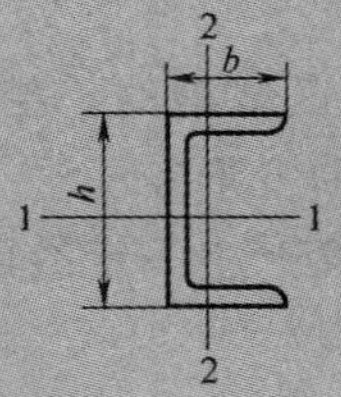 | 1—1 | $50h$ | $l^2/400h$ | $25h$ | $l^2/200h$ |
| | | | 2—2 | $90b$ | $l^2/720b$ | $45b$ | $l^2/360b$ |
| 4 | 工字钢 | 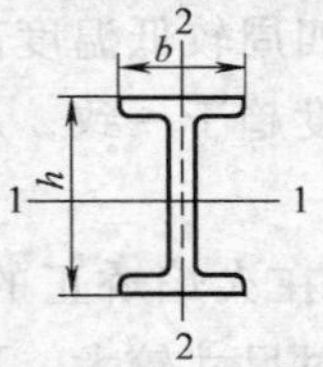 | 1—1 | $50h$ | $l^2/400h$ | $25h$ | $l^2/200h$ |
| | | | 2—2 | $50b$ | $l^2/400b$ | $25b$ | $l^2/200b$ |

注：1. 以 l 表示弯曲部分的弧长，该长度采用与 $\delta$、$h$、$b$ 同一量度。

2. $\rho$ 和 $f$ 系采用等边角钢与不等边角钢的平均值。

## 9.2.2 剪切

剪切是利用上、下剪切刀刃相对运动切断材料的加工方法。它是冷作产品制作过程中下料的主要方法之一。其常用设备有平口剪床、斜口剪床、龙门剪床和圆盘剪床等。

**1. 剪切对切口性能的影响**

由于钢材在剪切过程中受剪刀的挤压产生弯曲变形及剪切变形，所以在切口附近产生冷作硬化现象，硬化区宽度一般在 1.5 ~ 2.5mm。

影响冷作硬化区宽度的因素主要有：钢材的力学性能；钢材的厚度；剪刀的锐利状况；上下剪刀的间隙；上剪刀斜角。

钢材的冷作硬化区的存在将会成为导致脆性断裂的重要因素之一。因此，重要结构的非焊口边缘，在剪切后要将硬化区刨掉，一般规定刨削宽度为 3 ~ 6mm。若是焊口边缘，因受焊接热循环作用，可消除或改善硬化现象，则可直接装配，不必刨削。

**2. 钢材的剪切质量要求**

钢材的剪切质量有两项要求：切口平整度和剪切零件的尺寸公差。切口平整度是指剪切切口应与钢材表面垂直，斜度不大于 1:10，刻痕不大于 1mm，毛刺高度不大于 0.5mm。剪切零件的尺寸公差，见表 9-3。

## 9.2.3 弯管

弯管是将管子制成一定的平面角度或空间角度，通常在弯管机上进行。根据弯制时的温度，可分为冷弯和热弯两种。

表 9-3 剪切零件的尺寸公差

| 零件尺寸/mm | 钢板厚度/mm | | | 零件尺寸/m | 钢板厚度/mm | | |
|---|---|---|---|---|---|---|---|
| | 6 ~ 8 | 10 ~ 12 | 14 ~ 16 | | 6 ~ 8 | 10 ~ 12 | 14 ~ 16 |
| | 零件尺寸公差/±mm | | | | 零件尺寸公差(±)/mm | | |
| <100 | 1.0 | 1.5 | 1.5 | >1600 ~ 2500 | 2.5 | 2.5 | 3.5 |
| >100 ~ 250 | 1.5 | 1.5 | 2.0 | >2500 ~ 4000 | 2.5 | 3.0 | 3.5 |
| >250 ~ 650 | 1.5 | 2.0 | 2.5 | >4000 ~ 6500 | 3.0 | 3.0 | 3.5 |
| >650 ~ 1000 | 2.0 | 2.0 | 2.5 | >6500 ~ 10000 | 3.0 | 3.5 | 4.0 |
| >1000 ~ 1600 | 2.0 | 2.5 | 3.0 | | | | |

**1. 冷弯**

冷弯又分有心冷弯和无心冷弯两种。

（1）有心冷弯　有心冷弯是指在弯曲时，在管子的内弯曲变形处插入一定直径的心棒，在一定程度上可以防止弯头内侧形成皱褶，并能减小管子的椭圆度。它的缺点是由于采用了心棒，使操作复杂，劳动强度大，心棒与管子内壁的摩擦会使内壁拉毛，弯头外侧壁厚减薄量增加，弯管功率较大，并且对小口径管子不适用。

（2）无心冷弯　无心冷弯是指将空心管直接在弯管机上进行弯曲。无心冷弯的优点是没有心棒，弯管时管内也不必涂油，简化了工序，提高了生产率，管壁减薄量少，内壁不会有机械损伤，质量较高，为弯管的机械化、自动化创造了条件，广泛用于弯制 $\phi32 \sim \phi108$mm 的各种直径管子。管子冷弯机示意图如图 9-7 所示。

**2. 热弯**

热弯通常用于一次性生产、弯头数量极少、制造冷弯磨具不经济、没有弯管设备或弯管设备功率不足等情况，热弯多数是大直径管子弯制。常用的方法是中频热弯和火焰热弯两种。

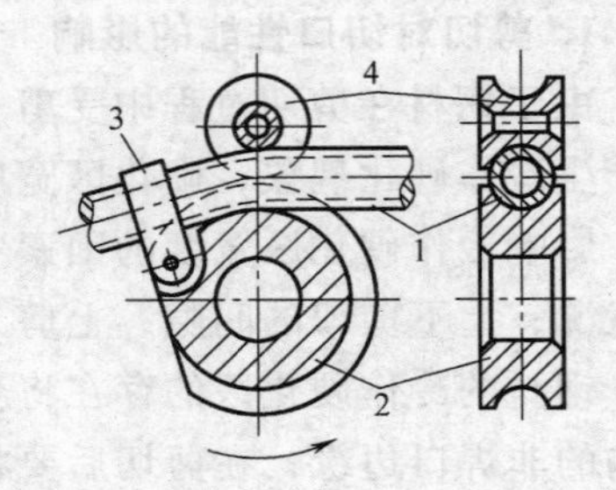


图 9-7　管子冷弯机示意图

1—管子　2—工作扇轮　3—夹头　4—滚轮

（1）中频热弯　中频热弯是利用一台特殊的中频加热弯管机，将管子处于具有强大中频电磁场的感应线圈宽度范围内（一般为 10 ~ 20mm），管子被均匀加热到 900 ~ 1000℃，随即将管子的加热部分弯曲，感应线圈内的冷却水还向前喷射，冷却已弯曲段的管子。这样，加热区被限制在一狭窄范围内，前后均处于冷却状态。当管子在弯曲机内进行弯曲时，只有在这狭窄的加热区发生弯曲变形。这样局部区域的加热——弯曲——冷却连续进行下去，就完成了整个弯头的弯制工作。这种弯管机可弯制 180°弯头，但弯制后弯头外侧壁厚减薄较大，如图 9-8 所示。

（2）火焰热弯　火焰热弯是利用氧乙炔焰通过火焰加热圈对管子进行局部弯曲，达到热弯各种管径的目的。火焰热弯具有设备简单、投资小、成本低以及耗电能少的优点，但操作时温度难以控制，生产率低，一般适用于弯曲大口径管子的弯头。

## 9.2.4　钢板的弯曲

通过旋转轴使钢板弯曲成形的方法称为滚弯，又称卷弯。滚弯时，钢板置于卷板机的上、下辊轴之间，当上辊轴下降时，钢板便受到弯矩的作用而发生弯曲变形，如图9-9所示。

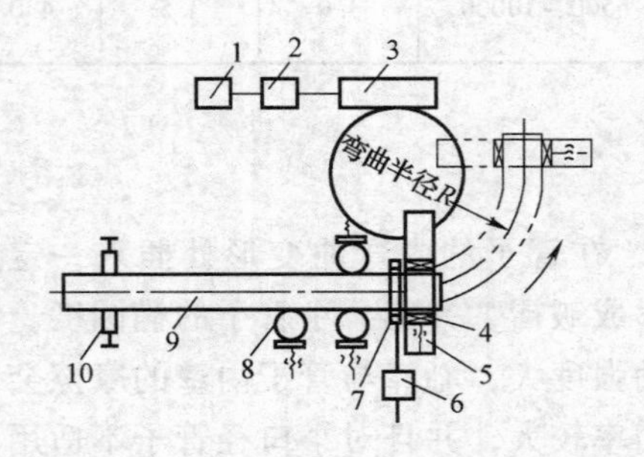


图 9-8　中频加热弯管机工作原理

1—调速电动机　2—减速箱　3—蜗杆　4—夹头
5—转笔　6—变压器　7—感应线圈
8—导向滚轮　9—管子　10—滚轮架

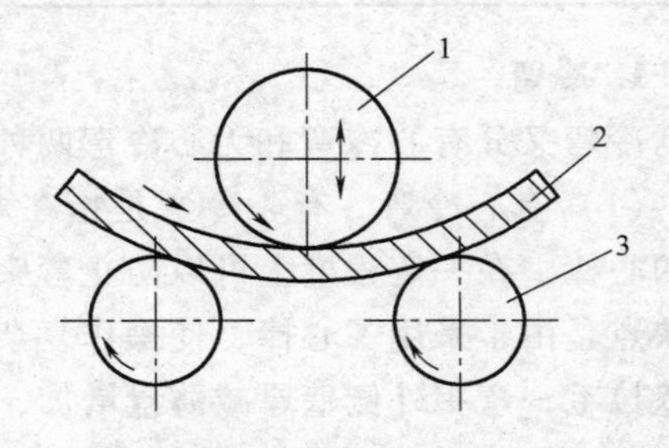


图 9-9　板材卷弯

1—上辊轴　2—钢板　3—下辊轴

由于上、下辊轴的转动，通过辊轴与钢板间的摩擦力带动钢板移动，使钢板受压位置连续不断地发生变化，从而形成平滑的曲面，完成滚弯成形工作。钢板滚弯由预弯（压头）、对中和滚弯三个步骤组成。一般情况下，钢板的弯曲采用冷弯（$D/\delta>40$），但是，在钢板厚度较大而卷弯直径较小时，冷卷时容易产生较严重的冷作硬化及较大的内应力，甚至产生裂纹。所以当 $D/\delta<40$ 时则必须热弯（$D$ 为圆筒的直径，$\delta$ 为钢板厚度）。

常用低碳钢、普通低强度钢的热卷加热温度为 900～1050℃，终止温度不低于700℃。热卷能防止板料的加工硬化现象，板料变薄现象较为严重。因此，也可试用温卷，即把钢板加热到 500～600℃进行卷弯。但钢板温度降至 300～500℃时，不得进行弯曲加工。

## 9.2.5 胀接

胀接是利用管子和管板变形来实现密封和紧固的一种连接方法。它可以采用不同的方法，如机械、爆炸和液压等方法，扩张管口直径，使管子端部产生均匀的径向塑性变形，管板孔壁产生弹性变形，利用管板孔壁的回弹对扩张管子施加径向压力，使管子与管板保持紧密接触，并具有足够的胀接强度，以保证连接接头工作时管子不会从管孔中脱落出来。同时可以具有较好的密封性，在承受工作压力时，可以保证设备内的介质不会从连接接头处泄漏出来。

胀接广泛用于加热器、冷凝器等热交换器，在锅炉和中央空调设备的生产中，使用也极为普遍。

胀接主要有光孔胀接、开槽胀接、翻边胀接和胀接加端面焊接等多种形式。胀接的管子及孔均要符合技术要求。

胀管器是胀管工艺中的主要设备，可分为螺旋式胀管器、前进式胀管器、后退式胀管器、自动胀管器等。

## 9.2.6 装配

装配是将焊前加工好的零部件，采用适当的工艺方法，按生产图样和技术要求连接成部件或整个产品的工艺过程。

**1. 装配的基本条件**

装配的基本条件是指零件在装配过程中应遵循的基本原则。焊接结构装配时，应遵循的基本原则是：

（1）定位　定位就是确定零件在空间的位置或零件间的相对位置。

（2）夹紧　夹紧就是借助通用或专用夹具的外力将已定位的零件加以固定，保持其正确的位置，直到装配完成或焊接结束。

（3）测量　测量是指在装配过程中，对零件间的相对位置和各部件尺寸进行的一系列技术测量，从而鉴定零件定位的正确性和夹紧力的效果，以便进行调整。

**2. 零件的装配方法**

焊接结构生产中应用的装配方法很多，根据零件定位方法的不同，装配方法可分为以下几种：

(1) 划线定位装配法　划线定位装配法是利用在零件表面或装配平台表面划出的工件中心线、结合线和轮廓线等作为定位线，来确定零件间的相对位置，用定位焊固定后进行装配。这种装配方法适用于单件小批量生产。

(2) 定位元件定位装配法　定位元件定位装配法用一些特定的定位元件（如板块、角钢、销轴等）构成空间定位点，来确定零件位置，并利用夹具夹紧后进行装配。它不需要划线，装配效率高，质量好，适用于批量生产。

(3) 胎夹具（又称胎架）装配法　对于批量生产的焊接结构，当装配的零件数量较多，内部结构又不是很复杂时，可将装配用的定位元件、夹紧元件和装配胎架三者组合为一个整体，构成装配胎架。这种装配方法装配效率高、质量好，适用于批量及大批量生产。

(4) 样板定位装配法　利用样板来确定零件间的相对位置，夹紧并定位焊完成装配的方法。它常用于钢板与钢板之间的角度装配和容器上各种管口的安装。

**☆考核重点解析**

焊工应掌握钳工基础知识中平面划线、錾削錾子的种类及应用和锯削锯条锯齿类型的选择，掌握钣金工基本知识，了解钢材矫正、钢材变形的原因，熟悉钢材的矫正原理和矫正方法。焊工应了解剪切对切口性能的影响、钢材的剪切质量要求、钢板的弯曲、胀接以及弯管的冷弯和热弯，掌握装配的基本条件和方法应用。

## 复习思考题

1. 什么叫划线？划线时使用哪些工具？
2. 划线前的准备工作有哪些？
3. 划线基准如何选择？如何进行平面划线？
4. 什么叫錾削？錾削工作的内容有哪些？
5. 常用的錾子有哪几种？各有什么用途？
6. 什么叫锯削？锯削时如何选择锯齿类型？
7. 简述锯削方法及注意事项。
8. 什么叫锉削？锉刀如何分类？
9. 简述锉削方法及注意事项。
10. 简述钢材变形的原因。
11. 钢材矫正的方法有哪些？如何选择？

12. 什么叫剪切？剪切对切口性能有什么影响？钢材的剪切质量有哪些要求？
13. 弯管有哪两种方法？各用于何处？
14. 钢板弯曲有哪两种方法？如何选用？
15. 什么叫装配？装配的基本条件是什么？焊接结构装配有哪几种方法？

# 第10章　安全卫生和环境保护知识

☺理论知识要求

1. 掌握安全用电相关知识。
2. 掌握焊接环境污染的防范、治理及发展方向。
3. 掌握焊接安全操作规程相关知识。
4. 掌握焊接劳动保护用品相关知识。

## 10.1　安全用电相关知识

电气危害有两个方面：一方面是对系统自身的危害，如短路、过电压、绝缘老化等；另一方面是对用电设备、环境和人员的危害，如触电、电气火灾以及电压异常升高造成用电设备损坏等，其中尤以触电和电气火灾危害最为严重。触电可直接导致人员伤残、死亡。另外，静电产生的危害也不能忽视，它是电气火灾的原因之一，对电子设备的危害也很大。

**1. 人体触电的危害**

触电是指人体触及带电体后，电流对人体造成的伤害。它有两种类型，即电击和电伤。

（1）电伤（非致命的）　电伤是指电流的热效应、化学效应、机械效应及电流本身作用造成的人体伤害。电伤会在人体皮肤表面留下明显的伤痕，常见的有灼伤、电烙伤和皮肤金属化等现象。

（2）电击　电击是指电流通过人体内部，破坏人体内部组织，影响呼吸系统、心脏及神经系统的正常功能，甚至危及生命。在触电事故中，电击和电伤常会同时发生。

**2. 人体触电的原因**

人体触电主要原因有两种：直接或间接接触带电体以及跨步电压。直接接触又可分为单极接触和双极接触。

（1）单极触电　当人站在地面上或其他接地体上，人体的某一部位触及一相带电体时，电流通过人体流入大地（或中性线），称为单极触电，如图10-1所示。图10-1a所示为电源中性点接地运行方式时，单相的触电电流途径。图10-1b所示为中性点不接地的单相触电情况。一般情况下，接地电网里的单相触电比不接地电网里的危险性大。

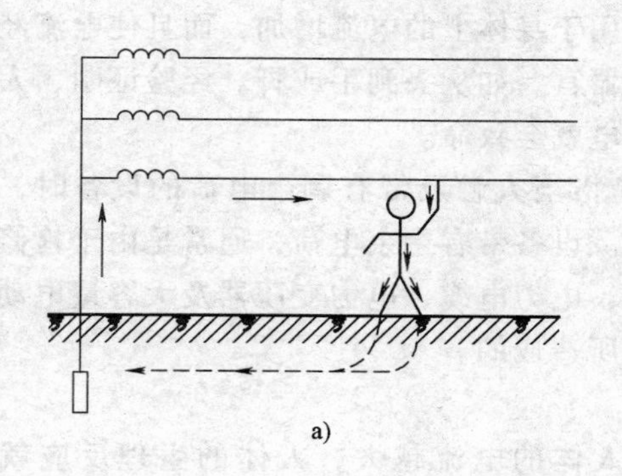

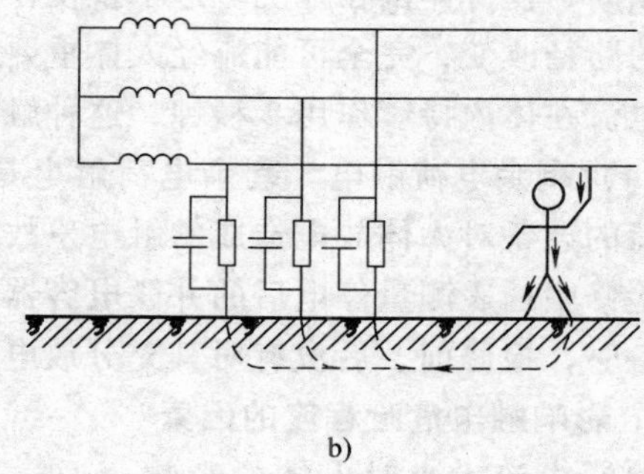


图 10-1　单相触电

a）中性点直接接地　b）中性点不直接接地

(2) 双极触电　双极触电是指人体两处同时触及同一电源的两相带电体，以及在高压系统中，人体距离高压带电体小于规定的安全距离，造成电弧放电时，电流从一相导体流入另一相导体的触电方式，如图10-2所示。两相触电加在人体上的电压为线电压，因此不论电网的中性点接地与否，其触电的危险性都很大。

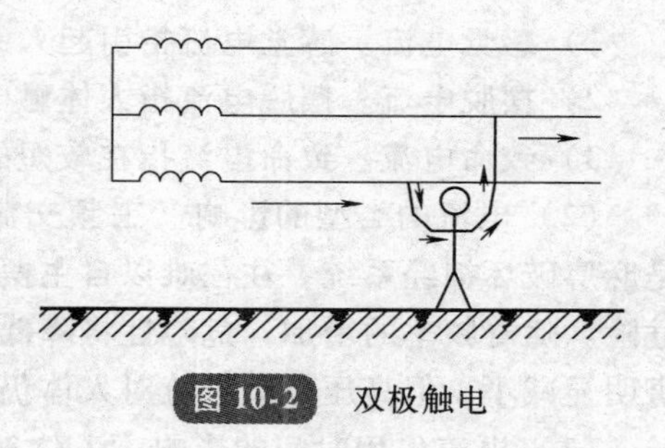

图 10-2　双极触电

(3) 跨步电压触电　所谓跨步电压，就是指电气设备发生接地故障时，在接地电流入地点周围电位分布区行走的人，其两脚之间的电压。电气设备碰壳或电力系统一相接地短路时，电流从接地极四散流出，在地面上形成不同的电位分布，人在走近短路地点时，两脚之间的电位差称为跨步电压，如图10-3所示。

当架空线路的一根带电导线断落在地上时，落地点与带电导线的电势相同，电流就会从导线的落地点向大地流散，于是地面上以导线落地点为中心，形成了一个电势分布区域，离落地点越远，电流越分散，地面电势也越低。如果人或牲畜站在距离电线落地点 8～10m 以内，就可能发生触电事故，这种触电称为跨步电压触电。人受到跨步电压时，电流虽然是沿着人的下身，从脚经腿、胯部又到脚与大地形成通路，没有经过人体的重要器官，好像比较安全。但是实际并非如此！因为人受到较高的跨步电压作用时，双

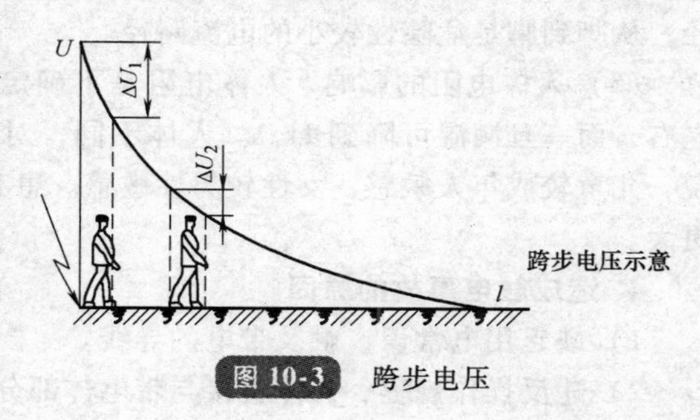


图 10-3　跨步电压

脚会抽筋，使身体倒在地上。这不仅使作用于身体上的电流增加，而且使电流经过人体的路径改变，完全可能流经人体重要器官，如从头到手或脚。经验证明，人倒地后电流在体内持续作用2秒钟，这种触电就会致命。

（4）剩余电荷触电　剩余电荷触电是指当人触及带有剩余电荷的设备时，带有电荷的设备对人体放电造成的触电事故。设备带有剩余电荷，通常是由于检修人员在检修中摇表测量停电后的并联电容器、电力电缆、电力变压器及大容量电动机等设备时，检修前、后没有对其充分放电所造成的。

**3. 影响触电危险程度的因素**

（1）电流大小对人体的影响　通过人体的电流越大，人体的生理反应就越明显，感应就越强烈，引起心室颤动所需的时间就越短，致命的危害就越大。按照通过人体电流的大小和人体所呈现的不同状态，工频交流电大致分为下列三种：

1）感觉电流。感觉电流指引起人的感觉的最小电流（1～3mA）。

2）摆脱电流。摆脱电流指人体触电后能自主摆脱电源的最大电流（10mA）。

3）致命电流。致命电流指在较短的时间内危及生命的最小电流（30mA）。

（2）电流的类型的影响　工频交流电的危害性大于直流电，因为交流电主要是麻痹破坏神经系统，往往难以自主摆脱。一般认为40～60Hz的交流电对人体最危险。随着频率的增加，危险性将降低。当电源频率大于2000 Hz时，所产生的损害明显减小，但高压高频电流对人体仍然是十分危险的。

（3）电流作用时间的影响　人体触电，当通过电流的时间越长，越易造成心室颤动，生命危险性就越大。据统计，触电1～5min内急救，90%有良好的效果；10min内有60%救生率，超过15分钟希望甚微。

漏电保护器的一个主要指标就是额定断开时间与电流乘积小于30mA·s。实际产品一般额定动作电流30 mA，动作时间0.1s，故小于30mA·s可有效防止触电事故。

（4）电流经过人体路径的影响　电流通过头部可使人昏迷；通过脊髓可能导致瘫痪；通过心脏会造成心跳停止，血液循环中断；通过呼吸系统会造成窒息。因此，从左手到胸部是最危险的电流路径；从手到手、从手到脚也是很危险的电流路径；从脚到脚是危险性较小的电流路径。

（5）人体电阻的影响　人体电阻是不确定的电阻，皮肤干燥时一般为100kΩ左右，而一旦潮湿可降到1kΩ。人体不同，对电流的敏感程度也不一样。一般地说，儿童较成年人敏感，女性较男性敏感。患有心脏病者，触电后的死亡可能性就更大。

**4. 造成触电事故的原因**

1）缺乏用电常识，触及带电的导线。

2）违反操作规程，人体直接与带电体部分接触。

3）由于用电设备管理不当，使绝缘损坏，发生漏电，人体碰触漏电设备外壳。

4）高压线路落地，造成跨步电压引起对人体的伤害。

5）检修中，安全组织措施和安全技术措施不完善，接线错误，造成触电事故。

6）其他偶然因素，如人体受雷击等。

**5. 预防触电事故的安全措施**

1）在电气设备的设计、制造、安装、运行、使用和维护以及专用保护装置的配置等环节中，要严格遵守国家规定的标准和法规。

2）加强安全技术教育培训，普及安全用电知识。特殊工作岗位操作人员，必须进行专业技术知识培训，并考试合格，取得上岗资格证后，持证上岗。

3）建立健全安全规章制度。如安全操作规程、电气安装规程、运行管理规程和维护检修制度等，并在实际工作中严格执行。

4）在供电线路上作业或检修设备时，编制相应的安全技术措施（包括检修项目、检修时间、项目负责人、技术负责人、安全负责人、参与检修人员组织，检修的主要内容，检修所用的零配件、工具，检修标准及安全注意事项等），并严格执行下列安全规定：

① 严格执行“停电工作票制度”“一人操作，一人监护制度”“谁停电，谁送电制度”，杜绝随意停送电和约时停送电现象。

② 切断电源，悬挂“有人工作，禁止送电”的警示牌。

③ 验电、放电。

④ 装设临时接地线。

⑤ 严禁带电检修和搬迁电气设备。

5）非专职人员或非值班电气人员不得擅自操作电气设备。

6）此外，对电气设备还应采取下列一些安全措施：

① 电气设备的金属外壳要采取保护接地。

② 安装自动断电装置。

③ 尽可能采用安全电压。

④ 保证电气设备具有良好的绝缘性能。

⑤ 采用电气安全用具。

⑥ 容易碰到的、裸露的带电体，必须加装护罩或遮拦等防护装置，保证人或物与带电体的安全距离。

⑦ 定期检查用电设备，消除事故隐患。

**6. 接地保护**

为降低因绝缘破坏而遭到电击的危险，电气设备常采用保护接地、保护接零和重复接地等不同的安全措施。

1）按功能分，接地可分为工作接地和保护接地。工作接地是指电气设备为保证其正常工作而进行的接地（如变压器中性点）；保护接地是指为保证人身安全，防止人体接触设备外露部分而触电的一种接地形式。在中性点不接地系统中，设备外露部分（金属外壳或金属构架）必须与大地进行可靠电气连接，即保护接地。

2）接地装置由接地体和接地线组成。埋入地下直接与大地接触的金属导体称为接地体，连接接地体和电气设备接地螺栓的金属导体称为接地线。接地体的对地电阻和接地线电阻的总和，称为接地装置的接地电阻。

3）电气设备的接地范围。根据安全规程规定，下列电气设备的金属外壳应该接地或接零。

① 电机、变压器、电器、照明器具、携带式及移动式用电器具等的底座和外壳，如手电钻、电冰箱、电风扇、洗衣机等。

② 交流、直流电力电缆的接线盒，终端头的金属外壳，电线、电缆的金属外皮，控制电缆的金属外皮，穿线的钢管，电力设备的传动装置，互感器二次绕组的一个端子及铁心。

③ 配电屏与控制屏的框架，室内外配电装置的金属构架和钢筋混凝土构架，安装在配电线路杆上的开关设备、电容器等电力设备的金属外壳。

④ 高压架空线路的金属杆塔、钢筋混凝土杆，中性点非直接接地的低压电网中的铁杆、钢筋混凝土杆，装有避雷线的电力线路杆塔。

⑤ 避雷针、避雷器以及避雷线等。

**7. 人身触电的急救**

（1）解脱电源　人在触电后可能由于失去知觉或超过人的摆脱电流而不能自己脱离电源，此时抢救人员不要惊慌，要在保护自己不被触电的情况下使触电者脱离电源。脱离电源的方法：

1）如果接触电器触电，应立即断开近处的电源，可就近拔掉插头、断开开关或打开保险盒。

2）如果碰到破损的电线而触电，附近又找不到开关，可用干燥的木棒、竹竿等绝缘工具把电线挑开，挑开的电线要放置好，不要使人再触到。

3）若一时不能实行上述方法，触电者又趴在电器上，可隔着干燥的衣物将触电者拉开。

4）在脱离电源过程中，若触电者在高处，要防止脱离电源后跌伤而造成二次受伤。

5）在使触电者脱离电源的过程中，抢救者要防止自身触电。

（2）急救　采取各种有效方式，在最短的时间内，实施医疗救护。例如，就地实施人工呼吸、拨打120救护电话等。

## 10.2　焊接环境污染的防范、治理及发展方向

焊接是利用电能加热，促使被焊接金属局部达到液态或接近液态，而使之结合形成牢固的不可拆卸接头的工艺方法。它是一种在工厂极为常见的机械工艺方法。焊接过程中产生的污染种类多、危害大，能导致多种职业病（如焊工硅肺、锰中毒及电光性眼炎等）的发生，已成为一大环境公害。随着相关研究的深入，治理技术日趋完善，焊接污染已得到了相对有效的控制。

### 10.2.1　焊接车间污染

焊接车间的污染按不同的形成方式，可以分为化学有害污染和物理有害污染两大类。

**1. 化学有害污染**

化学有害污染是指焊接过程中形成的焊接烟尘和有害气体。

**2. 焊接烟尘**

焊接烟尘是由金属及非金属物质在过热条件下产生的蒸气经氧化和冷凝而形成的。因此电焊烟尘的化学成分，取决于焊接材料（焊丝、焊条和焊剂等）和被焊接材料成分及其蒸发的难易。不同成分的焊接材料和被焊接材料，在施焊时将产生不同成分的焊接烟尘。

**3. 焊接烟尘的特点**

1）焊接烟尘粒子小，烟尘呈碎片状，粒径为 1μm 左右。

2）焊接烟尘的黏性大。

3）焊接烟尘的温度较高。在排风管道和滤芯内，空气温度为 60～80℃。

4）焊接过程的发尘量较大。一般来说，一个焊工操作一天所产生的烟尘量约 60～150g。

**4. 有害气体**

有害气体是焊接时高温电弧下产生的，主要有臭氧、氮氧化物、一氧化碳、氟化物及氯化物等。

**5. 物理有害污染**

物理有害污染包括噪声、高频电磁辐射和光辐射。

**6. 噪声**

焊接车间的噪声主要是等离子喷涂与切割过程中产生的空气动力噪声。它的大小取决于不同的气体流量、气体性质、场地情况及焊枪喷嘴的口径。这类噪声大多数都在 100dB 以上。

**7. 高频电磁辐射**

高频电磁辐射是伴随着氩弧焊接和等离子焊接的扩大应用产生的。当等离子焊和氩弧焊采用高频振荡器引弧时，振荡器要产生强烈的高频振荡，击穿钍钨极与喷嘴之间的空气隙，引燃等离子弧。另外，又有一部分能量以电磁波的形式向空间辐射，形成了高频电磁场，对局部环境造成污染。高频电磁辐射强度取决于高频设备的输出功率、高频设备的工作频率、高频振荡器的距离、设备以及传输线路有无屏蔽。

**8. 光辐射**

在各种焊接工艺中，特别是各种明弧焊、保护不好的隐弧焊以及处于造渣阶段的电渣焊，都要产生外露电弧，形成光辐射。光辐射的强度取决于以下因素：焊接工艺参数、焊接方法、距施焊点的距离以及相对位置和防护方法。

### 10.2.2 焊接车间污染对操作者的危害

焊接职业病的发生是各种焊接污染因素综合作用的结果。焊工职业病包括焊工尘肺、锰中毒、氟中毒、金属烟热及电光性眼炎等。其中化学污染（焊接烟尘和有害气体）的医学临床表现为咳嗽、咯痰、胸闷、气短以及有时咯血。物理污染的医学临床表现则多种多样。噪声可导致操作者烦躁、头痛；高频电磁辐射对人体的主要作用为神经衰弱综合症，如头昏、头痛、乏力、心悸、消瘦及脱发等；焊接过程中光辐射会导致电光性眼炎的发生，轻者眼部不适、有异物感，重者眼部有烧灼感和剧痛。

焊工职业病的发生主要取决于以下因素：焊接烟尘和气体的浓度与性质及其污染程度，焊工接触有害污染的机会和持续时间，焊工个体体质与个人防护状况，焊工所处生产环境的优劣以及各种有害因素的相互作用。焊工只有在焊接作业环境很差或缺乏劳动保护情况下长期作业，才有引起职业病的可能。

### 10.2.3 焊接车间污染的防范、治理及发展方向

预防焊接车间污染的三条途径是污染源的控制、传播途径的治理以及个人防护。

**1. 污染源的控制**

焊接过程中产生的各污染种类和数量取决生产工艺、生产设备及操作者的技术能力。

**2. 生产工艺的优化选择**

不同的焊接工艺产生的污染物种类和数量有很大的区别。条件允许的情况下，应选用成熟的隐弧焊代替明弧焊，可大大降低污染物的污染程度。

**3. 设备的改进**

在生产工艺确定的前提下，应选用机械化、自动化程度高的设备。应采用低尘低毒焊条，以降低烟尘浓度和毒性。在选购新设备时，应注重设备的环保性能，多选用配有净化部件的一体化设备。

**4. 提高操作者技术水平**

高水平的焊接工人在焊接过程中能够熟练、灵活地执行操作规章，如不断观察焊条烘干程度、焊条倾斜角度、焊条长短及焊件位置情况，并做出相应的技术调整。与非熟练工相比，发尘量减少 20% 以上，焊接速度快 10%，且焊接质量好。

**5. 焊接烟尘及有害气体的控制**

全面通风也称稀释通风，它是用清洁空气稀释室内空气中的有害物浓度，使室内空气中有害物浓度不超过卫生标准规定的最高允许浓度，同时不断地将污染空气排至室外或收集净化。全面通风包括自然通风和机械通风两种方式。在国外，对于户外焊接作业或敞开的空间焊接，一般采用自然通风方式；对于室内作业，通常采用机械通风方式。通过安装在墙上或天花板上的轴流风机，把车间内焊烟排出室外，或者经过净化器净化后在车间内循环使用，达到使车间烟尘浓度降低的目的。循环被净化的空气，解决了车间内的能量损失，这种方式在国外普遍采用。

局部排风是对局部气流进行治理，使局部工作地点不受有害物的污染，保持良好的空气环境。一般局部排风机组由集气罩、风管、净化系统和风机四部分组成。局部排风按集气方式的不同可以分为固定式局部排风系统和移动式局部排风系统。固定式局部排风系统主要用于操作地点和工人操作方式固定的大型焊接生产车间，可根据实际情况一次性固定集气罩的位置。移动式局部排风系统工作状态相对灵活，可根据不同的工况，采用不同的工作姿态，保证处理效率及操作人员的便利。焊接烟尘和有害气体的净化系统通常采用袋式或静电除尘与吸附剂相结合的净化方式，这种方式处理效率高、工作状态稳定。

**6. 噪声控制**

焊接车间的噪声主要为反射声。因此，应在条件允许的情况下，在车间内的墙壁上布置吸声材料。在空间布置吸声体，可降低噪声 30dB 左右。

**7. 高频电磁辐射控制**

施焊工作应当保证工件接地良好，同时加强通风降温，控制作业场所的温度和湿度。

**8. 光辐射的控制**

焊接工位应设置防护屏，防护屏多为灰色或黑色；车间墙体表面采用吸收材料装饰。以上两项措施均可起到减少弧光的反射、保护操作者眼睛健康的作用。

**9. 个人防护**

在一些特定的场所如水下、高空中、罐中或船舱中进行焊接工作时，由于受到场所的限制，整体防护难以实现。这时，个人防护成为主要的防护措施。个人防护用品根据各种危害因素的特点设计，针对性强、种类多，如面罩、头盔、防护眼镜、安全帽、耳罩和口罩等。

## 10.3 焊接安全操作规程相关知识

### 10.3.1 操作前准备

能否保障焊接和切割作业安全、顺利地进行，做好焊接和切割作业前的各项安全准备工作至关重要。焊接、切割工程无论大小，在此之前都必须认真做好各项安全准备工作，其要点有：

1）检查焊接、切割设备是否完整好用，预防焊接、切割设备发生事故。每天上班动火作业前，先要检查焊接、切割设备，主要应检查燃气或电焊机运转和使用是否正常，氧气钢瓶上的压力表是否牢固，射吸式焊、割炬是否有吸力，电弧接导线的铺设中是否有不安全因素等内容。

2）做好焊接、切割作业现场的安全检查，清除各种可燃物，预防焊接、切割火星飞溅而引起火灾事故。尤其是临时确定的焊接、切割地，更应彻底检查，并要划定焊接、切割作业区域，必要时在作业现场要拉好安全绳。可燃物与焊接、切割作业之间的安全间距一般不小于10m，但具体情况要具体对待，如风力的大小、风向的不同、作业的部位以及焊接还是切割等。总之，应以焊接、切割火星飞溅不到堆放可燃物的地方为界限。

3）查清焊、割件内部的结构情况，清除焊、割件内部的易燃易爆等可燃物，预防发生爆炸事故，这是焊接、切割作业前极为重要的安全准备工作。尤其对临时拿来的焊、割件，决不能以为工作简单而盲目焊接、切割，必须在排除各种不安全因素的情况下才能动火焊接、切割。

4）查清焊、割件连接部位的情况，预防因热传导、热扩散而引起火灾事故。例如，焊接、切割建筑的各种金属管道前，必须查清是什么管道、管道内是否有可燃气体等物质、是否有压力，凡是管道内有可燃物质和压力的，决不能进行焊接、切割。即使是没有任何危险性的管道，也要查清管道的走向、管道所通向的部位是否有危险性，在确定查清并已排除危险因素后才能动火焊接、切割。在各种船舶内焊接、切割时更应注意热传导、热扩散对船体其他部位的影响，若因工作需要，须进行焊接、切割作业时，一定要在焊接、切割前对受影响的部位采取切实可行的安全措施，而后才能动火焊接、切割。

5）在临时确定的焊接、切割场所，要选择好适当的位置安放设备。这些设备与焊接、切割作业现场应保持一定的安全距离，在燃气和电焊机旁应设立“火不可近”和“防止触电”等明显标志，并拦好安全绳，防止无关人员接近这些设备。电弧焊接的导线应铺设在没有可燃物的通道上。

6）查清消防设施，配备好必要的灭火设备，以防发生火灾事故。焊接工人都要学会灭火的基本方法，懂得灭火的基本知识，学会各种灭火器的使用方法。

7）从事焊接、切割作业的工人，必须穿好工作服。在冬季，御寒的棉衣必须缝好，棉絮不能外露，以防遇火星引燃起火。

## 10.3.2　登高及水下焊接安全技术

**1. 登高焊接与切割的安全技术**

焊工在坠落高度基准面2m以上（包括2m）有可能坠落的高处进行焊接与切割作业的称为高处（或称登高）焊接与切割作业。

我国将高处作业列为危险作业，并分为四级：一级高度为2~5m；二级高度为5~15m；三级高度为15~30m；四级高度为大于30m。

高处作业存在的主要危险是坠落，而高处焊接与切割作业将高处作业和焊接与切割作业的危险因素叠加起来，增加了危险性。其安全问题主要是防坠落、防触电、防火防爆以及其个人防护等。因此，高处焊接与切割作业除应严格遵守一般焊接与切割的安全要求外，还必须遵守以下安全措施：

1）登高焊接与切割作业应避开高压线、裸导线及低压电源线。不可避开时，上述线路必须停电，并在电闸上挂上“有人工作，严禁合闸”的警告牌。

2）焊机及其他焊接、切割设备与高处焊接、切割作业点的下部地面保持10m以上的距离，并应设监护人，以备在情况紧急时立即切断电源或采取其他抢救措施。

3）登高进行焊接、切割作业者，衣着要灵便，戴好安全帽，穿胶底鞋，禁止穿硬底鞋和带钉、易滑的鞋。要使用标准的防火安全带，不能用耐热性差的尼龙安全带，而且安全带应牢固可靠、长度适宜。

4）登高的梯子应符合安全要求，梯脚须防滑，上下端放置应牢靠，与地面夹角不应大于60°。使用人字梯时夹角约40°±5°为宜，并用限跨铁钩挂住。不准两人在一个梯子上（或人字梯的同一侧）同时作业。禁止使用盛装过易燃易爆物质的容器（如油桶、电石桶等）作为登高的垫脚物。

5）脚手板宽度单人道不得小于0.6m，双行人道不得小于1.2m，上下坡度不得大于1.3，板面要钉防滑条并装扶手。板材需经过检查，强度足够，不能有机械损伤和腐蚀。使用安全网时要张挺，要层层翻高，不得留缺口。

6）所使用的焊条、工具及小零件等必须装在牢固的无孔洞的工具袋内，防止落下伤人。焊条头不得乱扔，以免烫伤、砸伤地面人员或引起火灾。

7）在高处进行焊接与切割作业时，为防止火花或飞溅引起燃烧和爆炸事故，应把动火点下部的易燃易爆物移至安全地点。对于确实无法移动的可燃物品要采取可靠的防护措施，如用石棉板覆盖遮严，在允许的情况下，还可将可燃物喷水淋湿，增强耐火性能。高处焊接、切割作业时，火星飞得远、散落面大，应注意风向风力，对下风方向的安全距离应根据实际情况增大，以确保安全。焊接、切割作业结束后，应检查是否留有火种，确认合格后方可离开现场。

8）严禁将焊接电缆或气焊、气割的橡皮软管缠绕在身上操作，以防触电或燃爆。进行登高焊接、切割作业不得使用带有高频振荡器的焊接设备。

9）登高作业人员必须经过健康检查，患有高血压、心脏病、精神病以及不适合登高作业的人员不得登高进行焊接、切割作业。

10）恶劣天气，如6级以上大风、下雨、下雪或雾天，不得登高进行焊接、切割作业。

**2. 水下焊接与切割的安全技术**

水下焊接与切割是水下工程结构的安装、维修施工中不可缺少的重要工艺手段。它们常被用于海上救捞、海洋能源以及海洋采矿等海洋工程和大型水下设施的施工过程中。

（1）水下焊接　水下焊接有干法、局部干法和湿法三种。

1）干法焊接。这是采用大型气室罩住焊件，焊工在气室内施焊的方法，由于是在干燥气相中焊接，其安全性较好。在深度超过空气的潜入范围时，由于增加空气环境中局部氧气的压力，容易产生火星。因此，应在气室内使用惰性或半惰性气体。干法焊接时，焊工应穿戴特制防火、耐高温的防护服。与湿法焊接和局部干法焊接相比，干法焊接安全性最好，但使用局限性很大，应用不普遍。

2）局部干法焊接。局部干法是焊工在水中施焊，但人为地将焊接区周围的水排开的水下焊接方法，其安全措施与湿法相似。由于局部干法还处于研究之中，因此使用尚不普遍。

3）湿法焊接。湿法焊接是焊工在水下直接施焊，而不是人为地将焊接区周围的水排开的水下焊接方法。电弧在水下燃烧与埋弧焊相似，是在气泡中燃烧的。焊条燃烧时焊条上的涂料形成套管使气泡稳定存在，因而使电弧稳定。要使焊条在水下稳定燃烧，必须在焊芯上涂一层一定厚度的涂药，并用石蜡或其他防水物质浸渍的方法，使焊条具有防水性。气泡是由氢、氧、水蒸气和由焊条药皮燃烧产生的气体组成。暗褐色的浑浊烟雾系氧化铁和焊接过程中产生的其他氧化物。为克服水的冷却和压力作用造成的引弧及稳弧困难，其引弧电压要高于大气中的引弧电压，其电流较大气中焊接电流大15%、20%。水下湿法焊接与干法焊接和局部干法焊接相比，应用最多，但安全性最差。由于水具有导电性，因此防触电成为湿法焊接的主要安全问题之一。

（2）水下切割　水下切割主要有水下气割、氧-弧水下切割和金属-电弧水下切割等，这些方法均属热切割方法。

1）水下气割。水下气割又称为水下氧可燃气切割。水下气割的原理与陆上气割相同。水下气割的火焰是在气泡中燃烧的，水下气割常用的可燃气体有氢气、乙炔和液化石油气。为了将气体压送至水下，需要保持一定的压力。由于乙炔对压力敏感，高压下会发生爆炸，因此，只能在深度小于5m的浅水中使用。水下气割一般采用氧氢混合气体火焰。在水下进行气割需特别强调安全问题，因为使用易燃易爆的气体本身就具有危险性，而水下条件特殊，危险性更大。

2）氧-弧水下切割。氧-弧水下切割的原理是：首先用管状空心电极与工件之间产生的电弧预热工件，然后从管电极中喷出氧气射流，使工件燃烧，建立氧化放热反应，并将熔渣吹掉。形成割缝使用的特殊管状焊条是由直径 6～8mm 或 8～10mm 的钢管制成的，其表面涂药，并与水隔离。用特殊的电极夹钳，把 0.15～0.35MPa 的氧气通入管中。当电弧加热金属时，氧气像平常的气割一样使金属氧化。由于这种方法简单且经济效果好，在水下切割中应用最普遍。其主要安全问题是防触电、防回火。

3）金属-电弧切割。金属电弧切割又叫水下电弧熔割，其原理就是利用电弧热使被割金属熔化而被切割。这种方法的设备、电极与湿法焊接相同。它是靠割炬的缓慢拉锯运动将熔融金属推开，形成割缝。因其电流密度大于湿法焊接，所以应更加注意绝缘问题。

## 10.4　焊接劳动保护用品相关知识

### 10.4.1　头部防护用品及其使用常识

头部防护用品是为了防御头部不受外来物体打击和其他因素危害而配备的个人防护装备。根据防护功能要求，目前主要有一般防护帽、防尘帽、防水帽、防寒帽、安全帽、防静电帽、防高温帽、防电磁辐射帽和防昆虫帽等九类产品。

在工伤、交通死亡事故中，因头部受伤致死的比例最高，大约占死亡总数的 35.5%，其中因坠落物撞击致死的为首，其次是交通事故。使用安全帽能够避免或减轻上述伤害。

**1. 安全帽的种类**

对人体头部受外力伤害起防护作用的帽子称为安全帽，它由帽壳、帽衬、下颏带和后箍等组成。安全帽分为六类：通用型、乘车型、特殊安全帽、军用钢盔、军用保护帽和运动员用保护帽。其中通用型和特殊型安全帽属于劳动保护用品。

（1）通用型安全帽　这类帽子有只防顶部的和既防顶部又防侧向冲击的两种。它具有耐穿刺特点，用于建筑运输等行业。有火源场所使用的通用型安全帽应耐燃。

（2）特殊型安全帽

1）电业用安全帽。电业用安全帽的帽壳绝缘性能很好，在电气安装、高电压作业等行业使用的较多。

2）防静电安全帽。防静电安全帽的帽壳和帽衬材料中加有抗静电剂，用于有可燃气体或蒸气及其他爆炸性物品的场所，其按《爆炸危险场所电气安全规程》规定的 0 区、1 区，可燃物的最小引燃能量在 0.2mJ 以上。

3）防寒安全帽。防寒安全帽的低温特性较好，利用棉布、皮毛等保暖材料做面料，可以在温度不低于－20℃的环境中使用。

4）耐高温、辐射热安全帽。耐高温、辐射热安全帽的热稳定性和化学稳定性较好，在消防、冶炼等有辐射热源的场所里使用。

5）抗侧压安全帽。抗侧压安全帽的机械强度高，抗弯曲，用于林业、地下工程、井下采煤等行业。

6）带有附件的安全帽。带有附件的安全帽是指为了满足某项使用要求而带附件的安全帽。

**2. 安全帽的使用**

据有关部门统计，坠落物撞击致伤的人数中有15%是因使用安全帽不当造成的。所以不能以为戴上安全帽就能保护头部免受冲击伤害。在实际工作中还应了解和做到以下几点：

1）任何人进入生产现场或在厂区内外从事生产和劳动时，必须戴安全帽（国家或行业有特殊规定的除外；特殊作业或劳动，采取措施后可保证人员头部不受伤害并经过安监部门批准的除外）。

2）戴安全帽时，必须系紧安全帽带，保证各种状态下不脱落；安全帽的帽檐，必须与目视方向一致，不得歪戴或斜戴。

3）不能私自拆卸帽上部件和调整帽衬尺寸，以保持垂直间距和水平间距符合有关规定值，用来预防冲击后触顶造成的人身伤害。

4）严禁在帽衬上放任何物品，严禁随意改变安全帽的任何机构，严禁用安全帽充当器皿使用，严禁用安全帽当坐垫使用。

5）安全帽必须有说明书，并指明使用场所以供作业人员合理使用。

6）应经常保持帽衬清洁，不干净时可用肥皂水和清水冲洗。安全帽用完后不能放置在酸碱、高温、日晒、潮湿和有化学溶剂的场所。

7）使用中受过较大冲击的安全帽不能继续使用。

8）若帽壳、帽衬老化或损坏，降低了耐冲击和耐穿透性能，不得继续使用，要更换新帽。

9）防静电安全帽不能作为电业用安全帽使用，以免造成触电。

10）安全帽从购入时算起，植物帽一年半使用有效，塑料帽不超过两年，层压帽和玻璃钢帽两年半，橡胶帽和防寒帽三年，乘车安全帽为三年半。上述各类安全帽超过其一般使用期限易出现老化，丧失安全帽的防护性能。

### 10.4.2 呼吸器官防护用品及其使用常识

呼吸器官防护用品是为防御有害气体、蒸气、粉尘、烟及雾从呼吸道吸入，直接向使用者供氧或清洁空气，保证尘、毒污染或缺氧环境中作业人员正常呼吸的防护用品。

呼吸器官防护用品主要有防尘口罩（面罩）和防毒口罩（面罩）。

**1. 防尘口罩（面罩）的使用**

1）作业场所除粉尘外，还伴有有毒的雾、烟、气体或空气中氧气的体积分数不足 18% 时，应选用隔离式防尘用具，禁止使用过滤式防尘用具。

2）淋水、湿式作业场所，选用的防尘用具应带有防水装置。

3）劳动强度大的作业，应选用吸气阻力小的防尘用具。有条件时，尽量选用送风式口罩或面罩。

4）使用前要检查部件是否完整，如有损坏必须及时整理或更换。此外，应注意检查各连接处的气密性，特别是送风口罩或面罩，看接头、管路是否畅通。

5）佩戴要正确，系带和头箍要调节适度，对面部应无严重压迫感。

6）复式口罩和送风口罩头盔的滤料要定期更换，以免增大阻力。电动送风口罩的电源要充足，按时充电。

7）各式口罩的主体（口鼻罩）脏污时，可用肥皂水洗涤。洗涤后应在通风处晾干，切忌曝晒、火烤，避免接触油类、有机溶剂等。

8）防尘用具宜专人专用，使用后及时装塑料袋内，避免挤压、损坏。

9）对于长管面具，在使用前应对导气管进行查漏，确定无漏洞时才能使用。导气管的进气端必须放置在空气新鲜、无毒无尘的场所中。所用导气管长度以 10m 内为宜，以防增加通气阻力。当移动作业地点时，应特别注意不要猛拉、猛拖导气管，并严防压、戳、拆等。

**2. 防毒口罩、面具的使用**

防毒口罩、面具可分为过滤式和隔离式两类。过滤式防毒用具是通过滤毒罐、盒内的滤毒药剂滤除空气中的有毒气体再供人呼吸。因此劳动环境中的空气中氧气的体积分数低于 18% 时不能使用。通常滤毒药剂只能在确定了毒物种类、浓度、气温和一定的作业时间内起防护作用。所以过滤式防毒口罩、面具不能用于险情重大、现场条件复杂多变和有两种以上毒物的作业。隔离式防毒用具是依靠输气导管将无污染环境中的空气送入密闭防毒用具内供作业人员呼吸的防护用品。它使用于缺氧、毒气成分不明或浓度很高的污染环境中。

1）使用防毒口罩时，严禁随便拧开滤毒盒盖，避免滤毒盒剧烈震动，以免引起药剂松散；同时应防止水和其他液体滴溅到滤毒盒上，否则降低防毒效能。

2）使用防毒口罩过程中，对于有臭味的毒气，当嗅到轻微气味时，说明滤毒盒内的滤毒剂失效。对于无味的毒气，则要看安装在滤毒盒里的指示纸或药剂的变色情况而定。一旦发现防毒药剂失效，应立刻离开有毒场所，并停止使用防毒口罩，重新更换药剂后方可使用。

3）佩戴防毒口罩时，系带应根据头部大小调节松紧，两条系带应自然分开套在头顶的后方。过松和过紧都容易造成漏气或感到不舒服。

4）防毒面具使用中应注意正确佩戴，如头罩一定要选择合适的规格，罩体边缘与头部要贴紧。另外，要保持面具内气流畅通无阻，防止导气管扭弯压住，影响通气。

5）当在作业现场突然发生意外事故出现毒气而作业人员一时无法脱离时，应立即屏住气，迅速取出面罩戴上；当确认头罩边缘与头部密合或佩戴正确后，猛呼出面具内余气，方可投入正常使用。

6）防毒面具某一部件损坏，以致不能发挥正常作用，而且来不及更换面具的情况下，使用者可采取下列应急处理方法，然后迅速离开有毒场所。

① 头罩或导气管发现孔洞时，可用手捏住。若导气管破损，也可将滤毒罐直接与头罩连接使用，但应注意防止因罩体增重而发生移位漏气。

② 呼气阀损坏时，应立即用手堵住出气孔，呼气时将手放松，吸气时再堵住。

③ 发现滤毒罐有小孔洞时，可用手、黏土或其他材料堵塞。

7）使用后的防毒面具，要清洗、消毒并洗涤后晾干，切勿火烤、曝晒，以防材料老化。滤毒罐用后应将顶盖、底塞分别盖上、堵紧，防止滤毒剂受潮失效。对于失效的滤毒罐，应及时报废或更换新的滤毒剂并做再生处理。

8）一时不用的防毒面具，应在橡胶部件上均匀撒上滑石粉，以防粘合。现场备用的面具，放置在专用的柜内，并定期维护和注意防潮。

**3. 氧气呼吸器的使用**

氧气呼吸器是一种与外部空气隔绝、依靠自身供给氧气的防毒面具。使用中应注意：

1）在使用前全面检查一遍，确认达到下列要求方可使用。

① 氧气瓶内的氧气压力，应保持在 $980N/cm^2$ 以上。

② 清净罐内装填的氢氧化钙吸收剂应为粉红色圆柱状颗粒，若变为淡黄色，即为失效，应及时更换。

③ 应注意各密封垫圈是否齐全，啮合程度、阀门是否良好，自动排气阀工作是否正常，以及手动不及供氧是否有效。

2）使用时，先打开氧气瓶阀门，检查压力表的数值，估计使用时间。然后按动补给按钮数次，以清除气囊内原积存气体。再戴上头罩，检查罩体边缘与头部密合情况。经确认各部件正常后，即可使用。

3）使用过程中，若感到供气不足，可用深长呼吸法，使自动补给器充氧。若仍感觉呼吸困难，应采用手动按钮补给氧气。当以上措施均无效时，应立即退出染毒场所。

4）使用中，应经常检查压力表的指示值。一旦氧气压力降至 $245 \sim 296N/cm^2$ 时，应及时离开有毒场所。

5）注意避免与油类等可燃物料接触，并与火源保持足够的安全间距。

6）防止氧气呼吸器撞击和跌落，以免损坏部件。

7）险情重大的作业或进入事故现场从事抢救，必须两人一组，以利于彼此关照。

8）使用后的氧气呼吸器，应及时通知专业人员检查，并进行头罩清洗、消毒、氧气瓶充气和更换清净罐内的氢氧化钙等工作，以备随时使用。

9）若长期搁置不用，应倒出清净罐内的氢氧化钙。所有橡胶部件均应涂以滑石粉，以防粘连。氧气瓶则应保留一定的剩余压力。

### 10.4.3　眼面部防护用品及其使用常识

预防烟雾、尘粒、金属火花和飞屑、热、电磁辐射、激光及化学飞溅等伤害眼睛或面部的个人防护用品称为眼面部防护用品。

眼面部防护用品种类很多，根据防护功能，大致可分为防尘、防水、防冲击、防高温、防电磁辐射、防射线、防化学飞溅、防风沙及防强光等九类。

**1. 焊接用眼镜、面罩的使用**

据统计，电光性眼炎在工矿企业的焊接作业中比较常见，其主要原因在于挑选的防护眼镜不合适。因此有关的作业人员应掌握下列一些使用防护眼镜的基本办法：

1）使用的眼镜和面罩必须经过有关部门检验。

2）挑选、佩戴合适的眼镜和面罩，以防作业时脱落和晃动，影响使用效果。

3）眼镜框架与脸部要吻合，避免侧面漏光。必要时应使用带有护眼罩或防侧光型眼镜。

4）防止眼镜、面罩受潮、受压，以免变形损坏或漏光。焊接用面罩应该具有绝缘性，以防触电。

5）使用面罩式护目镜作业时，累计8h至少更换一次保护片。防护眼镜的滤光片被飞溅物损伤时，要及时更换。

6）保护片和滤光片组合使用时，镜片的屈光度必须相同。

7）对于送风式、带有防尘、防毒面罩的焊接面罩，应严格按照有关规定保养和使用。

8）当面罩的镜片被作业环境的潮湿烟气及作业者呼出的潮气罩住，使其出现水雾，影响操作时，可采取下列措施解决：

① 水膜扩散法。水膜扩散法是指在镜片上涂上脂肪酸或硅胶系的防雾剂，使水雾均等扩散。

② 吸水排除法。吸水排除法是指在镜片上浸涂界面活性剂（PC树脂系），将附着的水雾吸收。

③ 真空法。对某些具有二重玻璃窗结构的面罩，可采取在两层玻璃间抽真空的方法。

**2. 防电磁辐射眼镜的使用**

电磁辐射是看不见、听不到、摸不着的，但是某些频率的微波会产生温热感觉。从受到辐射到发现身体某一部分不适时有一个长潜伏期。当发现时，往往已经造成不良的后果。因此，对电磁辐射的防护不能掉以轻心。

1）首先在工作现场确定辐射场强超过微波最大允许辐射量区域，并挂上警告标志。当作业人员进入该区域时，必须穿戴屏蔽服和防微波眼镜。

2）在实际工作中，应根据辐射源的工作频率和工作地点的辐射强度来选择屏蔽服和眼镜。

3）尽量使用带护眼罩的防微波眼镜，以防微波的绕射对眼睛产生不良影响。

4）使用过程中避免接触油脂、酸碱或其他脏污物质，以免影响屏蔽效果。

5）除了上述措施以外，采取不直看任何辐射器件（馈能喇叭、开口波导、反射器）、尽可能远离辐射源、对场源设置屏蔽等措施，也能有效地避免电磁辐射。

## 10.4.4 听觉器官防护用品

能够防止过量的声能侵入外耳道，使人耳避免噪声的过度刺激，减少听力损失，预防由噪声对人身引起不良影响的个体防护用品，称为听觉器官防护用品。听觉器官防护用品主要有耳塞、耳罩和防噪声头盔三大类。

听觉器官防护用品的使用方法：

1）佩戴耳塞时，先将耳廓向上提起使外耳道口呈平直状态，然后手持塞柄将塞帽轻轻推入外耳道内与耳道贴合。

2）不要使劲太猛或塞得太深，以感觉适度为止。若隔声不良，可将耳塞慢慢转动到最佳位置；隔声效果仍不好时，应另换其他规格的耳塞。

3）使用耳塞及防噪声头盔时，应先检查罩壳有无裂纹和漏气现象。佩戴时应注意罩壳标记顺着耳型戴好，务必使耳罩软垫圈与周围皮肤贴合。

4）在使用护耳器前，应用声级计定量测出工作场所的噪声，然后算出需衰减的声级，以挑选各种规格的护耳器。

5）防噪声护耳器的使用效果不仅取决于这些用品质量的好坏，还需使用者养成耐心使用的习惯和掌握正确佩戴的方法。若只戴一种护耳器隔声效果不好，也可以同时戴上两种护耳器，如耳罩内加耳塞等。

## 10.4.5 手部防护用品

1）具有保护手和手臂的功能，供作业者劳动时戴用的手套称为手部防护用品，通常称为劳动防护手套。

2）手部防护用品按照防护功能分为 12 类，即一般防护手套、防水手套、防寒手套、防毒手套、防静电手套、防高温手套、防 X 射线手套、防酸碱手套、防油手套、防振手套、防切割手套及绝缘手套。每类手套按照材料又能分为许多种。

3）防护手套的使用方法。

① 首先应了解不同种类手套的防护作用和使用要求，以便在作业时正确选择，

切不可把一般场合用手套当作某些专用手套使用。例如，棉布手套、化纤手套等作为防振手套来用，效果很差。

② 在使用绝缘手套前，应先检查外观，若发现表面有孔洞、裂纹等应停止使用。绝缘手套使用完毕后，按有关规定保存好，以防老化造成绝缘性能降低。使用一段时间后应复检，合格后方可使用。使用时要注意产品分类色标，像1kV手套为红色、7.5kV为白色、17kV为黄色。

③ 在使用振动工具作业时，不能认为戴上防振手套就安全了。应注意工作中安排一定的时间休息，随着工具自身振频提高，可相应将休息时间延长。对于使用的各种振动工具，最好测出振动加速度，以便挑选合适的防振手套，取得较好的防护效果。

④ 在某些场合下，所有手套大小应合适，避免手套指过长，被机械绞住或卷住，使手部受伤。

⑤ 对于操作高速回转机械作业时，可使用防振手套。某些维护设备和注油作业时，应使用防油手套，以避免油类对手的侵害。

⑥ 不同种类手套有其特定用途的性能，在实际工作时一定结合作业情况来正确使用和区分，以保护手部安全。

**☆考核重点解析**

焊工必须掌握安全用电相关知识，电气危害是对系统自身的危害，如短路、过电压及绝缘老化等；同时也是对用电设备、环境和人员的危害，如触电、电气火灾以及电压异常升高造成用电设备损坏等，其中尤以触电和电气火灾危害最为严重。焊工应该熟悉焊接环境污染的防范、治理及发展方向，掌握焊接安全操作规程相关知识及了解焊接劳动保护用品相关知识。

## 复习思考题

1. 造成触电事故的电流有哪几种？
2. 触电的类型有几种？
3. 焊接作业环境分几类？
4. 弧光的主要防护措施有哪些？
5. 简述通风的主要特点。
6. 焊接生产安全检查主要有哪些工作？

# 第 11 章　质量管理知识

☺理论知识要求

1. 掌握质量管理的内容。
2. 掌握质量管理的基本方法。

## 11.1　焊接缺陷

### 11.1.1　焊接缺陷的定义及分类

焊接过程中在焊接接头中产生的金属不连接、不致密或连接不良的现象称为焊接缺陷。

金属熔焊焊缝缺陷根据 GB/T 6417.1—2005《金属熔化焊缺欠分类及说明》规定，焊接缺陷可分为 6 大类：裂纹、孔穴（气孔、缩孔）、固体夹杂、未熔合、未焊透、形状缺陷（咬边、下塌、焊瘤等）及其他缺陷。

焊接缺陷的种类很多，根据其在焊接接头的部位，可分为外观焊接缺陷和内部焊接缺陷两大类。

**1. 外观焊接缺陷**

外观焊接缺陷是指位于焊缝外表面，用肉眼或低倍放大镜就可以看到的缺陷，如焊缝形状尺寸不符合要求、咬边、焊瘤、烧穿、凹坑、弧坑、表面气孔和表面裂纹等。

**2. 内部焊接缺陷**

内部焊接缺陷指位于焊缝内部，可用无损检测或破坏性检验方法来发现的焊接缺陷，如未焊透、未熔合、夹渣、内部气孔和内部裂纹等。

### 11.1.2　焊接缺陷的危害

焊接接头中的缺陷，不仅破坏了接头的连续性，而且还引起了应力集中，缩短了结构使用寿命，严重的甚至会导致结构的脆性破坏，危及生命财产安全。焊接缺陷的主要危害有以下两个方面：

**1. 引起应力集中**

焊缝中存在的焊接缺陷是产生应力集中的主要原因。例如，焊缝中的咬边、未焊透、气孔、夹渣、裂纹等，不仅减小了焊缝的有效承载截面积，削减了焊缝的强

度，更严重的是在焊缝或焊缝附近造成缺口，由此而产生了很大的应力集中。当应力值超过缺陷前端部位金属材料的抗拉强度时，材料就会开裂，接着新开裂的端部又产生应力集中，使原缺陷不断扩展，直至产品破裂。

**2. 造成脆断**

从脆性事故的分析中可知，脆断部位是从焊接接头中的缺陷开始的。这是一种很危险的破坏形式。因为脆性断裂是结构在没有塑性变形情况下产生的快速突发性断裂，其危害性很大。防止结构脆断的重要措施之一就是尽量避免和控制焊接缺陷。

焊接结构中危害性最大的缺陷是裂纹和未熔合等。

## 11.1.3　焊接缺陷产生的原因及防止措施

**1. 焊缝形状尺寸不符合要求**

焊缝形状尺寸不符合要求主要是指焊缝外形高低不平，波形粗劣；焊缝宽窄不均，太宽或太窄；焊缝余高过高或高低不均；角焊缝焊脚不均以及变形较大等，如图 11-1 所示。

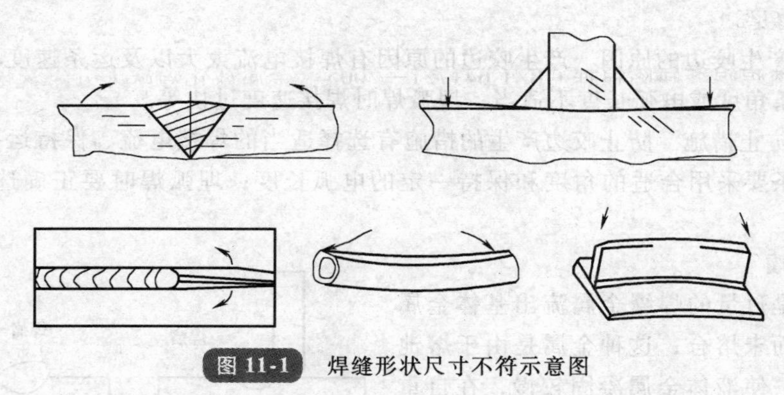

图 11-1　焊缝形状尺寸不符示意图

（1）危害　焊缝宽窄不均，除了造成焊缝成形不美观外，还影响焊缝与母材的结合强度；焊缝余高太高，使焊缝与母材交界突变，形成应力集中，而焊缝低于母材，就不能得到足够的接头强度；角焊缝的焊脚不均，且无圆滑过渡也易造成应力集中。

（2）产生焊缝形状及尺寸不符合要求的原因　产生焊缝形状及尺寸不符合要求的原因主要是由于焊接坡口角度不当或装配间隙不均匀；焊接电流过大或过小；运条速度或手法不当以及焊条角度选择不合适；埋弧焊主要是由于焊接参数选择不当。

（3）防止措施　防止产生焊缝形状及尺寸不符合要求的措施有选择正确的坡口角度及装配间隙；正确选择焊接参数；提高焊工操作技术水平，正确地掌握运条手法和速度，随时适应焊件装配间隙的变化，以保持焊缝的均匀。

**2. 咬边**

咬边是指焊接过程中，电弧将焊缝边缘熔化后，没有得到填充金属的补充，在焊缝金属的焊趾区域或根部区域形成沟槽或凹陷的一种缺陷，如图 11-2 所示。

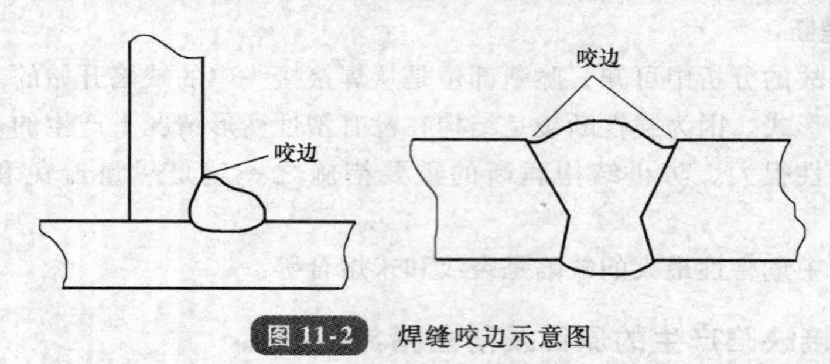


图 11-2　焊缝咬边示意图

（1）危害　咬边的危害包括减少了母材的有效面积，降低了焊接接头强度，并且在咬边处形成应力集中，容易引发裂纹。特别是焊接低合金结构钢时，咬边的边缘被淬硬，常常是焊接裂纹的发源地。因此，重要结构的焊接接头不允许存在咬边，或者规定咬边深度在一定数值之下（如咬边深度不得超过 0.5mm），否则就应进行焊补修磨。

（2）产生咬边的原因　产生咬边的原因有焊接电流太大以及运条速度不合适；角焊时焊条角度或电弧长度不适当；埋弧焊时焊接速度过快等。

（3）防止措施　防止咬边产生的措施有选择适当的焊接电流、保持运条均匀；角焊时焊条要采用合适的角度和保持一定的电弧长度；埋弧焊时要正确选择焊接参数。

**3. 焊瘤**

焊瘤是过量的焊缝金属流出基体金属熔化表面而未熔合，这种金属是由于熔池温度过高，使液体金属凝固较慢，在自重作用下下坠而形成。也就是在焊接过程中，熔化金属流淌到焊缝之外未熔化的母材上所形成的金属瘤，如图 11-3 所示。

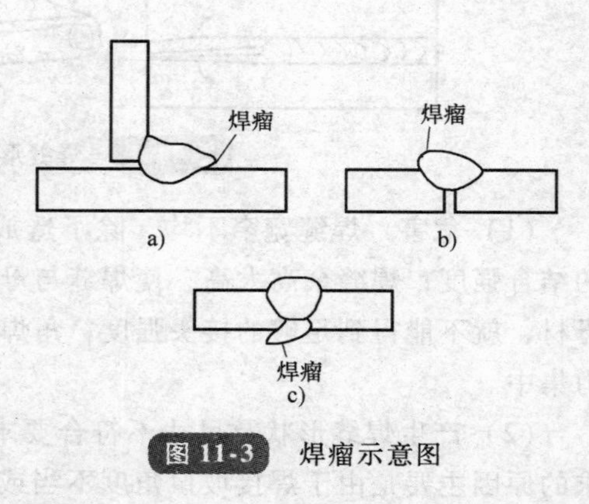


图 11-3　焊瘤示意图

（1）危害　焊瘤不仅影响了焊缝的成形，而且在焊瘤的部位往往还存在着夹渣和未焊透。

（2）产生焊瘤的原因　产生焊瘤的原因主要是焊接电流过大，焊接速度过慢，引起熔池温度过高，液态金属凝固较慢，在自重作用下形成的。操作不熟练和运条不当也易产生焊瘤。

（3）防止措施　防止焊瘤产生的措施有提高操作技术水平；选用正确的焊接电流，控制熔池温度；使用碱性焊条时宜采用短弧焊接；运条方法要正确。

**4. 凹坑与弧坑**

凹坑是焊后在焊缝表面或背面形成的低于母材的局部低洼部分，如图 11-4 所示。弧坑的出现是由于断弧或收弧不当，在焊缝末端形成的凹陷，而后续焊道焊接之前或在后续焊道焊接过程中未被消除。弧坑通常出现在焊缝尾部或接头处，它不仅削弱焊缝截面，而且由于冷速较高，杂质易于集聚，而伴随产生气孔、夹渣及裂纹等缺陷。

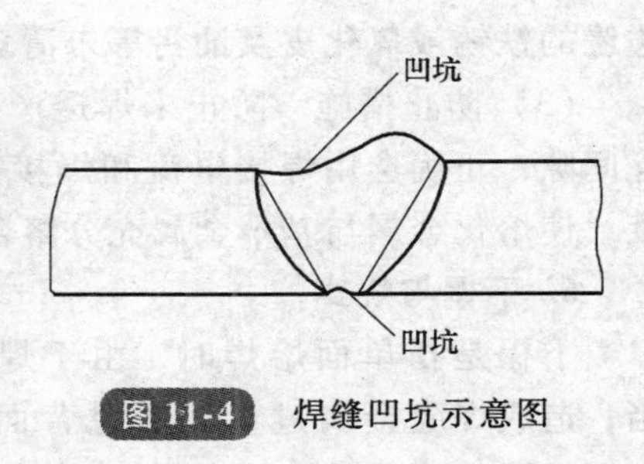


图 11-4　焊缝凹坑示意图

(1) 危害　凹坑和弧坑使焊缝的有效断面减小，削弱了焊缝强度。对弧坑来说，由于杂质的集中，会导致产生弧坑裂纹。

(2) 产生凹坑与弧坑的原因　产生凹坑与弧坑的原因有操作技能不熟练，电弧拉得过长；焊接表面焊缝时，焊接电流过大，焊条又未适当摆动，熄弧过快；过早进行表面焊缝焊接或中心偏移。埋弧焊时，导电嘴压得过低，造成导电嘴粘渣，也会使表面焊缝两侧凹陷。

(3) 防止措施　防止凹陷和弧坑产生的措施有提高焊工操作技能；采用短弧焊接；填满弧坑，如焊条电弧焊时，焊条在收弧处作短时间的停留或做几次环形运条；使用收弧板；$CO_2$ 气体保护焊时，选用有“火口处理（弧坑处理）”装置的焊机。

**5. 未焊透**

未焊透是指焊接时接头根部未完全熔透的现象，对于对接焊缝也指焊缝厚度未达到设计要求的现象，如图 11-5 所示。根据未焊透产生的部位，可分为根部未焊透、边缘未焊透、中间未焊透和层间未焊透等。

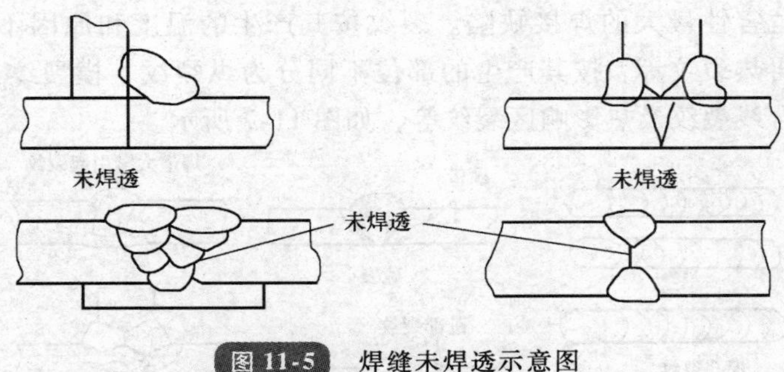


图 11-5　焊缝未焊透示意图

(1) 危害　未焊透是一种比较严重的焊接缺陷，它使焊缝的强度降低，引起应力集中。因此重要的焊接接头不允许存在未焊透。

(2) 产生未焊透的原因　产生未焊透的原因主要是由于焊接坡口钝边过大，坡口角度太小，装配间隙太小；焊接电流过小，焊接速度太快，使熔深过浅，边缘未充分熔化；焊条角度不正确，电弧偏吹，使电弧热量偏于焊件一侧；层间或母材边缘的铁锈或氧化皮及油污等未清理干净。

（3）防止措施　防止未焊透产生的措施有正确选用坡口形式及尺寸，保证装配间隙；正确选用焊接电流和焊接速度；认真操作，防止焊偏，注意调整焊条角度，使熔化金属与基本金属充分熔合。

**6. 下榻与烧穿**

下榻是指单面熔焊时，由于焊接工艺不当，造成焊缝金属过量而透过背面，使焊缝正面塌陷、背面凸起的现象。烧穿是指在焊接过程中，熔化金属自坡口背面流出，形成穿孔的缺陷，如图 11-6 所示。

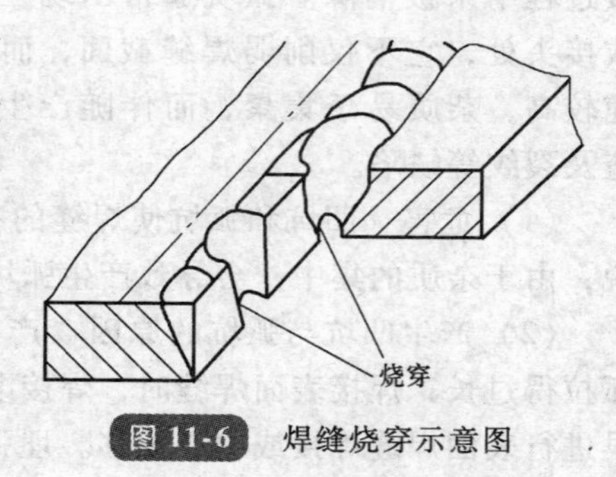


图 11-6　焊缝烧穿示意图

（1）危害　下榻与烧穿是焊条电弧焊和埋弧焊中常见的缺陷，前者削弱了焊接接头的承载能力，后者则是使焊接接头完全失去了承载能力，是一种绝对不允许存在的缺陷。

（2）产生下榻与烧穿的原因　产生下榻与烧穿的原因主要是由于焊接电流过大，焊接速度过慢，使电弧在焊缝处停留时间过长；装配间隙太大，钝边太薄。

（3）防止措施　防止产生下榻与烧穿的措施有正确选择焊接电流和焊接速度；减少熔池在高温停留时间；严格控制焊件的装配间隙和钝边大小。

**7. 焊接裂纹**

在焊接应力及其他致脆因素共同作用下，焊接接头局部地区的金属原子结合力遭到破坏而形成的新界面所产生的缝隙称为焊接裂纹。它具有尖锐的缺口和大的长宽比特征。裂纹不仅降低接头强度，而且还会引起应力集中，使结构断裂破坏。所以裂纹是一种危害性最大的焊接缺陷。裂纹按其产生的温度和原因不同分为热裂纹、冷裂纹和再热裂纹等；按其产生的部位不同分为纵裂纹、横裂纹、焊根裂纹、弧坑裂纹、熔合线裂纹及热影响区裂纹等，如图 11-7 所示。

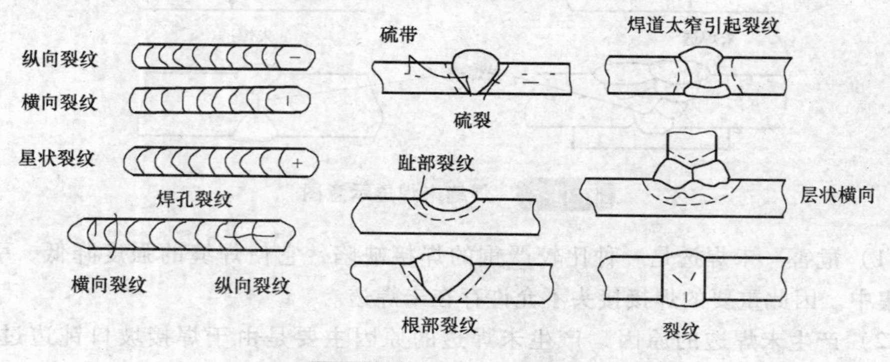


图 11-7　焊缝裂纹示意图

(1) 热裂纹　热裂纹是指焊接过程中，焊缝和热影响区金属冷却到固相线附近的高温区产生的裂纹。

1) 热裂纹产生的原因。由于焊接熔池在结晶过程中存在着偏析现象，偏析出的物质多为低熔点共晶和杂质。在开始冷却结晶时，晶粒刚开始形成，液态金属比较多，流动性比较好，可以在晶粒间自由流动，而由焊接拉应力造成的晶粒间的间隙都能被液态金属所填满，所以不会产生热裂纹。当温度继续下降，柱状晶体继续生长。由于低熔点共晶的熔点低，往往是最后结晶，在晶界以“液体夹层”形式存在，这时焊接应力已增大，被拉开的“液体夹层”产生的间隙已没有足够的低熔点液体金属来填充，因而就形成了裂纹。

因此，热裂纹可看成是由焊接拉应力和低熔点共晶两者共同作用而形成的，增大任何一个方面的作用，都可能促使在焊缝中形成热裂纹。

2) 热裂纹的特征

① 热裂纹多贯穿在焊缝表面，并且断口被氧化，呈氧化色。一般热裂纹宽度约 0.05 ~0.5mm，末端略呈圆形。

② 热裂纹大多产生在焊缝中，有时也出现在热影响区。焊缝中的纵向热裂纹一般发生在焊道中心，与焊缝长度方向平行；横向热裂纹一般沿柱状晶界发生，并与母材的晶粒间界相连，与焊缝长度方向垂直。根部裂纹发生在根部。弧坑裂纹大多发生在弧坑中心的等轴晶区，有纵、横和星状几种类型。热影响区中的热裂纹有横向也有纵向的，但都沿晶界发生。

③ 热裂纹的微观特征一般是沿晶界开裂，故又称晶间裂纹。

3) 防止措施。热裂纹的产生与冶金因素和力学因素有关，故防止热裂纹主要从以下几方面来考虑：

① 限制钢材和焊材中的硫、磷等元素含量。例如，焊丝中硫、磷的质量分数一般应小于 0.03% ~0.04%。焊接高合金钢时要求硫、磷的质量分数必须限制在 0.03% 以下。

② 降低含碳量。当金属中碳的质量分数小于 0.15% 时产生裂纹的倾向很少。一般碳钢焊丝中碳的质量控制在 0.11% 以下。

③ 改善熔池金属的一次结晶。由于细化晶粒可以提高焊缝金属的抗裂性，所以广泛采用向焊缝中加入细化晶粒的元素，如钛、铝、锆、硼或稀土金属铈等，进行变质处理。

④ 控制焊接参数。适当提高焊缝成形系数。采用多层多道焊，避免偏析集中在焊缝中心，防止产生中心裂纹。

⑤ 采用碱性焊条和焊剂。由于碱性焊条和焊剂脱硫能力强，脱硫效果好，抗热裂性能好，生产中对于热裂纹倾向较大的钢材，一般都采用碱性焊条和焊剂进行焊接。

⑥采用适当的断弧方式。断弧时采用收弧板或逐渐断弧，填满弧坑，以防止弧坑裂纹。

⑦降低焊接应力。采取降低焊接应力的各种措施，如焊前预热、焊后缓冷等。

（2）冷裂纹　冷裂纹是指焊接接头冷却到较低温度（对钢来说，即在 $M_s$ 温度[㊀]以下）时产生的焊接裂纹。

冷裂纹和热裂纹不同，它是在焊接后较低温度下产生的。冷裂纹可以在焊后立即出现，也可能经过一段时间（几小时、几天，甚至更长）才出现。这种滞后一段时间出现的冷裂纹称为延迟裂纹，它是冷裂纹中比较普遍的一种形态，其的危害性比其他形态的裂纹更为严重。根据冷裂纹产生的部位，通常将冷裂纹分为三种形式：焊道下冷裂纹、焊趾冷裂纹和焊根冷裂纹三种。焊道下裂纹一般情况下裂纹的方向与熔合线平行（也有时垂直于熔合线）。焊趾裂纹起源于焊缝和母材的交界处，沿应力集中的焊趾处所形成。裂纹的方向经常与焊缝纵向平行，一般由焊趾的表面开始，向母材的深处延伸。焊根裂纹主要发生在焊根附近沿应力集中的焊缝根部。

1）冷裂纹产生的原因。冷裂纹主要发生在中碳钢、高碳钢、低合金或中合金高强度钢中。其产生的主要原因有钢种的淬硬倾向大；焊接接头受到的拘束应力；较多的扩散氢的存在和聚集。这三个因素共同存在时，就容易产生冷裂纹。一般钢的淬硬倾向越大，焊接应力越大，氢的聚集越多，越容易产生冷裂纹。在许多情况下，氢是诱发冷裂纹的最活跃的因素。

2）冷裂纹的特征。

① 冷裂纹的断裂表面没有氧化色彩，这表明冷裂纹与热裂纹不一样，它是在较低温度下产生的（200～300℃以下）。

② 冷裂纹都产生在热影响区与焊缝交界的熔合线上，但也有可能产生在焊缝上。

③ 冷裂纹一般为穿晶裂纹，少数情况下也可能沿晶界发生。

3）防止措施。防止冷裂纹的产生主要从降低扩散氢含量、改善组织和降低焊接应力等几方面来解决，具体措施是：

① 选用碱性焊条，可减少焊缝中的氢。

② 焊条和焊剂应严格按规定进行烘干，随用随取。保护气体应控制其纯度，严格清理焊丝和工件坡口两侧的油污、铁锈和水分，控制环境湿度等。

③ 改善焊缝金属的性能，加入某些合金元素以提高焊缝金属的塑性。例如，使用 J507MnV 焊条，可提高焊缝金属的抗冷裂能力。此外，采用奥氏体组织的焊条焊接某些淬硬倾向较大的低合金高强度钢，可有效地避免冷裂纹的

㊀ $M_s$ 温度即指马氏体转变开始温度

产生。

④ 正确地选择焊接参数，采取预热、缓冷、后热以及焊后热处理等工艺措施，以改善焊缝及热影响区的组织、去氢和消除焊接应力。

⑤ 改善结构的应力状态，降低焊接应力等。

（3）再热裂纹　再热裂纹是指焊后焊件在一定温度范围再次加热（消除应力热处理或其他加热过程）而产生的裂纹。再热裂纹又称焊后热处理裂纹或消除应力回火裂纹。

1）产生原因。再热裂纹一般发生在含铬、钼或钒等元素的高强度低合金钢的热影响区中。这是由于这些元素一般是以晶间碳化物的状态存在于母材中，在焊接时焊缝热影响区中加热到 1200℃ 的部分，这些晶间碳化物便进入了固溶体中。而在焊后进行消除应力热处理的时候，一方面由于处于高温情况下材料的屈服强度有所降低；另一方面，碳化物析出强化了晶粒内部，促使材料发生蠕变（主要集中在晶粒边界）。当这种变形超出了热影响区熔合线附近金属的塑性时，便产生了裂纹。

2）防止措施。

① 控制基本金属及焊缝金属的化学成分，适当调整各种敏感元素（如铬、钼、钒等）的含量。

② 选择抵抗再热裂纹能力高的焊接材料。

③ 设计上改进接头形式，减小接头刚度和应力集中，焊后打磨焊缝至平滑过渡。

④ 合理选择消除应力回火温度，避免采用 600℃ 这个对再热裂纹敏感的温度，适当减慢回火时的加热速度，减小温差应力。

**8. 未熔合**

未熔合是指熔焊时，焊道与母材之间或焊道与焊道之间未完全熔化结合的部分。未熔合可细分为：坡口边缘未熔合、焊道之间未熔合、焊缝根部未熔合，如图 11-8 所示。

（1）危害　未熔合直接降低了接头的力学性能，严重的未熔合使焊接结构无法承载。

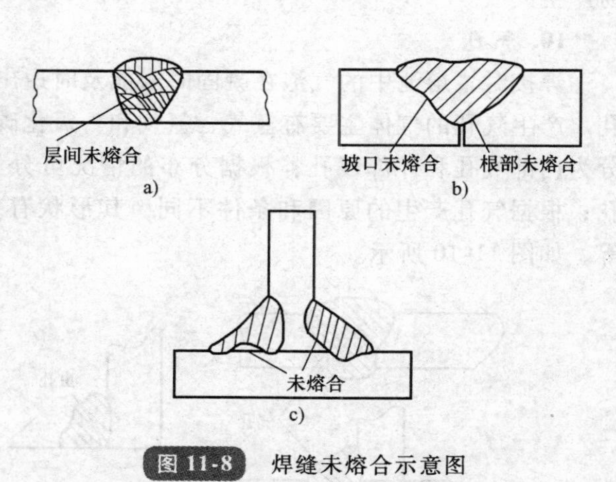


图 11-8　焊缝未熔合示意图

（2）产生未熔合的原因　未熔合产生的原因主要是由于焊接热输入太低；焊条偏心、电弧偏吹使电弧偏于一侧或焊炬火焰偏于坡口一侧，使母材或前一层焊缝金属未得到充分熔化就被填充金属覆盖；坡口及层间清理不干净；

单面焊双面成形焊接时第一层的电弧燃烧时间短等。

（3）防止措施　防止产生未熔合的措施有焊条、焊丝和焊炬的角度要合适，运条摆动应适当，要注意观察坡口两侧熔合情况；选用稍大的焊接电流和火焰能率，焊接速度不宜过快，使热量增加足以熔化母材或前一层焊缝金属；发生电弧偏吹应及时调整角度，使电弧对准熔池；加强坡口及层间清理。

**9. 夹渣**

夹渣是指焊后残留在焊缝中的非金属夹杂物。夹渣的产生主要是由于操作原因，熔池中的熔渣来不及浮出，而存在于焊缝之中，如图11-9所示。

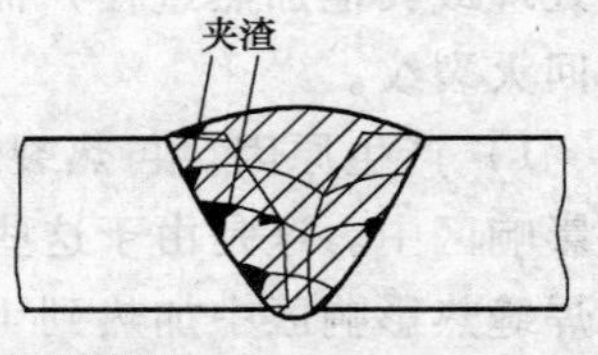


图11-9　焊缝夹渣示意图

（1）危害　夹渣削弱了焊缝的有效断面，降低了焊缝的力学性能，还会引起应力集中，易使焊接结构在承载时遭受破坏。

（2）产生夹渣的原因　产生夹渣的原因主要是由于焊件边缘及焊道、焊层之间清理不干净；焊接电流太小，焊接速度过大，使熔渣残留下来而来不及浮出；运条角度和运条方法不当，使熔渣和铁液分离不清，以致阻碍了熔渣上浮等；坡口角度小，焊接工艺不当，使焊缝的成形系数过小；焊件及焊条的化学成分不当，杂质较多等。

（3）防止措施　防止夹渣产生的措施有采用具有良好工艺性能的焊条；选择适当的焊接参数；焊件坡口角度不宜过小；焊前、焊间要做好清理工作，清除残留的锈皮和熔渣；操作过程中注意熔渣的流动方向，调整焊条角度和运条方法，特别是在采用酸性焊条时，必须使熔渣在熔池的后面，若熔渣流到熔池的前面，就很容易产生夹渣。

**10. 气孔**

焊接时，熔池中的气泡在凝固时未能及时逸出而残留下来所形成的空穴称为气孔。产生气孔的气体主要有氢气、氮气和一氧化碳。根据气孔产生的部位不同，可分为内部气孔和外部气孔；根据分布的情况可分为单个气孔、链状气孔和密集气孔；根据气孔产生的原因和条件不同，其形状有球形、椭圆形、旋涡状和毛虫状等，如图11-10所示。

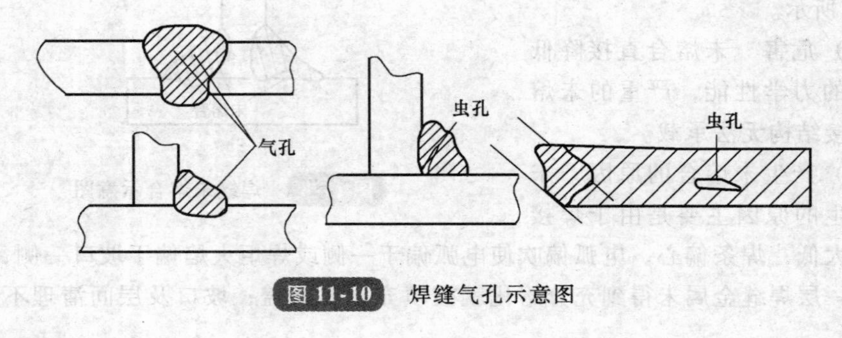


图11-10　焊缝气孔示意图

（1）危害　气孔的存在削弱了焊缝的有效工作断面，造成应力集中，降低焊缝金属的强度和塑性，尤其是冲击韧性和疲劳强度降低得更为显著。

（2）产生气孔的原因　焊接时，高温的熔池内存在着各种气体，一部分是能溶解于液态金属中的氢气和氮气。氢和氮在液、固态焊缝金属中的溶解度差别很大，高温液态金属中的溶解度大，固态焊缝中的溶解度小。另一部分是冶金反应产生的不溶于液态金属的一氧化碳等。焊缝结晶时，由于溶解度突变，熔池中就有一部分超过固态溶解度的“多余的”氢、氮。这些“多余的”氢、氮与不溶解于熔池的一氧化碳就要从液体金属中析出形成气泡上浮，由于焊接熔池结晶速度快，气泡来不及逸出而残留在焊缝中形成了气孔。

1）氢气孔。焊接低碳钢和低合金钢时，氢气孔主要发生在焊缝的表面，断面为螺钉状，从焊缝的表面上看呈喇叭口形，气孔的内壁光滑。有时氢气孔也会出现在焊缝的内部，呈小圆球状。焊接铝、镁等有色金属时，氢气孔主要发生在焊缝的内部。

2）氮气孔。氮气孔大多发生在焊缝表面，且成堆出现，呈蜂窝状。一般发生氮气孔的机会较少，只有在熔池保护条件较差，较多的空气侵入熔池时才会发生。

3）一氧化碳气孔。焊接熔池中产生一氧化碳的途径有两个：一是碳被空气中的氧直接氧化而成；另一个是碳与熔池中 FeO 反应生成。一氧化碳气孔主要发生在碳钢的焊接中，这类气孔在多数情况下存在于焊缝的内部，气孔沿结晶方向分布，呈条虫状，表面光滑。

（3）防止气孔产生的措施

1）焊前将焊丝和焊接坡口及其两侧 20～30mm 范围内的焊件表面清理干净。

2）焊条和焊剂按规定进行烘干，不得使用药皮开裂、剥落、变质、偏心或焊芯锈蚀的焊条。气体保护焊时，保护气体纯度应符合要求，并注意防风。

3）选择合适的焊接参数。

4）碱性焊条施焊时应采用短弧焊，并采用直流反接。

5）若发现焊条偏心要及时调整焊条角度或更换焊条。

**11. 夹钨**

钨极惰性气体保护焊时，由钨极进入到焊缝中的钨粒称为夹钨。

（1）产生夹钨的原因　产生夹钨的原因有焊接电流过大或钨极直径太小时，使钨极端部强烈地熔化烧损；氩气保护不良引起钨极烧损；炽热的钨极触及熔池或焊丝而产生的飞溅等。

（2）防止措施　防止夹钨产生的措施有根据工件的厚度选择相应的焊接电流和钨极直径；使用符合标准要求纯度的氩气；施焊时，采用高频振荡器引弧，在不妨碍操作情况下，尽量采用短弧，以增强保护效果；操作要仔细，不使钨极触及熔池或焊丝产生飞溅；经常修磨钨极端部。

## 11.2　焊接质量检验

焊接质量检验是保证焊接产品质量的重要措施，是及时发现、消除缺陷并防止缺陷重复出现的重要手段。焊接质量检验自始至终贯穿于焊接结构的制造过程中。

### 11.2.1　焊接质量检验的过程

焊接质量检验过程由焊前检验、焊接过程中的检验和焊后成品检验三个阶段组成。完整的焊接质量检验能保证不合格的原材料不投产、不合格的零件不组装、不合格的组装不焊接、不合格的焊缝必返修、不合格的产品不出厂，层层把住质量关。

**1. 焊前检验**

焊前检验是焊接质量的第一个阶段，包括检验焊接产品图样和焊接工艺规程等技术文件是否齐备；检验母材及焊条、焊丝、焊剂及保护气体等焊接材料是否符合设计及工艺规程的要求；检验焊接坡口的加工质量和焊接接头的装配质量是否符合图样要求；检验焊接设备及其辅助工具是否完好；检验焊工是否具有上岗资格等内容。焊前检验的目的是预先防止和减少焊接时产生缺陷的可能性。

**2. 焊接过程中的检验**

焊接过程中的检验是焊接质量检验的第二个阶段，它包括检验在焊接过程中焊接设备的运行情况是否正常、焊接参数是否正确；焊接夹具在焊接过程中的夹紧情况是否牢靠以及多层焊过程中对夹渣、气孔和未焊透等缺陷的自检等。焊接过程中检验的目的是防止缺陷的形成和及时发现缺陷。

**3. 焊后成品检验**

焊后成品检验是焊接质量检验的最后阶段，它通常在全部焊接工作完毕（包括焊后热处理），将焊缝清理干净后进行。

### 11.2.2　焊接质量检验方法分类

焊接质量检验是保证焊接质量的重要手段。焊接质量检验的目的在于发现焊接接头的各种缺欠，正确地评价焊接质量，及时地做出相应处理，以确保产品的安全性和可靠性，满足产品的使用要求。所以，焊后应严格遵照技术条件、产品图样、工艺规程和有关检验文件对焊缝进行各种检验，凡超出标准规定允许的缺陷，必须及时返修。焊接质量的检验方法可分为两大类，即破坏性检验和非破坏性检验，如图 11-11 所示。

### 11.2.3　破坏性焊接检验

破坏性检验是从焊件或试件上截取试样，或以产品（或模拟体）的整体破坏

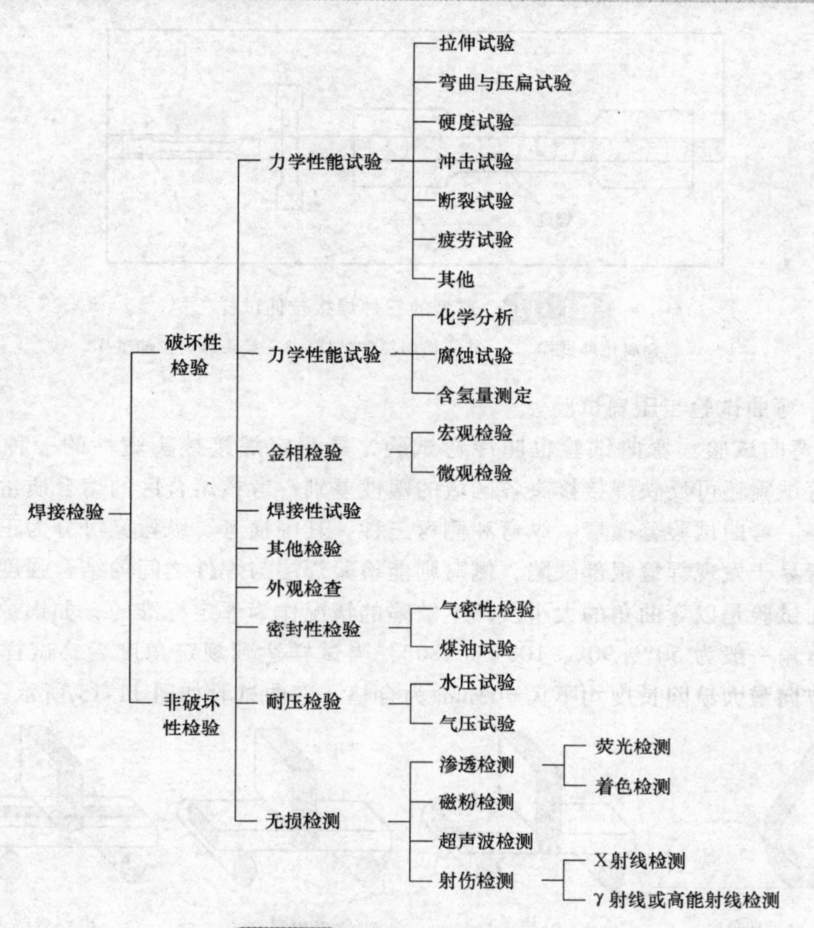


图 11-11　焊接检验方法的分类

做试验，以检查其各种力学性能、抗腐蚀性能等的试验法。它包括力学性能试验、化学分析及试验、金相检验、腐蚀性试验及焊接性试验等。

**1. 力学性能试验**

力学性能试验是用来检查焊接材料、焊接接头及焊缝金属的力学性能的。常用的有拉伸试验、弯曲试验、压扁试验、冲击试验与硬度试验等。一般是按标准要求，在焊接试件（板、管）上相应位置截取试样毛坯，再加工成标准试样后进行试验。

（1）拉伸试验　拉伸试验是为了测定焊接接头或焊缝金属的抗拉强度、屈服强度、断后伸长率和断面收缩率等力学性能指标。在拉伸试验时，还可以发现试样断口中的某些焊接缺陷。焊缝金属拉伸试样的受试部分应全部取在焊缝中，焊接接头拉伸试样则包括了母材、焊缝和热影响区三部分。典型的三种焊接拉伸试样，如图 11-12 所示。

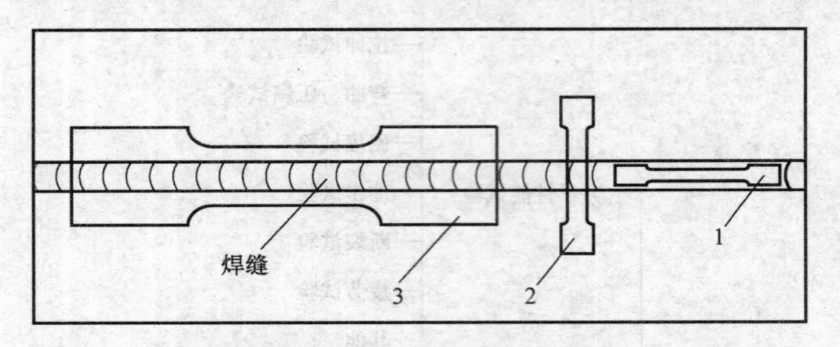


图 11-12 典型的三种焊接拉伸试样

1—焊缝金属拉伸试样 2—接头横向拉伸试样 3—接头纵向拉伸试样

（2）弯曲试验与压扁试验

1）弯曲试验。弯曲试验也叫冷弯试验，是测定焊接接头塑性的一种试验方法。冷弯试验还可反映焊接接头各区域的塑性差别，考核熔合区的熔合质量和暴露焊接缺陷。弯曲试验分横弯、纵弯和侧弯三种，其中横弯、纵弯又可分为正弯和背弯。背弯易于发现焊缝根部缺陷，侧弯则能检验焊层与焊件之间的结合强度。

弯曲试验是以弯曲角的大小及产生缺陷的情况作为评定标准的，如锅炉压力容器的冷弯角一般为 50°、90°、100°或 180°，当试样达到规定角度后，试样拉伸面上任何方向最大缺陷长度均不大于 3mm 为合格，弯曲试验如图 11-13 所示。

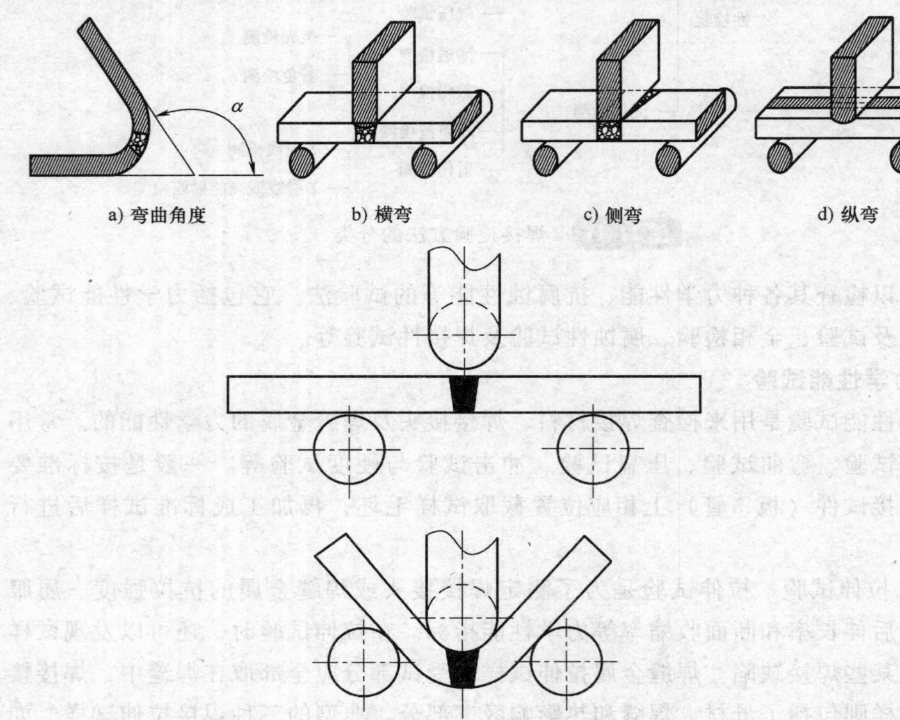


图 11-13 弯曲试验示意图

2）压扁试验。带纵焊缝和环焊缝的小直径管接头，不能取样进行弯曲试验时，可将管子的焊接接头制成一定尺寸的试管，在压力机下进行压扁试验。试验时，通过将管子接头外壁压至一定值（$H$）时，以焊缝受拉部位的裂纹情况来作为评定标准，如图 11-14 所示。

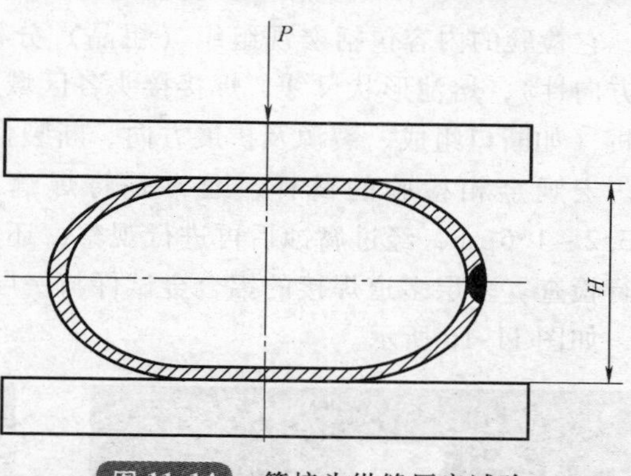


图 11-14　管接头纵缝压扁试验

（3）冲击试验　冲击试验是用来测定焊接接头和焊缝金属在受冲击载荷时，不被破坏的能力（韧性）及脆性转变的温度的。冲击试验通常是在一定温度下（如 0℃、-20℃、-40℃等），把有缺口的冲击试样放在试验机上，测定焊接接头的冲击吸收能量，以冲击吸收能量作为评定标准。试样缺口部位可以开在焊缝、熔合区上，也可以开在热影响区上。试样缺口形式，有 V 型和 U 型，V 型缺口试样为标准试样，如图 11-15 所示。

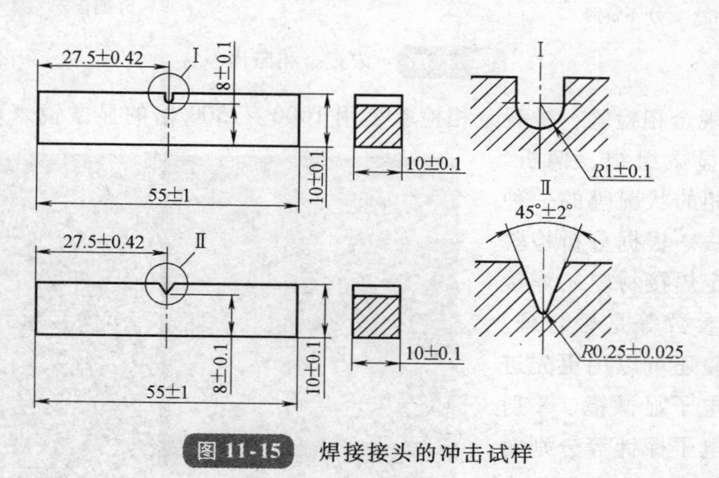


图 11-15　焊接接头的冲击试样

（4）硬度试验　硬度试验是用来测定焊接接头各部位硬度的试验。根据硬度结果可以了解区域偏析和近缝区的淬硬倾向，可作为选用焊接工艺时的参考。常见的测定硬度方法有布氏硬度法（HBW）、洛氏硬度法（HR）和维氏硬度法（HV）。

**2. 金相检验**

焊接接头的金相检验是用来检查焊缝、热影响区和母材的金相组织情况及确定内部缺陷等的一种检验方法。金相检验分宏观金相和微观金相两大类。

（1）宏观金相检验　宏观金相检验是用肉眼或借助于低倍放大镜直接进行检

查。它检验的内容包括宏观组织（粗晶）分析（如焊缝一次结晶组织的粗细程度和方向性），熔池形状尺寸，焊接接头各区域的界限和尺寸及各种焊接缺陷，断口分析（如断口组成、裂源及扩展方向、断裂性质等），硫、磷和氧化物的偏析程度等。宏观金相检验的试样，通常是将焊缝表面保持原状，而将横断面加工至 $Ra3.2 \sim 1.6\mu m$，经过腐蚀后再进行观察；还常用折断面检查的方法，对焊缝断面进行检查。多层多道焊接的铝合金试件与一层一道焊接的不锈钢试件的宏观金相照片，如图 11-16 所示。

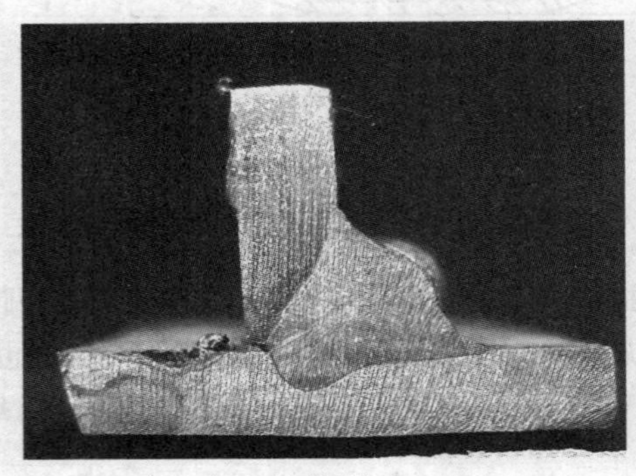
a) 不锈钢

b) 铝合金

图 11-16 宏观金相照片

（2）微观金相检验　微观金相检验是用 1000 ~ 1500 倍的显微镜来观察焊接接头各区域的显微组织、偏析、缺陷及析出相的状况等的一种金相检验方法。根据分析检验结果，可确定焊接材料、焊接方法和焊接参数等是否合理。微观金相检验还可以用更先进的设备，如电子显微镜、X 射线衍射仪、电子探针等分别对组织形态、析出相和夹杂物进行分析及对断口、废品和事故、化学成分等进行分析。50 倍显微镜拍摄的焊缝微观金相，如图 11-17 所示。

图 11-17 焊缝微观金相照片（50 ×）

（3）化学分析及试验　焊缝的化学分析是指检查焊缝金属的化学成分。通常用直径为 6mm 的钻头在焊缝中钻取试样，一般常规分析需试样 50 ~ 60g。经常被分析的元素有碳、锰、硅、硫和磷等。对一些合金钢或不锈钢还需分析镍、铬、钛、钒和铜等，但需要多取一些试样。

(4) 腐蚀试验　金属受周围介质的化学和电化学作用而引起的损坏称为腐蚀。焊缝和焊接接头的腐蚀破坏形式有总体腐蚀、刃状腐蚀、点腐蚀、应力腐蚀、海水腐蚀、气体腐蚀和腐蚀疲劳等。腐蚀试验的目的在于确定给定的条件下金属抗腐蚀的能力，估计产品的使用寿命，分析腐蚀的原因，找出防止或延缓腐蚀的方法。

腐蚀试验的方法，应根据产品对耐腐蚀性能的要求而定。常用的方法有不锈钢晶间腐蚀试验、应力腐蚀试验、腐蚀疲劳试验、大气腐蚀试验和高温腐蚀试验等。

### 11.2.4　非破坏性焊接检验

非破坏性检验是指不损坏被检查材料或成品的性能和完整性而检测缺陷的方法。它包括外观检验、致密性检验、耐压试验、渗透检测、磁粉检测、超声波检测、射线检测等。

**1. 外观检验** (VT)

焊缝接头的外观检验是一种简便而又应用广泛的检验方法，是产品检验的一个重要内容。这种方法也使用在焊接过程中，如厚壁焊件多层焊时，每焊完一层焊道时使用这种方法进行检查，防止前焊道层的焊接缺陷被带到下一层焊道中去。

焊接接头的外观检验是以用肉眼直接观察为主，一般可借助于标准样板、焊缝检验尺、量规或低倍（5 倍）放大镜观察焊缝，以发现焊缝表面缺陷的方法。外观检验的主要目的是为了发现焊接接头的表面缺陷，如焊缝的表面气孔、表面裂纹、咬边、焊瘤、烧穿、焊缝尺寸偏差及焊缝成形等。检验前须将焊缝附近 10 ~ 20mm 焊件上的飞溅和污物清除干净。外观检验应特别注意焊缝有无偏离，表面有无裂纹、气孔等焊接缺陷。焊缝的外观尺寸一般使用焊缝检验尺及量规进行检验，具体检验方法如图 11-18 所示。

**2. 致密性检验**

致密性检验是用来检验焊接容器、管道及密闭容器上焊缝或接头是否存在不致密缺陷的方法。若焊缝是否有贯穿性的裂纹、气孔、夹渣、未焊透以及疏松组织等，就会导致上述焊接结构不致密，致密性检验就能及时发现这类缺陷，并以此可对缺陷进行修复。常用的致密性检验方法有气密性检验、氨气试验、水压试验、气压试验及煤油试验。

(1) 气密性检验　常用的气密性检验是在密闭容器中，通入远低于容器工作压力的压缩空气，利用容器内外气体的压力差来检查有无泄漏的。检验时，应先缓慢升压至规定试验压力的 10% 且不大于 0.05MPa 保压 5 ~ 10min，再在焊缝外表面涂上肥皂水，对所有焊缝和连接部位进行初次检查，当焊接接头有穿透性缺陷时，气体就会逸出，肥皂水就有气泡出现而显示缺陷。若无泄漏可继续升压到规定的

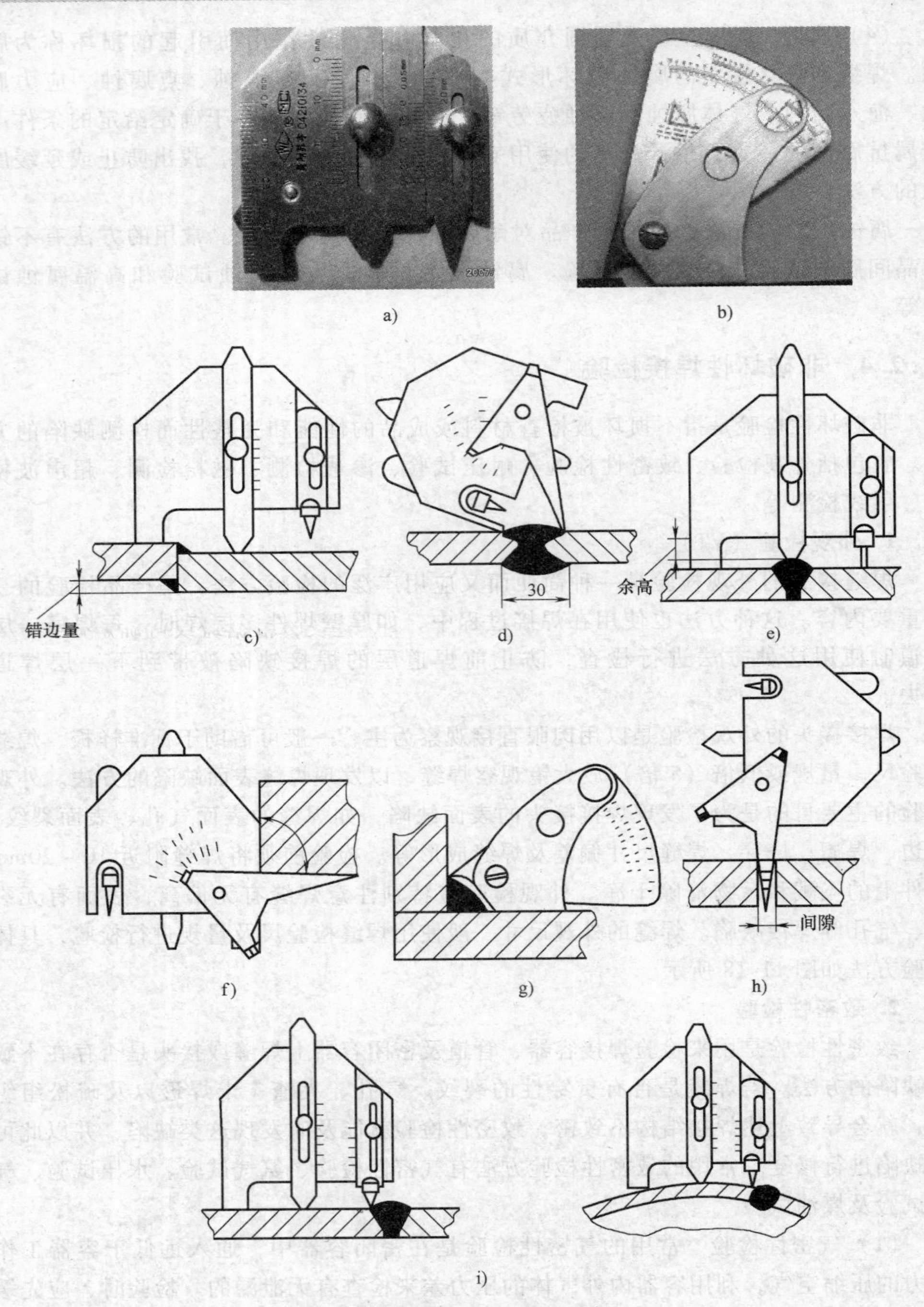


图 11-18 焊缝检验方法

a)、b）两种焊接检验尺 c）错边量测量 d）宽度测量 e）对接焊缝余高测量
f）角度测量 g）角焊缝测量 h）坡口间隙测量 i）咬边深度测量

50%，若无异常现象，其后按每级为规定试验压力的10%，逐级升压到试验压力，根据容积大小保压10~30min；然后降至试验压力的87%，保压进行检查，其保压时间不少于30min，检查期间压力应保持不变，不得采用连续加压以维持试验压力不变的做法，不得在压力下紧固螺栓。这种检验方法常用于受压容器接管、加强圈的焊缝。

若在被试容器中通入含1%（体积分数）氨气的混合气体来代替压缩空气效果更好。这时应在容器的外壁焊缝表面贴上一条比焊缝略宽、用含5%（质量分数）硝酸汞的水溶液浸过的纸带。若焊缝或热影响区有泄露，氨气就会透过这些地方与硝酸汞溶液起化学反应，使该处试验纸呈现出黑色斑纹，从而显示出缺陷所在。这种方法比较准确、迅速，同时可在低温下检查焊缝的密封性。

气密性试验所用气体，应为干燥、清洁的空气、氮气或其他惰性气体。

（2）氨气试验　对被试容器中通入含1%体积（在常压下的体积分数）氨气的混合气体，并在容器的外壁焊缝表面贴上一条比焊缝略宽、用含5%（质量分数）硝酸汞的水溶液浸过的纸带。当将混合气体加压至所需的压力值时，若焊缝或热影响区有不致密的位置，氨气就会透过这些地方并作用在浸过硝酸汞溶液试纸的相应部位起化学反应，致该处试验纸呈现出黑色斑纹，根据斑纹可确定焊接接头的缺陷位置。这种方法比较准确、迅速，同时可在低温下检查焊缝的密封性。氨气试验常用于某些管子或小型受压容器。

（3）水压试验　水压试验可用作对焊接容器进行整体致密性和强度检验，一般是超载检验。试验时，首先将容器各接管及开孔部位密封，并对容器灌满水，彻底排尽空气，采用水压泵向容器内加压。试验用水的温度，碳钢水温一般≥5℃，其他合金≥15℃。试验压力的大小，视产品工作性质而定，一般为产品工作压力的1.25~1.5倍。在升压过程中，应按规定逐渐上升，中间应作短暂停压。当压力达到试验压力最高值后，应停压一定时间，一般为30min左右。随后再将压力缓慢降至产品的工作压力，并沿焊缝边缘15~20mm的地方，用0.3~0.5kg的圆头小锤轻轻敲击检查，同时对焊缝仔细检查。当发现焊缝有水珠、细水流、水雾或有潮湿现象时，表明该处焊缝不致密，应把该位置标记出来，待容器卸压后做返修处理，直至产品水压试验合格为止。由于水压试验一般均在高压状态下进行，故试压产品应经过消除应力热处理后才能进行水压试验。水压试验主要用于锅炉、压力容器和管道的整体致密性检验。

（4）气压试验　气压试验和水压试验一样是检验在压力下工作的焊接容器和管道的焊缝致密性和强度。气压试验是比水压试验更为灵敏和迅速的试验，但气压试验的危险性比水压试验大，同时试验后的产品不需要做排水处理。试压时，压力应缓慢上升，至规定试验压力的10%，且不超过0.05MPa时，保持压力5~10min，用肥皂水涂至焊缝上对容器做初次检查，检查是否漏气或检查工作压力表数值是否有下降。如果检查发现存在漏气或压力值下降，则该产品均为不合格，应找出缺陷位置，待整个容器卸压后进行返修、补焊，再进行检验合格后方能放行出厂。若无泄漏可将压力上升至试验压力的50%，若无异常现象，其后按10%的级差升压至试验压力并保持10~30min，然后再降到工作压力，保压足够时间进行检查，检查时压力应保持不变，不得采用连续加压来维持试验压力不变。在泄压时严禁快速排气，以免发生危险。

（5）煤油试验　在焊缝表面（包括热影响区部分）涂上石灰水溶液，待干燥后便呈一条白色带状，再在焊缝的另一面涂上煤油。由于煤油的黏度和表面张力很小，渗透性很强，具有透过极小的贯穿性缺陷的能力，当焊缝及热影响区存在贯穿性缺陷时，煤油就能透过去，使涂有石灰水的一面显示出明显的油斑点或条状油迹，从而根据油迹可确定焊接接头的缺陷位置。时间一长，这些渗油痕迹会慢慢散开成为模糊的斑迹，为了精确地确定缺陷的大小和位置，检查工作要涂完煤油后立即开始，发现油斑就及时将缺陷标记出来。

煤油试验的持续时间与焊件板厚、缺陷大小及煤油量有关，一般为15~20min。试验时间通常在技术条件中标出。如果在规定时间内，焊缝表面未显现油斑，可评定为焊缝致密性合格。煤油试验常用于不受压容器的对接焊缝，如敞开的容器或贮存石油、汽油的固定式储器。

**3. 渗透检测**（PT）

渗透检测是以物理学中液体对固体的润湿能力和毛细现象为基础，先将含有染料且具有高渗透能力的液体渗透剂，涂敷到被检工件表面，由于液体的润湿作用和毛细作用，渗透液便渗入表面开口缺陷中，然后去除表面多余渗透剂，再涂一层吸附力很强的显像剂，将缺陷中的渗透剂吸附到工件表面上来，在显示剂表面呈现出缺陷的红色痕迹。通过观察痕迹，对缺陷进行评定。渗透检测作为一种表面缺陷探伤方法，可以应用于金属和非金属材料的无损检测。例如，钢铁材料、有色金属、陶瓷材料和塑料等表面开口缺陷都可以采用渗透检测进行检验。形状复杂的部件采用一次渗透检测可做到全面检验。渗透检测不需要大型的设备，操作简单，尤其适用于现场各种部件表面开口缺陷的检测。例如，坡口表面、焊缝表面、焊接过程中焊道表面、热处理和压力实验后的表面都可以采用渗透检测方法进行检验。常用的有荧光检测和着色检测。

由于着色探伤的灵敏度较荧光探伤高，操作也较方便，应用较为广泛。

着色检测操作步骤如下：

① 预处理和预清洗。

② 渗透过程。喷或刷红色的渗透液，渗透时间一般10min。

③ 中间清洗和干燥。要避免过清洗，清洗的喷射角应平缓，千万不能直喷。

④ 显像过程。喷白色的显像剂，一般时间为10~30min。

⑤ 观察、标记焊接缺陷。

⑥ 对焊接缺陷进行记录。

⑦ 最后清洗显像剂。

**4. 磁粉检测**（MT）

磁粉检测是利用强磁场中铁磁材料表层缺陷产生的漏磁场吸附磁粉的现象而进行的无损检测方法。

对于铁磁材质焊件，表面或近表层出现缺陷时，一旦被强磁化，就会有部分磁力线外溢形成漏磁场，对焊件表面的磁粉产生吸附，显示出缺陷痕迹，如图 11-19 所示。可根据磁粉痕迹（简称磁痕）来判定缺陷的位置、取向和大小。若焊件中没有缺陷，材料分布均匀，则磁力线的分布是均匀的。磁粉检测对表面缺陷灵敏度最高，对近表面缺陷，随深度的增加，灵敏度迅速降低。它主要用于检测铁磁性材料表面和近表面缺陷。

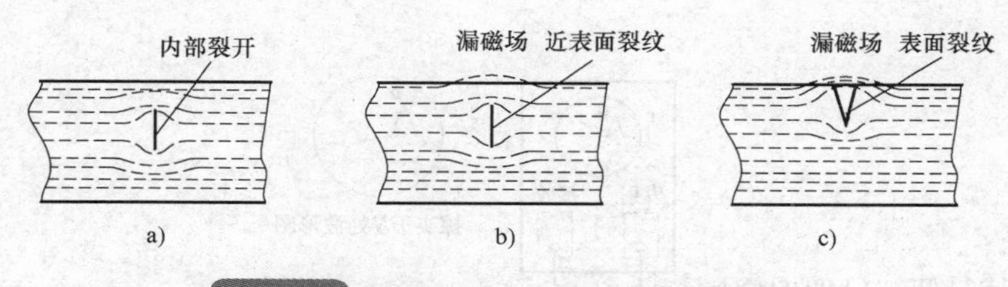


图 11-19　焊缝中有缺陷时产生漏磁的情况

a）内部裂纹　b）近表面裂纹　c）表面裂纹

磁粉检测方法操作简单，缺陷显现直观，结果可靠，能检测焊接结构表面和近表面的裂纹、折叠、夹层、夹渣、冷隔和白点等缺陷。磁粉检测适用于施焊前坡口面的检验、焊接过程中焊道表面检验、焊缝成形表面检验、焊后经热处理以及压力试验后的表面检验等。

磁粉检测有干法和湿法两种。干法是当焊缝充磁后，在焊缝处撒上干燥的磁粉；湿法则是在充磁的焊缝表面涂上磁粉的混浊液。

**5. 超声波检测**（UT）

运用超声检测的方法来检测的仪器称之为超声波检测仪。

（1）超声波检测的原理　超声波在被检测材料中传播时，材料的声学特性和内部组织的变化对超声波的传播产生一定的影响，通过对超声波受影响程度和状况的探测了解材料性能和结构变化的技术称为超声检测，如图 11-20 所示。超声检测方法通常有穿透法、脉冲反射法和串列法等。

（2）常用的无损检测仪按照信号分有模拟信号（价格低）和数字信号（价格高，能自动计算保存数据）两类，常见的都是属于 A 型超声波。超声波检测仪的种类繁多，但在实际的无损检测过程中，脉冲反射式超声波检测仪应用的最为广泛。超声波检测具有灵敏度高、操作灵活方便、无损检测周期短、成本低、安全等优点。但其缺点是要求焊件表面粗糙度低（光滑），对缺陷性质的辨别能力差，且没有直观性，较难测量缺陷真实尺寸，判断不够准确，对操作人员要求较高。

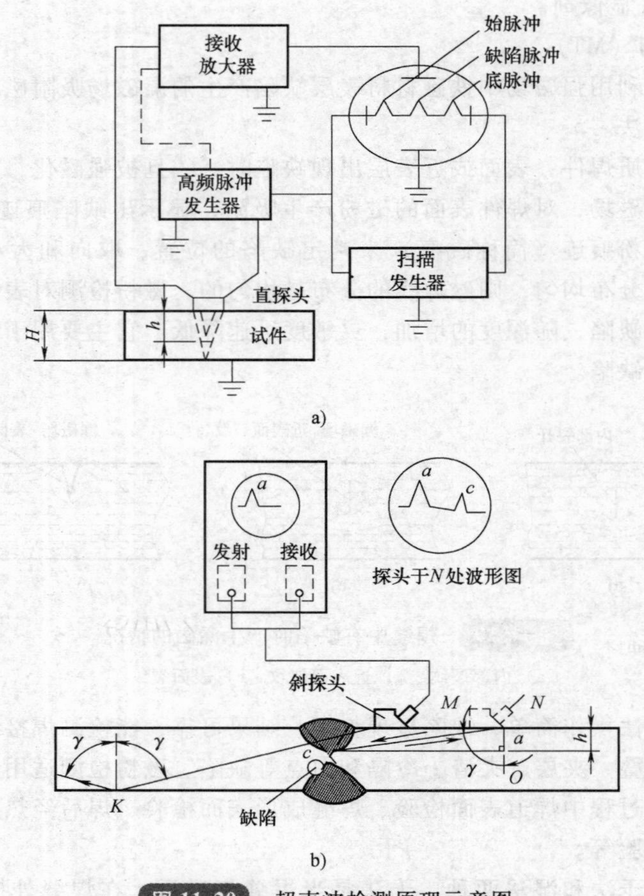


图 11-20 超声波检测原理示意图

a）直探头无损检测原理 b）斜探头无损检测原理

常用的超声波检测耦合剂：水、机油、化学浆糊和甘油等。

超声波探头根据波型可分为有纵波探头、横波探头、表面波探头和板波探头等；根据波束可以分为聚焦探头与非聚焦探头；根据晶片数可分为单晶片、双晶片。常用的超声波探头分为直探头（声波垂直入射，常呈圆柱形）和斜探头（声波倾斜入射，常呈长方体）两类，如图 11-21 所示。

**6. 射线检测**（RT）

射线检测是采用 X 射线或 γ 射线照射焊接接头，检查内部缺陷的一种无损检测方法。它是利用射线透过物体并使照相底片感光的性能来进行焊接检验，如图 11-22 所示。当射线通过被检验焊缝时，在缺陷处和无缺陷处被吸收的程度不同，使得射线透过接头后，射线强度的衰减有明显差异，在胶片上相应部位的感光程度也不一样。当射线通过缺陷时，由于被吸收较少，穿出缺陷的射线强度大($J_a > J_c$)，对软片

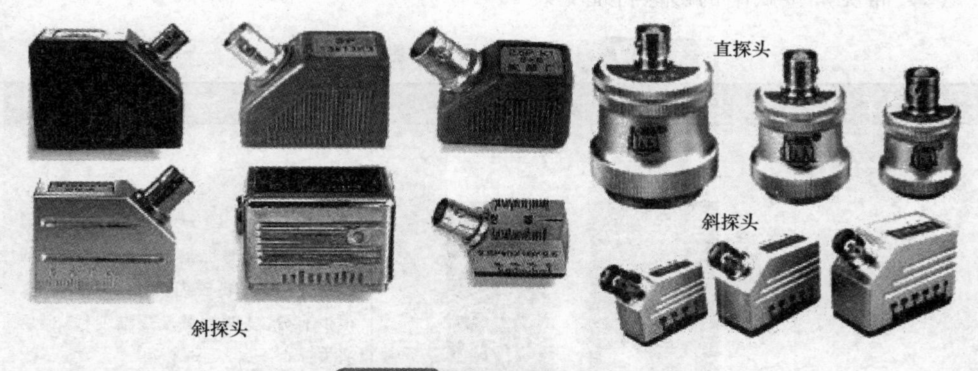

图 11-21　超声波探头示意图

（底片）感光较强，冲洗后的底片，在缺陷处颜色就较深。无缺陷处则底片感光较弱，冲洗后颜色较淡。通过对底片上影像的观察、分析，便能发现焊缝内有无缺陷及缺陷的种类、大小与分布。目前 X 射线探伤应用较多，一般只应用在重要焊接结构上。

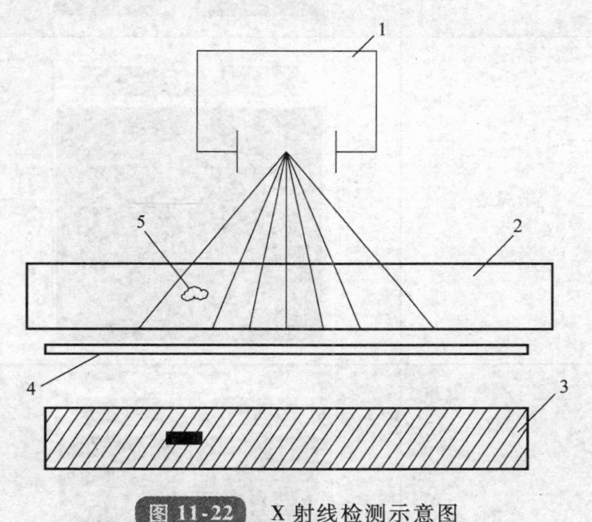

图 11-22　X 射线检测示意图

1—射线发射源　2—焊件　3—底片　4—胶片　5—缺陷

（1） X 线检测焊缝缺陷等级评定，根据国家标准 GB/T 3323—2005《金属熔化焊焊接头射线照相》的规定，焊缝质量分为四级：

1） Ⅰ级焊缝：焊缝内应无裂纹、未熔合、未焊透和条状夹渣。

2） Ⅱ级焊缝：焊缝内应无裂纹、未熔合和未焊透。

3） Ⅲ级焊缝：焊缝内应无裂纹、未熔合及双面焊和加垫板的单面焊中的未焊透。

4） Ⅳ级焊缝：焊缝缺陷超过Ⅲ级者。

同时，在标准中，将缺陷长宽比小于或等于 3 的缺陷定义为圆形缺陷，包括气孔、夹渣和夹钨。圆形缺陷用评定区进行评定，将缺陷换算成计算点数，再按点数确定缺陷分级，评定区应选在缺陷最严重的部位。将焊缝缺陷长宽比大于 3 的夹渣定义为条状夹渣，圆形缺陷分级和条状夹渣分级评定见 GB/T 3323—2005《金属熔化焊焊接接头射线照相》。

（2）常见焊接缺陷的影像特征见表11-1。

表11-1 常见焊接缺陷的影像特征

| 焊接缺陷 | 缺陷示意图 | 缺陷影像特征 |
| --- | --- | --- |
| 裂纹 | | 裂纹在底片上一般呈略带曲折的黑色细条纹，有时也呈现直线细纹，轮毂较为分明，两端较为尖细，中部稍宽，很少有分支，两端黑度逐渐变浅，最后消失 |
| 未焊透 | | 未焊透在底片上是一条断续或连续的黑色直线。在不开坡口对接焊缝中，在底片上常是宽度较均匀的黑直线状；V形坡口对接焊缝中的未焊透，在底片上位置多是偏离焊缝中心，呈断续的线状，即使是连续的也不太长，宽度不一致，黑度也不大均匀；V形、双V形坡口双面焊中的底部或中部未焊透，在底片上呈黑色较规则的线状；角焊缝的未焊透呈断续线状 |
| 气孔 | | 气孔在底片上多呈现为圆形或椭圆形黑点，其黑度一般是中心处较大，向边缘逐渐减少；黑点分布不一致，有密集的，也有单个的 |
| 夹渣 | | 夹渣在底片上多呈不同形状的点状或条状。点状夹渣呈单独黑点，黑度均匀，外形不太规则，带有棱角；条状夹渣呈宽而短的粗线条状；长条状夹渣的线条较宽，但宽度不一致 |

（续）

| 焊接缺陷 | 缺陷示意图 | 缺陷影像特征 |
| --- | --- | --- |
| 未熔合 |  | 坡口未熔合在底片上呈一侧平直，另一侧有弯曲，黑色浅，较均匀，线条较宽，端头不规则的黑色直线伴有夹渣；层间未熔合影像不规则，且不易分辨 |
| 夹钨 |  | 在底片上多呈圆形或不规则的亮斑点，轮廓清晰 |

## ☆考核重点解析

焊接质量管理是焊工必须掌握的知识。焊接过程中在焊接接头中产生的金属不连接、不致密或连接不良的现象称为焊接缺陷。焊工应熟悉焊接缺陷的定义、咬边、焊瘤、焊接裂纹、凹坑与弧坑、下榻与烧穿、夹渣、气孔、未焊透、未熔合和夹钨等以及焊接缺陷产生的原因及防止措施。焊工应掌握质量管理的内容和质量管理的基本方法措施。

## 复习思考题

1. 简述焊接缺陷的定义及分类。
2. 简述产生咬边的原因和防止措施。
3. 简述产生未焊透的原因和防止措施。
4. 着色检测的操作步骤有哪些？
5. 什么是非破坏性检验方法？包括哪些方法？

# 第12章 相关法律法规知识

☺**理论知识要求**

1. 掌握《中华人民共和国劳动合同法》相关知识。
2. 掌握《中华人民共和国消费者权益保护法》相关知识。
3. 掌握《特种作业人员安全技术培训考核管理办法》相关知识。
4. 掌握《锅炉压力容器压力管道焊工考试与管理规则》相关知识。

## 12.1 《中华人民共和国劳动合同法》相关知识

**一、总则**

1. 中华人民共和国境内的企业、个体经济组织和民办非企业单位等组织（以下称用人单位）与劳动者建立劳动关系，订立、履行、变更、解除或者终止劳动合同，适用本法。

2. 国家机关、事业单位、社会团体和与其建立劳动关系的劳动者，订立、履行、变更、解除或者终止劳动合同，依照本法执行。

3. 订立劳动合同，应当遵循合法、公平、平等自愿、协商一致和诚实信用的原则。

4. 依法订立的劳动合同具有约束力，用人单位与劳动者应当履行劳动合同约定的义务。

5. 用人单位应当依法建立和完善劳动规章制度，保障劳动者享有劳动权利、履行劳动义务。

6. 用人单位在制定、修改或者决定有关劳动报酬、工作时间、休息休假、劳动安全卫生、保险福利、职工培训、劳动纪律以及劳动定额管理等直接涉及劳动者切身利益的规章制度或者重大事项时，应当经职工代表大会或者全体职工讨论，提出方案和意见，与工会或者职工代表平等协商确定。

7. 在规章制度和重大事项决定实施过程中，工会或者职工认为不适当的，有权向用人单位提出，通过协商予以修改完善。

8. 用人单位应当将直接涉及劳动者切身利益的规章制度和重大事项决定公示，或者告知劳动者。

9. 县级以上人民政府劳动行政部门会同工会和企业方面代表，建立健全协调劳动关系的三方机制，共同研究解决有关劳动关系的重大问题。

10. 工会应当帮助、指导劳动者与用人单位依法订立和履行劳动合同，并与用人单位建立集体协商机制，维护劳动者的合法权益。

**二、劳动合同的订立**

1. 用人单位自用工之日起即与劳动者建立劳动关系，用人单位应当建立职工名册备查。

2. 用人单位招用劳动者时，应当如实告知劳动者工作内容、工作条件、工作地点、职业危害、安全生产状况、劳动报酬，以及劳动者要求了解的其他情况；用人单位有权了解劳动者与劳动合同直接相关的基本情况，劳动者应当如实说明。

3. 用人单位招用劳动者，不得扣押劳动者的居民身份证和其他证件，不得要求劳动者提供担保或者以其他名义向劳动者收取财物。

4. 建立劳动关系，应当订立书面劳动合同。已建立劳动关系，未同时订立书面劳动合同的，应当自用工之日起一个月内订立书面劳动合同。用人单位与劳动者在用工前订立劳动合同的，劳动关系自用工之日起建立。

5. 用人单位未在用工的同时订立书面劳动合同，与劳动者约定的劳动报酬不明确的，新招用的劳动者的劳动报酬按照集体合同规定的标准执行；没有集体合同或者集体合同未规定的，实行同工同酬。

6. 劳动合同分为固定期限劳动合同、无固定期限劳动合同和以完成一定工作任务为期限的劳动合同。

7. 固定期限劳动合同，是指用人单位与劳动者约定合同终止时间的劳动合同。用人单位与劳动者协商一致，可以订立固定期限劳动合同。

8. 无固定期限劳动合同，是指用人单位与劳动者约定无确定终止时间的劳动合同。用人单位与劳动者协商一致，可以订立无固定期限劳动合同。有下列情形之一，劳动者提出或者同意续订、订立劳动合同的，除劳动者提出订立固定期限劳动合同外，应当订立无固定期限劳动合同：

（1）劳动者在该用人单位连续工作满十年的。

（2）用人单位初次实行劳动合同制度或者国有企业改制重新订立劳动合同时，劳动者在该用人单位连续工作满十年且距法定退休年龄不足十年的。

9. 用人单位自用工之日起满一年不与劳动者订立书面劳动合同的，视为用人单位与劳动者已订立无固定期限劳动合同。

10. 以完成一定工作任务为期限的劳动合同，是指用人单位与劳动者约定以某项工作的完成为合同期限的劳动合同。

用人单位与劳动者协商一致，可以订立以完成一定工作任务为期限的劳动合同。

11. 劳动合同由用人单位与劳动者协商一致，并经用人单位与劳动者在劳动合同文本上签字或者盖章生效。劳动合同文本由用人单位和劳动者各执一份。

12. 劳动合同应当具备以下条款：

（1）用人单位的名称、住所和法定代表人或者主要负责人。

（2）劳动者的姓名、住址和居民身份证或者其他有效身份证件号码。

（3）劳动合同期限。

（4）工作内容和工作地点。

（5）工作时间和休息休假。

（6）劳动报酬。

（7）社会保险。

（8）劳动保护、劳动条件和职业危害防护。

（9）法律、法规规定应当纳入劳动合同的其他事项。

13. 劳动合同对劳动报酬和劳动条件等标准约定不明确，引发争议的，用人单位与劳动者可以重新协商；协商不成的，适用集体合同规定；没有集体合同或者集体合同未规定劳动报酬的，实行同工同酬；没有集体合同或者集体合同未规定劳动条件等标准的，适用国家有关规定。

14. 劳动合同期限三个月以上不满一年的，试用期不得超过一个月；劳动合同期限一年以上不满三年的，试用期不得超过二个月；三年以上固定期限和无固定期限的劳动合同，试用期不得超过六个月。

同一用人单位与同一劳动者只能约定一次试用期。

以完成一定工作任务为期限的劳动合同或者劳动合同期限不满三个月的，不得约定试用期。

试用期包含在劳动合同期限内。劳动合同仅约定试用期的，试用期不成立，该期限为劳动合同期限。

15. 劳动者在试用期的工资不得低于本单位相同岗位最低档工资或者劳动合同约定工资的百分之八十，并不得低于用人单位所在地的最低工资标准。

16. 用人单位为劳动者提供专项培训费用，对其进行专业技术培训的，可以与该劳动者订立协议，约定服务期。

劳动者违反服务期约定的，应当按照约定向用人单位支付违约金。违约金的数额不得超过用人单位提供的培训费用。用人单位要求劳动者支付的违约金不得超过服务期尚未履行部分所应分摊的培训费用。

用人单位与劳动者约定服务期的，不影响按照正常的工资调整机制提高劳动者在服务期期间的劳动报酬。

17. 用人单位与劳动者可以在劳动合同中约定保守用人单位的商业秘密和与知识产权相关的保密事项。

对负有保密义务的劳动者，用人单位可以在劳动合同或者保密协议中与劳动者约定竞业限制条款，并约定在解除或者终止劳动合同后，在竞业限制期限内按月给予劳动者经济补偿。劳动者违反竞业限制约定的，应当按照约定向用人单位支付违

约金。

18. 竞业限制的人员限于用人单位的高级管理人员、高级技术人员和其他负有保密义务的人员。竞业限制的范围、地域和期限由用人单位与劳动者约定，竞业限制的约定不得违反法律、法规的规定。

在解除或者终止劳动合同后，前款规定的人员到与本单位生产或者经营同类产品、从事同类业务的有竞争关系的其他用人单位，或者自己开业生产或者经营同类产品、从事同类业务的竞业限制期限，不得超过两年。

19. 下列劳动合同无效或者部分无效：

（1）以欺诈、胁迫的手段或者乘人之危，使对方在违背真实意思的情况下订立或者变更劳动合同的。

（2）用人单位免除自己的法定责任、排除劳动者权利的。

（3）违反法律、行政法规强制性规定的。

20. 劳动合同部分无效，不影响其他部分效力的，其他部分仍然有效。

21. 劳动合同被确认无效，劳动者已付出劳动的，用人单位应当向劳动者支付劳动报酬。劳动报酬的数额，参照本单位相同或者相近岗位劳动者的劳动报酬确定。

### 三、劳动合同的履行和变更

1. 用人单位与劳动者应当按照劳动合同的约定，全面履行各自的义务。

2. 用人单位应当按照劳动合同约定和国家规定，向劳动者及时足额支付劳动报酬。

用人单位拖欠或者未足额支付劳动报酬的，劳动者可以依法向当地人民法院申请支付令，人民法院应当依法发出支付令。

3. 用人单位应当严格执行劳动定额标准，不得强迫或者变相强迫劳动者加班。用人单位安排加班的，应当按照国家有关规定向劳动者支付加班费。

4. 劳动者拒绝用人单位管理人员违章指挥、强令冒险作业的，不视为违反劳动合同。

劳动者对危害生命安全和身体健康的劳动条件，有权对用人单位提出批评、检举和控告。

5. 用人单位变更名称、法定代表人、主要负责人或者投资人等事项，不影响劳动合同的履行。

6. 用人单位发生合并或者分立等情况，原劳动合同继续有效，劳动合同由承继其权利和义务的用人单位继续履行。

7. 用人单位与劳动者协商一致，可以变更劳动合同约定的内容。变更劳动合同，应当采用书面形式。

变更后的劳动合同文本由用人单位和劳动者各执一份。

**四、劳动合同的解除和终止**

1. 用人单位与劳动者协商一致，可以解除劳动合同。

劳动者提前三十日以书面形式通知用人单位，可以解除劳动合同。劳动者在试用期内提前三日通知用人单位，可以解除劳动合同。

2. 用人单位有下列情形之一的，劳动者可以解除劳动合同：

（1）未按照劳动合同约定提供劳动保护或者劳动条件的。

（2）未及时足额支付劳动报酬的。

（3）未依法为劳动者缴纳社会保险费的。

（4）用人单位的规章制度违反法律、法规的规定，损害劳动者权益的。

（5）法律、行政法规规定劳动者可以解除劳动合同的其他情形。

3. 劳动者有下列情形之一的，用人单位可以解除劳动合同：

（1）在试用期间被证明不符合录用条件的。

（2）严重违反用人单位的规章制度的。

（3）严重失职，营私舞弊，给用人单位造成重大损害的。

（4）劳动者同时与其他用人单位建立劳动关系，对完成本单位的工作任务造成严重影响，或者经用人单位提出，拒不改正的。

（5）被依法追究刑事责任的。

4. 有下列情形之一的，用人单位提前三十日以书面形式通知劳动者本人或者额外支付劳动者一个月工资后，可以解除劳动合同：

（1）劳动者患病或者非因工负伤，在规定的医疗期满后不能从事原工作，也不能从事由用人单位另行安排的工作的。

（2）劳动者不能胜任工作，经过培训或者调整工作岗位，仍不能胜任工作的。

（3）劳动合同订立时所依据的客观情况发生重大变化，致使劳动合同无法履行，经用人单位与劳动者协商，未能就变更劳动合同内容达成协议的。

5. 有下列情形之一，需要裁减人员二十人以上或者裁减不足二十人但占企业职工总数百分之十以上的，用人单位提前三十日向工会或者全体职工说明情况，听取工会或者职工的意见后，裁减人员方案经向劳动行政部门报告，可以裁减人员：

（1）依照企业破产法规定进行重整的。

（2）生产经营发生严重困难的。

（3）企业转产、重大技术革新或者经营方式调整，经变更劳动合同后，仍需裁减人员的。

（4）其他因劳动合同订立时所依据的客观经济情况发生重大变化，致使劳动合同无法履行的。

6. 裁减人员时，应当优先留用下列人员：

（1）与本单位订立较长期限的固定期限劳动合同的。

（2）与本单位订立无固定期限劳动合同的。

（3）家庭无其他就业人员，有需要扶养的老人或者未成年人的。

7. 劳动者有下列情形之一的，用人单位不得依照规定解除劳动合同：

（1）从事接触职业病危害作业的劳动者未进行离岗前职业健康检查，或者疑似职业病病人在诊断或者医学观察期间的。

（2）在本单位患职业病或者因工负伤并被确认丧失或者部分丧失劳动能力的。

（3）患病或者非因工负伤，在规定的医疗期内的。

（4）女职工在孕期、产期或哺乳期的。

（5）在本单位连续工作满十五年，且距法定退休年龄不足五年的。

（6）法律、行政法规规定的其他情形。

8. 用人单位单方解除劳动合同，应当事先将理由通知工会。用人单位违反法律、行政法规规定或者劳动合同约定的，工会有权要求用人单位纠正。用人单位应当研究工会的意见，并将处理结果书面通知工会。

9. 有下列情形之一的，劳动合同终止：

（1）劳动合同期满的。

（2）劳动者开始依法享受基本养老保险待遇的。

（3）劳动者死亡，或者被人民法院宣告死亡或者宣告失踪的。

（4）用人单位被依法宣告破产的。

（5）用人单位被吊销营业执照、责令关闭、撤销或者用人单位决定提前解散的。

（6）法律、行政法规规定的其他情形。

10. 经济补偿按劳动者在本单位工作的年限，每满一年支付一个月工资的标准向劳动者支付。六个月以上不满一年的，按一年计算；不满六个月的，向劳动者支付半个月工资的经济补偿。

劳动者月工资高于用人单位所在直辖市、设区的市级人民政府公布的本地区上年度职工月平均工资三倍的，向其支付经济补偿的标准按职工月平均工资三倍的数额支付，向其支付经济补偿的年限最高不超过十二年。

本条所称月工资是指劳动者在劳动合同解除或者终止前十二个月的平均工资。

11. 用人单位违反本法规定解除或者终止劳动合同，劳动者要求继续履行劳动合同的，用人单位应当继续履行；劳动者不要求继续履行劳动合同或者劳动合同已经不能继续履行的，用人单位应当依照本法第八十七条规定支付赔偿金。

12. 国家采取措施，建立健全劳动者社会保险关系跨地区转移接续制度。

13. 用人单位应当在解除或者终止劳动合同时出具解除或者终止劳动合同的证明，并在十五日内为劳动者办理档案和社会保险关系转移手续。

劳动者应当按照双方约定，办理工作交接。用人单位依照本法有关规定应当向劳动者支付经济补偿的，在办结工作交接时支付。

14. 用人单位对已经解除或者终止的劳动合同的文本，至少保存两年备查。

## 12.2 《中华人民共和国消费者权益保护法》相关知识

**一、总则**

1. 为保护消费者的合法权益，维护社会经济秩序，促进社会主义市场经济健康发展，制定本法。

2. 消费者为生活消费需要购买、使用商品或者接受服务，其权益受本法保护；本法未作规定的，受其他有关法律、法规保护。

3. 经营者为消费者提供其生产、销售的商品或者提供服务，应当遵守本法；本法未做规定的，应当遵守其他有关法律、法规。

4. 经营者与消费者进行交易，应当遵循自愿、平等、公平和诚实守信的原则。

5. 国家保护消费者的合法权益不受侵害。国家采取措施，保障消费者依法行使权利，维护消费者的合法权益。国家倡导文明、健康、节约资源和保护环境的消费方式，反对浪费。

6. 保护消费者的合法权益是全社会的共同责任。

**二、消费者的权利**

1. 消费者在购买、使用商品和接受服务时享有人身、财产安全不受损害的权利。消费者有权要求经营者提供的商品和服务，符合保障人身、财产安全的要求。

2. 消费者享有知悉其购买、使用的商品或者接受的服务的真实情况的权利。

消费者有权根据商品或者服务的不同情况，要求经营者提供商品的价格、产地、生产者、用途、性能、规格、等级、主要成分、生产日期、有效期限、检验合格证明、使用方法说明书和售后服务，或者服务的内容、规格和费用等有关情况。

3. 消费者享有自主选择商品或者服务的权利。

消费者有权自主选择提供商品或者服务的经营者，自主选择商品品种或者服务方式，自主决定购买或者不购买任何一种商品、接受或者不接受任何一项服务。

消费者在自主选择商品或者服务时，有权进行比较、鉴别和挑选。

4. 消费者享有公平交易的权利。

消费者在购买商品或者接受服务时，有权获得质量保障、价格合理和计量正确等公平交易条件，有权拒绝经营者的强制交易行为。

5. 消费者因购买、使用商品或者接受服务受到人身、财产损害的，享有依法获得赔偿的权利。

6. 消费者享有依法成立维护自身合法权益的社会组织的权利。

7. 消费者享有获得有关消费和消费者权益保护方面的知识的权利。

消费者应当努力掌握所需商品或者服务的知识和使用技能，正确使用商品，提高自我保护意识。

8. 消费者在购买、使用商品和接受服务时，享有人格尊严、民族风俗习惯得到尊重的权利，享有个人信息依法得到保护的权利。

9. 消费者享有对商品和服务以及保护消费者权益工作进行监督的权利。

消费者有权检举、控告侵害消费者权益的行为和国家机关及其工作人员在保护消费者权益工作中的违法失职行为，有权对保护消费者权益工作提出批评、建议。

**三、经营者的义务**

1. 经营者向消费者提供商品或者服务，应当依照本法和其他有关法律、法规的规定履行义务。

2. 经营者和消费者有约定的，应当按照约定履行义务，但双方的约定不得违背法律、法规的规定。

经营者向消费者提供商品或者服务，应当恪守社会公德，诚信经营，保障消费者的合法权益；不得设定不公平、不合理的交易条件，不得强制交易。

3. 经营者应当听取消费者对其提供的商品或者服务的意见，接受消费者的监督。

4. 经营者应当保证其提供的商品或者服务符合保障人身、财产安全的要求。对可能危及人身、财产安全的商品和服务，应当向消费者做出真实的说明和明确的警示，并说明和标明正确使用商品或者接受服务的方法以及防止危害发生的方法。

5. 宾馆、商场、餐馆、银行、机场、车站、港口及影剧院等经营场所的经营者，应当对消费者尽到安全保障义务。

6. 经营者发现其提供的商品或者服务存在缺陷，有危及人身、财产安全危险的，应当立即向有关行政部门报告和告知消费者，并采取停止销售、警示、召回、无害化处理、销毁、停止生产或者服务等措施。采取召回措施的，经营者应当承担消费者因商品被召回支出的必要费用。

7. 经营者向消费者提供有关商品或者服务的质量、性能、用途及有效期限等信息，应当真实、全面，不得做虚假或者引人误解的宣传。

经营者对消费者就其提供的商品或者服务的质量和使用方法等问题提出的询问，应当做出真实、明确的答复。

8. 经营者应当标明其真实名称和标记。租赁他人柜台或者场地的经营者，应当标明其真实名称和标记。

9. 经营者提供商品或者服务，应当按照国家有关规定或者商业惯例向消费者出具发票等购货凭证或者服务单据；消费者索要发票等购货凭证或者服务单据的，经营者必须出具。

10. 经营者应当保证在正常使用商品或者接受服务的情况下其提供的商品或者服务应当具有的质量、性能、用途和有效期限；但消费者在购买该商品或者接受该服务前已经知道其存在瑕疵，且存在该瑕疵不违反法律强制性规定的除外。

11. 经营者以广告、产品说明、实物样品或者其他方式表明商品或者服务的质量状况的，应当保证其提供的商品或者服务的实际质量与表明的质量状况相符。

12. 经营者提供的机动车、计算机、电视机、电冰箱、空调器和洗衣机等耐用商品或者装饰装修等服务，消费者自接受商品或者服务之日起六个月内发现瑕疵，发生争议的，由经营者承担有关瑕疵的举证责任。

13. 经营者提供的商品或者服务不符合质量要求的，消费者可以依照国家规定、当事人约定退货，或者要求经营者履行更换、修理等义务。没有国家规定和当事人约定的，消费者可以自收到商品之日起七日内退货；七日后符合法定解除合同条件的，消费者可以及时退货，不符合法定解除合同条件的，可以要求经营者履行更换、修理等义务。依照前款规定进行退货、更换和修理的，经营者应当承担运输等必要费用。

14. 经营者采用网络、电视、电话或邮购等方式销售商品，消费者有权自收到商品之日起七日内退货，且无需说明理由，但下列商品除外：

（1）消费者定做的。

（2）鲜活易腐的。

（3）在线下载或者消费者拆封的音像制品、计算机软件等数字化商品。

（4）交付的报纸、期刊。

15. 消费者退货的商品应当完好。经营者应当自收到退回商品之日起七日内返还消费者支付的商品价款。退回商品的运费由消费者承担；经营者和消费者另有约定的，按照约定。

16. 经营者在经营活动中使用格式条款的，应当以显著方式提请消费者注意商品或者服务的数量和质量、价款或者费用、履行期限和方式、安全注意事项和风险警示、售后服务、民事责任等与消费者有重大利害关系的内容，并按照消费者的要求予以说明。

17. 经营者不得以格式条款、通知、声明或店堂告示等方式，做出排除或者限制消费者权利、减轻或者免除经营者责任及加重消费者责任等对消费者不公平、不合理的规定，不得利用格式条款并借助技术手段强制交易。

格式条款、通知、声明或店堂告示等含有前款所列内容的，其内容无效。

18. 经营者不得对消费者进行侮辱、诽谤，不得搜查消费者的身体及其携带的物品，不得侵犯消费者的人身自由。

19. 采用网络、电视、电话或邮购等方式提供商品或者服务的经营者，以及提供证券、保险或银行等金融服务的经营者，应当向消费者提供经营地址、联系方式、商品或者服务的数量和质量、价款或者费用、履行期限和方式、安全注意事项和风险警示、售后服务、民事责任等信息。

20. 经营者收集、使用消费者个人信息，应当遵循合法、正当和必要的原则，明示收集、使用信息的目的、方式和范围，并经消费者同意。经营者收集、使用消费者个人信息，应当公开其收集、使用规则，不得违反法律、法规的规定和双方的约定收集、使用信息。

21. 经营者及其工作人员对收集的消费者个人信息必须严格保密，不得泄露、出售或者非法向他人提供。经营者应当采取技术措施和其他必要措施，确保信息安全，防止消费者个人信息泄露、丢失。在发生或者可能发生信息泄露、丢失的情况时，应当立即采取补救措施。

经营者未经消费者同意或者请求，或者消费者明确表示拒绝的，不得向其发送商业性信息。

**四、国家对消费者合法权益的保护**

1. 国家制定有关消费者权益的法律、法规、规章和强制性标准，应当听取消费者和消费者协会等组织的意见。

2. 各级人民政府应当加强领导，组织、协调和督促有关行政部门做好保护消费者合法权益的工作，落实保护消费者合法权益的职责。

3. 各级人民政府应当加强监督，预防危害消费者人身、财产安全行为的发生，及时制止危害消费者人身、财产安全的行为。

4. 各级人民政府工商行政管理部门和其他有关行政部门应当依照法律、法规的规定，在各自的职责范围内，采取措施，保护消费者的合法权益。

5. 有关行政部门应当听取消费者和消费者协会等组织对经营者交易行为、商品和服务质量问题的意见，及时调查处理。

6. 有关行政部门在各自的职责范围内，应当定期或者不定期对经营者提供的商品和服务进行抽查检验，并及时向社会公布抽查检验结果。

7. 有关行政部门发现并认定经营者提供的商品或者服务存在缺陷，有危及人身、财产安全危险的，应当立即责令经营者采取停止销售、警示、召回、无害化处理、销毁、停止生产或者服务等措施。

8. 有关国家机关应当依照法律、法规的规定，惩处经营者在提供商品和服务中侵害消费者合法权益的违法犯罪行为。

**五、消费者组织**

1. 消费者协会和其他消费者组织是依法成立的对商品和服务进行社会监督的保护消费者合法权益的社会组织。消费者协会履行下列公益性职责：

（1）向消费者提供消费信息和咨询服务，提高消费者维护自身合法权益的能力，引导文明、健康、节约资源和保护环境的消费方式。

（2）参与制定有关消费者权益的法律、法规、规章和强制性标准。

（3）参与有关行政部门对商品和服务的监督、检查。

（4）就有关消费者合法权益的问题，向有关部门反映、查询，提出建议。

（5）受理消费者的投诉，并对投诉事项进行调查、调解。

（6）投诉事项涉及商品和服务质量问题的，可以委托具备资格的鉴定人鉴定，鉴定人应当告知鉴定意见。

（7）就损害消费者合法权益的行为，支持受损害的消费者提起诉讼或者依照本法提起诉讼。

（8）对损害消费者合法权益的行为，通过大众传播媒介予以揭露、批评。

2. 各级人民政府对消费者协会履行职责应当予以必要的经费等支持。

3. 消费者协会应当认真履行保护消费者合法权益的职责，听取消费者的意见和建议，接受社会监督。

4. 依法成立的其他消费者组织依照法律、法规及其章程的规定，开展保护消费者合法权益的活动。消费者组织不得从事商品经营和营利性服务，不得以收取费用或者其他牟取利益的方式向消费者推荐商品和服务。

**六、争议的解决**

1. 消费者和经营者发生消费者权益争议的，可以通过下列途径解决：

（1）与经营者协商和解。

（2）请求消费者协会或者依法成立的其他调解组织调解。

（3）向有关行政部门投诉。

（4）根据与经营者达成的仲裁协议提请仲裁机构仲裁。

（5）向人民法院提起诉讼。

2. 消费者在购买、使用商品时，其合法权益受到损害的，可以向销售者要求赔偿。销售者赔偿后，属于生产者的责任或者属于向销售者提供商品的其他销售者的责任的，销售者有权向生产者或者其他销售者追偿。

3. 消费者或者其他受害人因商品缺陷造成人身、财产损害的，可以向销售者要求赔偿，也可以向生产者要求赔偿。属于生产者责任的，销售者赔偿后，有权向生产者追偿。属于销售者责任的，生产者赔偿后，有权向销售者追偿。

消费者在接受服务时，其合法权益受到损害的，可以向服务者要求赔偿。

4. 消费者在购买、使用商品或者接受服务时，其合法权益受到损害，因原企业分立、合并的，可以向变更后承受其权利义务的企业要求赔偿。

5. 使用他人营业执照的违法经营者提供商品或者服务，损害消费者合法权益的，消费者可以向其要求赔偿，也可以向营业执照的持有人要求赔偿。

6. 消费者在展销会、租赁柜台购买商品或者接受服务，其合法权益受到损害的，可以向销售者或者服务者要求赔偿。展销会结束或者柜台租赁期满后，也可以向展销会的举办者、柜台的出租者要求赔偿。展销会的举办者、柜台的出租者赔偿后，有权向销售者或者服务者追偿。

7. 消费者通过网络交易平台购买商品或者接受服务，其合法权益受到损害的，可以向销售者或者服务者要求赔偿。网络交易平台提供者不能提供销售者或者服务者的真实名称、地址和有效联系方式的，消费者也可以向网络交易平台提供者要求赔偿；网络交易平台提供者做出更有利于消费者的承诺的，应当履行承诺。网络交易平台提供者赔偿后，有权向销售者或者服务者追偿。

8. 网络交易平台提供者明知或者应知销售者或者服务者利用其平台侵害消费者合法权益，未采取必要措施的，依法与该销售者或者服务者承担连带责任。

9. 消费者因经营者利用虚假广告或者其他虚假宣传方式提供商品或者服务，其合法权益受到损害的，可以向经营者要求赔偿。广告经营者、发布者发布虚假广告的，消费者可以请求行政主管部门予以惩处。广告经营者、发布者不能提供经营者的真实名称、地址和有效联系方式的，应当承担赔偿责任。

10. 广告经营者、发布者设计、制作、发布关系消费者生命健康商品或者服务的虚假广告，造成消费者损害的，应当与提供该商品或者服务的经营者承担连带责任。

11. 社会团体或者其他组织、个人在关系消费者生命健康商品或者服务的虚假广告或者其他虚假宣传中向消费者推荐商品或者服务，造成消费者损害的，应当与提供该商品或者服务的经营者承担连带责任。

12. 消费者向有关行政部门投诉的，该部门应当自收到投诉之日起七个工作日内，予以处理并告知消费者。

13. 对侵害众多消费者合法权益的行为，中国消费者协会以及在省、自治区和直辖市设立的消费者协会，可以向人民法院提起诉讼。

**七、法律责任**

1. 经营者提供商品或者服务有下列情形之一的，除本法另有规定外，应当依照其他有关法律、法规的规定，承担民事责任：

（1）商品或者服务存在缺陷的。

（2）不具备商品应当具备的使用性能而出售时未作说明的。

（3）不符合在商品或者其包装上注明采用的商品标准的。

（4）不符合商品说明、实物样品等方式表明的质量状况的。

（5）生产国家明令淘汰的商品或者销售失效、变质的商品的。

（6）销售的商品数量不足的。

（7）服务的内容和费用违反约定的。

（8）对消费者提出的修理、重作、更换、退货、补足商品数量、退还货款和服务费用或者赔偿损失的要求，故意拖延或者无理拒绝的。

（9）法律、法规规定的其他损害消费者权益的情形。

2. 经营者对消费者未尽到安全保障义务，造成消费者损害的，应当承担侵权责任。

3. 经营者提供商品或者服务，造成消费者或者其他受害人人身伤害的，应当赔偿医疗费、护理费、交通费等为治疗和康复支出的合理费用，以及因误工减少的收入。造成残疾的，还应当赔偿残疾生活辅助具费和残疾赔偿金。造成死亡的，还应当赔偿丧葬费和死亡赔偿金。

4. 经营者侵害消费者的人格尊严、侵犯消费者人身自由或者侵害消费者个人信息依法得到保护的权利的，应当停止侵害、恢复名誉、消除影响、赔礼道歉，并赔偿损失。

5. 经营者有侮辱诽谤、搜查身体、侵犯人身自由等侵害消费者或者其他受害人人身权益的行为，造成严重精神损害的，受害人可以要求精神损害赔偿。

6. 经营者提供商品或者服务，造成消费者财产损害的，应当依照法律规定或者当事人约定承担修理、重作、更换、退货、补足商品数量、退还货款和服务费用或者赔偿损失等民事责任。

7. 经营者以预收款方式提供商品或者服务的，应当按照约定提供。未按照约定提供的，应当按照消费者的要求履行约定或者退回预付款；并应当承担预付款的利息、消费者必须支付的合理费用。

8. 依法经有关行政部门认定为不合格的商品，消费者要求退货的，经营者应当负责退货。

9. 经营者提供商品或者服务有欺诈行为的，应当按照消费者的要求增加赔偿其受到的损失，增加赔偿的金额为消费者购买商品的价款或者接受服务的费用的三倍；增加赔偿的金额不足五百元的，为五百元。法律另有规定的，依照其规定。

10. 经营者明知商品或者服务存在缺陷，仍然向消费者提供，造成消费者或者其他受害人死亡或者健康严重损害的，受害人有权要求经营者依照本法第四十九条、第五十一条等法律规定赔偿损失，并有权要求所受损失二倍以下的惩罚性赔偿。

11. 经营者有下列情形之一，除承担相应的民事责任外，其他有关法律、法规对处罚机关和处罚方式有规定的，依照法律、法规的规定执行；法律、法规未做规定的，由工商行政管理部门或者其他有关行政部门责令改正，可以根据情节单处或者并处警告、没收违法所得、处以违法所得一倍以上十倍以下的罚款，没有违法所得的，处以五十万元以下的罚款；情节严重的，责令停业整顿、吊销营业执照：

（1）提供的商品或者服务不符合保障人身、财产安全要求的。

（2）在商品中掺杂、掺假，以假充真，以次充好，或者以不合格商品冒充合格商品的。

（3）生产国家明令淘汰的商品或者销售失效、变质的商品的。

（4）伪造商品的产地，伪造或者冒用他人的厂名、厂址，篡改生产日期，伪造或者冒用认证标志等质量标志的。

（5）销售的商品应当检验、检疫而未检验、检疫或者伪造检验、检疫结果的。

（6）对商品或者服务做虚假或者引人误解的宣传的。

（7）拒绝或者拖延有关行政部门责令对缺陷商品或者服务采取停止销售、警示、召回、无害化处理、销毁、停止生产或者服务等措施的。

（8）对消费者提出的修理、重作、更换、退货、补足商品数量、退还货款和服务费用或者赔偿损失的要求，故意拖延或者无理拒绝的。

（9）侵害消费者人格尊严、侵犯消费者人身自由或者侵害消费者个人信息依法得到保护的权利的。

（10）法律、法规规定的对损害消费者权益应当予以处罚的其他情形。

12. 经营者有前款规定情形的，除依照法律、法规规定予以处罚外，处罚机关应当记入信用档案，向社会公布。

13. 经营者违反本法规定提供商品或者服务，侵害消费者合法权益，构成犯罪的，依法追究刑事责任。

14. 经营者违反本法规定，应当承担民事赔偿责任和缴纳罚款、罚金，其财产不足以同时支付的，先承担民事赔偿责任。

15. 经营者对行政处罚决定不服的，可以依法申请行政复议或者提起行政诉讼。

16. 以暴力、威胁等方法阻碍有关行政部门工作人员依法执行职务的，依法追究刑事责任；拒绝、阻碍有关行政部门工作人员依法执行职务，未使用暴力、威胁方法的，由公安机关依照《中华人民共和国治安管理处罚法》的规定处罚。

17. 国家机关工作人员玩忽职守或者包庇经营者侵害消费者合法权益的行为的，由其所在单位或者上级机关给予行政处分；情节严重，构成犯罪的，依法追究刑事责任。

## 12.3 《特种作业人员安全技术培训考核管理办法》相关知识

### 一、总则

1. 为了规范特种作业人员的安全技术培训、考核和管理工作，提高特种作业人员的安全技术素质，减少各类事故的发生，根据《生产经营单位安全培训规定》、《特种作业人员安全技术培训考核管理规定》结合公司实际，制定本规定。

2. 本规定定所称特种作业，是指容易发生事故，对操作者本人、他人的安全健康及设备、设施的安全可能造成重大危害的作业。特种作业的范围由特种作业目录规定。

3. 本规定所称特种作业人员，是指直接从事特种作业的从业人员：

（1）电工作业。

（2）金属焊接切割作业。

（3）起重作业。

（4）企业内机动车辆驾驶。

（5）司炉作业。

（6）危险化工工艺过程操作及化工自动化控制仪表安装、维修、维护。

（7）其他特种作业（气瓶充装作业化工操作、压力容器作业、登高架设作业、爆破作业及制冷作业等）按国家和地方政府有关规定执行。

（8）安监总局认定的其他作业。

4. 作业人员必须具备以下条件：

（1）年满18周岁。

（2）经检查身体健康，无妨碍从事相应工种作业的疾病和生理缺陷。

（3）初中以上文化程度，具备相应工种的安全技术知识，参加国家规定的安全技术理论和实际操作考核，成绩合格，并取得特种作业操作证。

（4）符合相应工种作业特点需要的其他条件。

**二、监督与管理**

1. 公司安环部全面负责特种作业人员安全技术培训考核的监督管理工作，负责与东营市安全生产监督管理局和东营市质量技术监督局协调，统一办理培训、考核、取证和复审等事项。

2. 公司安环部根据各单位特种作业人员分布、师资力量、教学设施和教学管理等情况，确定公司特种作业人员定点培训基地，并统一申办东营市安全生产监督局和东营市质量技术监督局定点培训单位资格证。

**三、培训**

1. 公司将按照“特种作业人员安全技术培训年度计划”安排各特种作业培训基地组织培训。

2. 特种作业培训基地负责制定培训班计划和学员管理。参加培训的学员必须服从管理。培训期间，当学员所在单位有紧急生产任务需要请假时，经安环部批准，但理论考试和实际技能考核期间不得请假。否则，不予办理取证或复审。

3. 各特种作业培训基地负责按照特种作业安全技术培训大纲制定培训班课程计划，不得随意削减培训内容和授课时间。培训教材使用东营市安全生产监督局和东营市质量技术监督局指定的培训教材。初次取证的培训时间不得少于100学时，复审的培训时间不得低于24学时。

4. 特种作业操作证每年复审1次。

5. 特种作业人员在特种作业操作证有效期内，连续从事本工种10年以上，严格遵守有关安全生产法律法规的，经原考核发证机关或者从业所在地考核发证机关同意，特种作业操作证的复审时间可以延长至每6年1次。

6. 原来取得《特种作业操作证》且未参加复审的按每3年复审一次，已经复审过一次的，仍执行2年复审一次。《特种作业操作证》过期的不得给予复审，证件失效

7. 特种作业操作证复审，须由特种作业人员所在单位在有效期内提出申请，由公司安环部负责组织审验。

复审内容包括：

（1）健康检查。

（2）违章作业记录检查。

（3）安全生产知识和事故案例教育。

（4）本工种安全知识考试和实际技能考核。

**四、证件使用与管理**

1. 特种作业人员必须持证上岗，并随身携带《特种作业人员操作证》，无证上岗者，按国家、地方政府和公司有关的规定对单位和人员进行处罚。

2. 各单位应当加强对特种作业人员的管理，做好申报、培训、考核、复审的组织工作和日常的监督检查工作。建立《特种作业人员安全技术资质培训登记表》，并及时在《职工安全培训教育管理档案》中予以记录。

3. 有下列情况之一的，由发证单位收缴其《特种作业人员操作证》：

（1）未按规定接受复审或复审不合格的。

（2）违章操作造成严重后果或违章操作记录达 3 次以上的。

（3）弄虚作假骗取特种作业操作证的。

（4）健康状况已不能适应继续从事所规定的特种作业的。

4. 离开特种作业岗位 6 个月以上的特种作业人员，应当重新进行实际操作考核，考核合格后方能重新上岗。

5. 特种作业操作证不得伪造、涂改、转借或转让。

6. 从事特种作业人员培训考核、发证和复审工作的有关人员滥用职权、玩忽职守和徇私舞弊的将给予行政处分。

## 12.4 《锅炉压力容器压力管道焊工考试与管理规则》相关知识

**一、总则**

1. 根据《锅炉压力容器安全监察暂行条例》、《压力管道安全管理与监察规定》，为加强焊工管理，保证锅炉、压力容器（含气瓶，下同）和压力管道的焊接质量，制定了本规则。

2. 本规则适用于各类钢制锅炉、压力容器和压力管道受压元件焊接考试，主要包括：

（1）受压元件焊缝。

（2）与受压元件相焊的焊缝。

（3）熔入永久焊缝内的定位焊缝。

（4）受压元件母材表面堆焊。

其他设备的焊工考试可参照本规则。

3. 钢制锅炉、压力容器和压力管道的焊条电弧焊、气焊、钨极气体保护焊、熔化极气体保护焊、埋弧焊、电渣焊。摩擦焊和螺柱焊等方法的焊工考试及管理应符合本规则要求；钛和铝材的焊工考试内容、方法和结果评定分别按 JB/T 4745—2002《钛制焊接容器》和 JB/T 4734—2002《铝制焊接容器》中的规定；铜和镍材的焊工考试内容、方法和结果评定按 GB 50236—2011《现场设备、工业管道焊接工程施工规范》中的规定钛、铝、铜和镍材料焊工考试的组织、监督、发证和持证焊工的管理按本规则规定执行。

**二、焊工考试的监督管理及组织**

1. 各省、自治区、直辖市锅炉压力容器安全监察机构（以下简称省级安全监察机构）应组织成立焊工考试监督管理委员会（以下简称焊工考试监管会）。焊工考试监管会在省级安全监察机构领导下进行工作，其主要职责如下：

（1）全过程监督焊工基本知识考试和焊接操作技能考试。

（2）核对焊工考委会资质及承担考试范围。

（3）审查考试计划、内容和试题。

（4）核查应考核工资格、考试项目及焊工合格证的变更手续。

2. 焊工考试监管会成员由辖区内从事锅炉、压力容器和压力管道焊接技术管理管理人员和省、地（市）两级安全监察机构人员组织。

3. 焊工考试工作由焊工考试委员会（以下简称焊工考委会）负责组织和实施。

（1）具备下列条件的单位可以组成焊工考委会

1）至少应有 1 名从事焊接工作 5 年以上，并具有工程师职称（或以上）人员担任主任或副主任，具有 2 名（或以上）焊接操作技能指导教师或焊接技师。

2）至少应有 2 级（或以上）资格射线无损检测（RT）人员 1 名，当承担堆焊项目考试时，至少应有 2 级（或以上）资格的表面无损检测人员 1 名。

3）焊接操作技能考试场地应满足焊工考试要求，考试工位不少于 10 个，其中至少应包括焊条电弧焊、气体保护焊和埋弧焊三种焊接方法。

4）焊接设备、焊条和焊剂烘干设备、试件和试样加工设备、射线透照设备、实验设备和测量工具等应与承担考试范围相适应。

5）具有一定规模的组织焊工考试和管理焊工焊接档案的能力，一般应具有管理不少于 100 名焊工的能力。

6）具有适用于不同焊接方法、不同材料种类的基本知识考试题库；有满足焊工考试要求的焊接工艺规程。

7）具有焊工考试细则和相关管理制度。

（2）焊工考委会细则和相关管理制度。

1）制定焊工考试计划。

2）审查焊工资格。

3）确定考试内容。

4）检验考试用试板（管）、焊材、设备及仪表。

5）组织焊工进行基本知识的焊接操作技能考试，负责考场纪律。

6）负责考试试件和试样的检测，并评定考试成绩。

7）办理焊工合格证延期和注销手续。

8）发放焊工钢印。

9）建立、管理焊工焊接档案。

10）评定或确认焊工考试用焊接工艺。

4. 焊工考委会应在评定合格的焊接工艺基础上，编制焊工考试焊接工艺规程。焊工考委会在考试十日前将焊工考试项目、时间和地点通知焊工监管会。

5. 焊工考委会资质及所承相的考试项目范围（包括焊接方法和材料种类），需经所在地地市级（或以上）安全监察机构批准，报省级安全监察机构备案。承担以下范围焊工考试的焊工考委会，须经省级以上（含省级）安全监察机构批准：

(1) 长输管道。

(2) 跨省（自治区、直辖市）焊工考试。

(3) 铝、铜、钛、镍及其合金。

(4) 电渣焊、摩擦焊以及耐蚀堆焊。

6. 焊工考委会只能在批准的范围内组织焊工考试工作，批准机构每 3 年应对焊工考委会进行一次审核。

7. 焊接锅炉、压力容器和压力管道的焊工，可以向本地的或具备跨省考试资格的焊工考委会提出申请，经考试委员会同意后可参加考试。申请考试焊工应具有初中或初中以上文化程度或同等学历，身体健康，能严格按照焊接工艺规程进行操作，独立承担焊接工作。

**三、考试内容和方法**

1. 焊工考试内容包括基本知识和焊接操作技能两部分。基本知识考试内应与焊工所从事焊接工作范围相适应，焊接操作技能考试分为手工焊焊工和焊机操作工考试。

2. 焊工基本考试合格后才能参加焊接操作技能的考试，焊工基本知识考试合格有效期为 6 个月。

3. 在焊工考试时，属下列情况之一时，需进行相应基本知识考试：

1）首次申请考试。

2）改变焊接方法。

3）改变母材种类（如钢、铝、钛等）。

4）基本知识考试合格有效期内，未进行焊接操作技能考试的。

4. 焊工基本知识考试应包括以下方面内容：

1）焊接安全知识和规定。

2）锅炉压力容器和压力管道的基本知识。

3）金属材料的分类、牌号、化学成分、力学性能、焊接特点和焊后热处理。

4）焊接材料（焊条、焊丝、焊剂和气体等）类型、型号、牌号、使用与保管。

5）焊接设备、工具和测量仪表的种类、名称、使用和维护。

6）常用焊接方法的特点、焊接工艺参数、焊接顺序、操作方法及其对焊接质量的影响。

7）焊缝形式、接头形式、坡口形式、焊缝符号及图样识别。

8）焊接接头的性能及其影响因素。

9）焊接缺陷的产生原因、危害、预防方法和返修。

10）焊缝外观检验方法和要求，无损检测方法特点、适用范围、级别、标志和缺陷识别。

11）焊接应力和变形的产生原因和防止方法。

12）焊接质量管理体系、规章制度、工艺文件、工艺纪律、焊接工艺评定、焊工考试和管理规则基本知识。

5. 焊工基本知识考试和焊接操作技能考试的结果应记入《焊工考试基本情况表》；焊接操作技能考试试件的检查记录应记入《焊工焊接操作技能考试检验记录表》。

6. 焊接操作技能考试应从焊接方法、试件材料、焊接材料及试件形式等方面进行考核。

7. 焊接操作技能考试合格的焊工，当试件钢号或焊材变化时，属下列情况之一的，不需重新进行焊接操作技能考试：

1）手工焊焊工采用某类别任一钢号，经焊接操作技能考试合格后，焊接该类别钢号与类别代号较低钢号所组成的异种钢号焊接接头时。

2）除Ⅳ类外，手工焊焊工采用某类别任一牌号，经焊接操作技能考试合格后，焊接较低类别钢号时。

3）焊机操作工采用某类别任一钢号，经焊接操作技能考试合格后，焊接其他类别钢号时。

4）变更焊丝牌号（或型号）、药芯焊丝类型、焊剂型号、保护气体种类和钨极种类时。

8. 经焊接操作技能考试合格的焊工，属下列情况之一的，需重新进行焊接操作技能考试：

1）改变焊接方法。

2）在同一种焊接方法中，手工焊考试合格，从事焊机操作工作时。

3）在同一种焊接方法中，焊机操作考试合格，从事手工焊工作时。

9. 焊接操作技能考试可以由一名焊工在同一个试件上采用一种焊接方法进行，也可以由一名焊工在同一个试件上采用不同焊接方法进行组合考试；或由两名（或以上）焊工在同一试件上采用相同或不同焊接方法进行组合考试。由三名（含三名）以上焊工的组合考试试件，厚度不得小于20mm。

**四、考试结果与评定**

1. 焊工基本考试满分为100分，不低于70分为合格。

2. 焊工焊接操作技能考试通过检验试件进行评定。各考试项目的试件按本章规定的检验项目进行检验，各项检验均合格时，该考试项目为合格。

3. 由两名（或以上）焊工进行的组合考试，若某项不合格，在能够确认该项施焊焊工时，则该焊工考试不合格，若不能确认该项施焊焊工的，则参与该组合考试的焊工均不合格；其他组合考试有任一项目不合格，则组合考试项目不合格。

4. 试件的外观检查，采用目视或 5 倍放大镜进行。手工焊的板材试件两端 20mm 内的缺陷不计，焊缝的余高和宽度可用焊缝检验尺测量最大值和最小值，但不取平均值，单面焊的背面焊缝宽度可不测定。第三十四条　焊工焊接操作技能考试不合格者，允许在 3 个月内补考一次。每个补考项目的试件数量按表 6 的规定；试件检验项目、检查数量和试样数量按表 12 的规定。其中弯曲试验，无论一个或两个试样不合格，均不允许复验，本次考试为不合格。

**五、发证和持证焊工的管理**

1. 经基本知识考试和焊接操作技能考试合格的焊工，由焊工考委会将《焊工考试基本情况表》和《焊工焊接操作技能考试检验记录表》报考委会所在地的地（市）级安全监察机构，经审核后签发焊工合格证。

2. 持证焊工应按本规则规定，承担与考试合格项目相应的锅炉、压力容器和压力管道的焊接工作。

3. 焊工合格证（合格项目）有效期为 3 年，在合格项目有效期前 3 个月，继续担任焊接工作的焊工，应向所属焊工考委会提出申请，由该考委会安排焊工考试或免考等事宜。有效期内的焊工合格证，在各地同等有效。

4. 取得焊工合格证的焊工，其首次取得的合格项目，在第一次有效期满后，应全部重新考试；第二次及以后的有效期满后，对已建立焊工焊接档案，且内容齐全、真实的，可由负责管理焊工档案的考委会，根据焊工焊绩等情况，向发证的安全监察机构提出免考申请，经该机构批准后，办理相关手续。

5. 中断受监察设备工作六个月以上的，再从事受监察设备焊接工作时，也必须重新考试。年龄超过 50 岁的焊工，其焊工合格项目有效期满后，若继续从事受监察设备的焊接工作，需重新考试，一般不得免考。

6. 持证焊工的实际焊接操作技能不能满足产品焊接质量要求，或者违反工艺纪律以致发生重大焊接质量事故，或经常出现焊接质量问题时，锅炉压力容器安全监察机构可暂扣其焊工合格证和提请发证机构吊销其焊工合格证。被吊销焊工合格证者，一年后方可提出焊工考试申请。

**☆考核重点解析**

焊工应当掌握中华人民共和国劳动法、消费者权益保障法、特种作业人员安全技术培训考核管理办法、锅炉压力容器压力管道焊工考试与管理规则。

## 复习思考题

1. 用人单位有哪些情形的，劳动者可以解除劳动合同？
2. 特种作业操作证复审内容包括哪些？
3. 钢制锅炉、压力容器和压力管道受压元件焊接考试主要包括哪些内容？
4. 列举5项劳动合同应当具备的条款。